金商道

*The positive thinker sees the invisible, feels the intangible,
and achieves the impossible.*

惟正向思考者，能察於未見，感於無形，達於人所不能。 —— 佚名

Airbnb
改變商業模式的
關鍵誠信課

INTENTIONAL INTEGRITY
How Smart Companies Can Lead an Ethical Revolution

Robert Chesnut
Joan O'C. Hamilton
羅伯・切斯納——著
喬安・漢彌爾頓——協力編輯
蔡惠仔——譯

致家人：

我的妻子吉莉安（Jillian）

我的孩子碧安卡（Bianca）和克里夫（Cliff），

我的父母凱蒂（Kitty）和鮑伯（Bob）

我的大家庭賈斯汀（Justin）、阿曼達（Amanda）、

布萊克（Blake）、尼克（Nick）和布洛克（Brock），

當然還有兄弟叔舅們。

目錄

P.9 推薦序

當企業沒了遮羞布，刻意誠信是唯一解方／高智敏

換個角度，聊一本議題沉重卻詼諧好讀的倫理書／劉世慶

讓創業者心有戚戚焉的「誠信思考」／雷皓明

P.15 前言

「覺得自己有誠信的人，舉個手吧？」

誠信必須不斷深入鑽研／打造 Airbnb 誠信文化／我們需要更多櫻桃樹自白時刻／信任是企業根本／信任感可維持誠信文化／誠信須要更大的支持／誠信是一種超能力／千禧世代主義迷思／到底有誰在看呢？／商業模式導致的倫理問題／未來招攬人才的重點

P.35 第1章

間諜、草地飛鏢、種族主義大有問題：企業文化衝擊的根源

人性本善／什麼都賣，賣什麼都不奇怪／你的商場有多「乾淨」？／嘿，壓力別那麼大！／家有家規，eBay 建立安全防火牆／使用者違規時，該怎麼辦？／一切不只是依法行事／敢賣草地飛鏢，你們等著坐牢吧！／對種族歧視零容忍

P.52
第2章
六C原則：強化職場誠信的關鍵步驟
第一個C是「長」字輩（Chief）／第二個C是量身打造的倫理守則（Customized Code of Ethics）／第三個C是守則的溝通傳達（Communicating the Code）／第四個C是明確的舉報機制（Clear Reporting System）／第五個C是違規後果（Consequence）／第六個C是持續不斷（Constant）／誠信的「考驗時刻」

P.62
第3章
長字輩的C：誠信從最高層做起
企業短視近利的痛楚／從最高層開始以身作則／誠信守則絕無例外／誠信關係到顧客隱私／了解不同濾鏡，不同標準／Airbnb的六〇〇〇名倫理長／支持刻意而為的誠信
【考驗時刻1】瑞吉娜和不小心露餡的簡訊
【考驗時刻2】查理，誰才是你的顧客？

P.88
第4章
我們是誰？為你的企業定義誠信
誠信守則裡要寫什麼？／在具體規則中反映核心價值／誠信沒有灰色地帶／「這戒指好美，你結婚了啊……有小孩嗎？」
【考驗時刻3】保羅、瑟琳娜和一隻死鴨
【考驗時刻4】不太溫柔的倫理難題

P.116
第5章
哪些事物會讓你的使命走偏？十大最常見的誠信問題
一、不當感情關係／二、酒精造成的行為，以及違法或合法的藥物使用／三、騷擾和性攻擊／四、資料隱私／五、報帳違規以及企業資源濫用／六、利益衝突／七、詐欺／八、洩漏保密資訊和營業祕密／九、賄賂與禮物／十、員工對社群軟體的使用
【考驗時刻5】遊戲開始，好氣氛結束
【考驗時刻6】不過是在咖啡時間改喝龍舌蘭酒嘛
【考驗時刻7】馬提的媒體難題
【考驗時刻8】請說明何謂「學術」

P.155
第6章
融合混搭，四處轟炸，重複再三：誠信訊息的溝通傳達
強化訊息，因為重要而重複再三／我們都是會犯錯的普通人／用謙虛和熱誠開啟對話
【考驗時刻9】托莉和十張複印紙
【考驗時刻10】三贏局面？還是做大事就不要怕手髒？

P.179
第7章
歡迎申訴：清楚安全的呈報流程
放大呈報途徑與多元管道／第三方申訴管道的優點／吹哨行為／怎麼調查？
【考驗時刻11】廁所八卦可信嗎？
【考驗時刻12】要怪就怪里約熱內盧吧！

P.200
第8章
該來的早晚會來：違反誠信的行為，要有適當懲戒
階段式懲戒／事件背後的不同脈絡／找出倫理制高點／點出個案背後的宏旨／好吧，但那個誰為什麼就可以？／十倍力員工的困境／零容忍不是口號／眼光要放遠，追求長期職場良善／為了公眾利益，改善老舊的雇傭關係
【考驗時刻13】盜用密碼

P.223
第9章
金絲雀還活著嗎？：密切監控企業文化內的問題徵兆
優步的慘痛經驗／盲飛／學會適度透明化，展示公司有所行動／永無止盡的流程
【考驗時刻14】三隻盲鼠

P.239
第10章
老兄，你的問題不是「不懂把妹」而已：職場不當性行為
「抽離脈絡」是吧？／嚇人的數字／性騷擾的真實現況／培養同理心
【考驗時刻15】山姆，她對你沒意思啦！
【考驗時刻16】「沒問題，我懂了。」

P.267
第11章 你的客戶定義你是誰：將誠信思想帶入社群
名義上的框／穿越仇恨污水池／你不能別過頭去／截然不同的選擇／似曾相識／當你投入誠信的那一刻

P.282
結論 這個世代的超能力
縱身複雜性的勇氣／誠信承諾帶來強大正能量／思想上的重要轉變／找到平衡／包容究竟長什麼樣子？／前面的事你都做到之後……／以無限期營運為目標／點燃感染力

P.303
後記 危機時刻見誠信
危機之後，要變得更強大／第一步：謹慎縝密地評估利害關係人／第二步：用同理心誠實溝通／第三步：保持靈敏，留意周遭新機會／第四步：做艱難決定時心懷誠信

P.316
致謝

P.324
資料來源與註釋

推薦序

當企業沒了遮羞布，刻意誠信是唯一解方

高智敏

如果能穿越時空、恣意訪問各年代意見領袖「企業為何存在？」這個大哉問，你得到的答案可能不盡相同。七〇年代著名經濟學家傅利曼（Milton Friedman）會拿著諾貝爾獎牌告訴你，企業唯一的社會責任就是賺錢獲利；全食超市（Whole Foods Market）創辦人麥克基（John Mackey）會吃著有機食品回答：「正如人不是為了吃而活著，企業也不僅僅是為了獲利而存在」；日本「經營之神」稻盛和夫會極有禮貌地先提到「敬天愛人」四個字，再說明「追求員工物質與精神的幸福」以及「為人類社會做出貢獻」的含義；台積電創辦人張忠謀則會抽著菸斗表示，企業是為了「股東、員工、社會」而戰。

這些看似大相逕庭的答案，其實有一個共同點——誠信。

傅利曼提到的賺錢獲利，其實有「光明正大」這個前提；全食超市被亞馬遜併購之前，麥克基曾出書提倡「良心資本主義」；稻盛和夫的「敬天愛人」哲學，中心思想不外乎是「利他」與「道德」；張忠謀認為要讓社會更好，「誠信正直」是台積電必須做的事情之一。

既然誠信如此重要，企業為何還得如 Airbnb 法務長所言，必須「刻意」而為呢？因為「不誠信」的好處近在咫尺，且魅力十足。把天然香料換成人工香精，味道幾乎一樣但獲利爆增，何樂而不為？離職前如果不順手帶走之前工作上研發文件，怎麼談得到優渥的薪資跟好位置？超級業務員被申訴職場性騷擾，開除他整體業績就掉一半，短時間得上哪去找客戶？面試者雖然條件都符合需求，但剛懷孕，想到之後的產假跟育嬰假，人手短缺的主管還願意聘用她嗎？

以前資訊科技尚不發達，企業還能利用資訊落差跟公關技巧來掩飾上述的不誠信行為，但在人手一機又高速互聯的時代，各種不堪都即時地赤裸裸呈現出來，造成無法挽回的損失。

此書提出的六 C 架構，正是現代企業經營者通往「刻意誠信」之路的最佳指南。作者具備豐富實務經驗，提點了非常多實做訣竅，加上大量親身處理過的案例，讀起來完全沒有傳統企業倫理書籍的道德綁架感，讓人更認同誠信才能永續經營的理念，以及確實相信六 C 架構可以幫助企業建立誠信文化。

既然企業已經很難再用修圖軟體遮醜，那只能趕快調養好誠信體質，用正直的素顏來面對大眾吧！

（本文作者爲國際資格認證舞弊稽核師、《財星》五〇〇大公司駐美內部稽核經理、暢銷書《財星 500 大企業稽核師的舞弊現形課》作家）

推薦序

換個角度，聊一本議題沉重卻詼諧好讀的倫理書

劉世慶

我們時常會聽到某些企業因為違反企業倫理而付出沉重代價，但即便有許多前車之鑑，相關事件與新聞依舊持續發生在我們周遭，這似乎顯示，事件當事人不願在過去的經驗中學習，且刻意違背倫理來獲得更多利潤。但這樣的觀點可能太過簡化，畢竟企業倫理爭議事件為何發生，需要深入分析，有時可能是人為、管理制度、社會因素等等共因所造成。

在當今企業的利害關係人網絡越趨多元、商業環境快速變化、新興領域不斷地出現，企業倫理議題越顯越趨複雜。究其原因，在商業發展中存在許多法規未規範到的灰色地帶，像是共享經濟、社群媒體行銷、衍生性金融商品等等，這之中充滿了商業機會，但也隱藏許多倫理風險，企業如何在符合倫理的基礎上創新與提升競爭，則是企業可永續的重要基石。

然而，要在商業決策上偵測出倫理風險並非易事，因為有時候倫理議題十分模糊與不確定。在

許多企業倫理研究中，皆提及「倫理敏感度」需要長時間培育，而良好的方法是時常討論具倫理爭議的案例，並從各種角度省思事件的倫理問題。除此之外，從業人員本身具有倫理意識，還需要搭配良好企業文化與管理制度，否則很容易產生「好蘋果因為在壞桶子中，而變成壞蘋果」的結果。

本書作者羅伯・切斯納擁有豐富的業界經驗，並處理過棘手的倫理爭議事件，亦從許多知名企業的經驗中，提出六C的關鍵步驟，深度說明如何從企業高層的落實、倫理守則的建立、與利害關係人溝通、適切的舉報機制、獎賞與懲戒、確保公司能營造重視企業倫理的各項環節來打造公司的倫理文化，這些步驟十分值得重視企業倫理的公司進一步參考。此外，作者亦提供許多兩難的情境刺激，並逐步將模糊、不易辨識的倫理問題清晰地闡釋出來，這過程對於讀者的倫理敏感度亦能有所提升。

在閱完此書後，會發現作者透過平易近人的文字、有趣的個案，而不使企業倫理議題太過沉重，實在有助於啟動讀者對於企業倫理議題的關注，可算是近年來企業倫理領域的一部佳作。

（本文作者為國立政治大學商學院信義書院研究主任）

推薦序

讓創業者心有戚戚焉的「誠信思考」

雷皓明

就像很難具象描述空氣一樣，乍聽「誠信」這個詞，可能一時沒辦法很具體、完整的說明它在社會中、企業中，甚至生活中占據什麼樣的角色，但我很肯定，誠信可以輔助企業蒸蒸日上，也可以讓多年心血毀於一旦。

作者從前言那句「你是個有誠信的人嗎？」就已經開啟了我整趟閱讀的思考旅程，從他提出自身的經驗與情境案例發想，都讓我從不同層面去反思。我本身職業是名律師，在喆律法律事務所擔任主持律師，同時我也是個老闆，這不同歷程與角色經過細思回味，才赫然發覺「誠信」無所不在，在客戶與公司之間、在員工與主管之間，甚至在個人的行為舉止與社會之間，都具有強大的影響力。

「隔閡」也是誠信無法展現的結果

如果問，說到律師大家會想到什麼樣的形容詞？答案可能有尊敬、有吹捧、有誤解、有不滿，但更多應該是未知。

很多民眾因為不懂法律，不知道律師在做什麼、可以給予什麼樣的幫助，所以面對法律問題時選擇逃避或自行處理，最後官司纏身無計可施，想找律師解決卻可能為時已晚，不僅討不回已喪失的權益，複雜的案件甚至還須支付比平時更高的委任費用。更糟的情況是，找了專業項目與案件不符的律師，得到一次糟糕的經驗，而這些負面結果與情緒最後全被轉嫁在律師身上，形成一種不信任，這也是一種誠信的流失。

於是跟合夥人一起帶領團隊創業時，我都不斷思考如何扭轉這個情況！

讓產品成為革新與建立誠信的橋樑

如同作者所言，建立一個暢通、透明的申訴管道是必要之舉。我們創辦了「85010」與「法律010」這兩個網路法律平台，都希望能消弭法律的高牆，提升民眾對法律的信任，尤其法律010更有完整的律師資訊及平台合作律師，讓消費者有機會經過縝密評估，再選擇最適合的幫手。但是讀完本書後，作者在eBay的經驗又提醒了我，這項產品不該只是個平台，包含媒合後律師提供民眾的每項服務，都應該要經過溝通與規範，遵守公司制定的合理「誠信準則」。

這是對客戶、合作律師、品牌及公司聲譽負責，也是對個人的職銜及角色負責！本書提出的情境值得反覆咀嚼或討論，也許並無所謂正解，可能也還有很多超乎想像的問題會發生，但只要記著作者的提點，心中秉持「誠信」，即使未來面對難題，相信也都能發展一套最合適的處置模式。

（本文作者為喆律法律事務所主持律師、創業家、臉書粉專「律師談吉他」主持人）

前言

「覺得自己有誠信的人，舉個手吧？」

我望著房間裡約五十位新進員工，丟出通常會讓台下笑得有點尷尬、外加斜眼偷瞄隔壁的問題。「來，舉個手吧，這邊有誰覺得自己有誠信？」

然後我等待大家回應。

有人立刻舉手，有人的手只舉一半，這些新進員工四處張望，猜想：這時舉手到底酷不酷？

我笑笑評論道：「有幾位覺得自己有誠信喔。」

眾人爆出笑聲，打破原本的緊張氣氛，然後慢慢靜下來，舉起的手逐漸放下。有人在座位上扭來扭去。

開始通常就像這樣：我和新進員工展開直率、坦誠、大部分時候愉快，但偶爾令人不適的對話，討論什麼叫做在職場上「刻意誠信」（Intentional Integrity）。

二〇一六年我加入 Airbnb 擔任法務長。二〇〇八年，三名二十幾歲的年輕人在小小的舊金山公寓裡，放幾張充氣床出租床位，公司就這樣成立了。現在這家公司幫數以千萬的旅客，找到獨一無二的住宿地點。Airbnb 創辦人是「共享經濟」的先鋒，後來共乘服務的優步（Uber）、來福車（Lyft）與 Turo，到分享外包職缺的 Upwork、時尚社交 Poshmark 等等網路平台也陸續加入共享行列，從拿借宿地點、藝術品、衣服到交通工具等等既有資源，以小搏大。剛開始外界對這些公司讚譽有加，封其為「創新者」，如今同樣的公司卻變成「科技改變社會」，這類重大議題的焦點。共享公司原先帶來的最大改變，現在遭到政客和媒體尖銳質疑。拿 Upwork 來說好了，他們是讓工作更有彈性，並釋放人類潛能，還是反而方便大企業剝削派遣工？共乘公司是提供新的收入來源、讓交通更安全，或只是集結一群無法可管的駕駛人，還讓他們掌握乘客從哪來和要去哪，這些過多的資訊？Airbnb 究竟是幫助成千上萬的人，活用閒置空間增加收入，還是降低鄰里生活品質？我們該不該繼續培育這些平台？或是立法管制他們？是對他們課稅？還是該解散他們？

我帶領全球法務團隊超過三年，期間我們天天面對以上問題。而且 Airbnb 營運規模遍布一百九十幾個國家、超過十萬個城市，只要任一地點的法律影響 Airbnb 商業模式，我們都要解決。有時議題多到令人眼花撩亂。上一刻我們正擔憂著國外區域紛爭，下一刻就要煩惱美國境內某個小鎮的短期租賃法規。我們還要解決美國境內種族主義者，建議支持者在相關遊行期間用 Airbnb 找住宿的爭議。一般法務部門的業務我們也要做，例如擬定合約和解決紛爭等等。

理想狀態下，共享平台企業應該和政府各層單位合作，至少針對我們面對的部分挑戰，合力制訂完善的法規解決問題。但現在幾乎不可能了。現今的政治環境變得太分裂，全球問題也變得更複雜。儘管 Airbnb 盡量避免讓類似企業的醜聞發生在自家身上，但我還是能理解，為什麼有時政客以及我更看重的普羅大眾，會懷疑企業動機不純。從隱私資料濫用、不當性行為、貪婪的自我交易，到各種充滿傲慢和特權的舉動，這些原因都破壞了公眾對這些公司的信任。

現況聽起來滿慘的，但剛好我天生性格樂觀，更堅信對各行各業來說，現在都是爭奪共享科技領導大位的大好機會，可以趁此時規畫出一條更積極誠信、更合乎倫理，讓所有利害關係人都受益的領導之路。通常企業的利害關係人是指客戶、員工、商業夥伴、營運所在地的社群，投資人當然也在內。但對我而言，尤其是從全球營運的平台企業角度來看，每個人都是利害關係人。此話不誇張。我相信科技公司真的可以改善世界，而不只讓世界數位化。如果所有產業內的事業，不論規模大小，都能承諾履行倫理供應鏈、減少公司碳排放、反擊所有歧視等等原則，這些機構就非常適合擔任領導角色，做出對社會有意義且正向的改變。

但重點就來了，如果要讓外界認真看待、要有我確信必須具備的影響力，這些商業領袖一定要做到我說的「刻意誠信」。

刻意誠信不只是宣誓遵守道德而已，更要非常認真、全面地努力，找出企業存在目的、擁戴哪些價值觀、發展能反映那些價值觀的具體規則，最後將「遵守規則」的理念貫徹到公司每個角落、每個層級。這趟旅程不會一帆風順，你得做好遭遇挫折的準備。但就我的經驗，這份努力會帶來商業上成功，同時傳達正面社會價值。另一方面，有越來越多證據顯示，企業如果沒有建立信任，忽視全體利害關係人有關的重要問題，最後受害的還是企業獲利。

誠信必須不斷深入鑽研

二〇一九年秋天，差不多寫完這本書時，我在 Airbnb 的定位，從法務長轉為倫理辦公室負責人。之所以有這樣的轉變，是 Airbnb 在內部開設的「誠信在此」專案（the Integrity Belongs

Here program）對公司和員工的後續效應太大了，我希望往後能更專心推動倫理議題，並將這些想法推廣到更大的商業社群。（那時完全沒想到幾個月後，新冠肺炎會肆虐全球。儘管書已經寫完而且準備付梓，我還是在後記增加一些篇幅，談談這次危機中的誠信議題。）

閱讀本書過程中你會發現，我對於倫理和如何促進正向行為，始終熱情不減。從擔任聯邦檢察官時起，一直是我職涯中的重要面向。但在企業脈絡下，我得重新用不同方法思考誠信，才能帶來我想要看見的改變。

之所以將上述想法付諸實行，是因為我剛進 Airbnb 不久，科技業便接連爆出醜聞。最嚴重的幾件案子，離 Airbnb 舊金山辦公室的路程真的僅「咫尺之遙」。被害人控訴的舉凡性騷擾、非法販賣顧客資料給外國勢力，到百分之百的詐欺行為（血液檢測 Theranos 公司一案）都有。臉書（Facebook）、優步、谷歌（Google）的企業巨星們紛紛被傳喚至國會做證，媒體也將他們視為傲慢自大、違反倫理的領導者代表。

當然，不良行為不只科技業才有。近年來許多產業都出現違反倫理的行為，過去高高在上受人景仰的品牌正在崩壞，像是福斯（Volkswagen），或是更晚近的波音（Boeing），緊接著是全球反思性侵害及性騷擾議題的 #MeToo 運動。眾多商界和媒體界高層，多年來對下屬做出的不當行為終於爆發，當事人紛紛辭職，有些被害人提起民事訴訟，甚至刑事追訴。還有，好幾家一流大學接受賄賂，讓學生偽造運動比賽資歷來獲取入學機會，因此成為鎂光燈焦點。甚至童子軍（Boy Scouts）和天主教教會（Catholic Church），也被揭發長期隱瞞上千宗性侵案件。這串名單讀來令人沮喪。

上述醜聞多到讓我陷入沈思。當時我想著，這一切錯得離譜，太誇張了。這些機構的領導不彰，不但對個人產生重大危害，也在摧毀社會對這些品牌的信任。身為 Airbnb 法務長，我不能單單祈禱同樣的事不要發生在我們身上。我要積極一點，確保 Airbnb 每位員工（那時已有上千位員工）都了解這些行為絕不可取。我要做點什麼，避免公司未來也變成類似頭條新聞的常客。

當初我決定加入 Airbnb，是因為執行長布萊恩．切斯基（Brian Chesky），以及整個團隊的領導能力，讓我印象深刻。我從其他人那兒聽到的評價，再加上自己觀察，確定他們的領導風格相當成熟且思慮深遠，這些特質在年輕的科技企業家身上並不常見。他們有種真誠的使命感：要為世界創造一種歸屬感。布萊恩很常講到這件事，全球各地員工也時常談起這份使命。

但現實很殘酷，光有優秀的領導人和正確的意圖還不夠。少少幾名壞員工，就可以嚴重影響企業名譽。因此，你須幾經深思、刻意許下承諾，提倡、執行一套與企業獨特業務及文化相契合的具體規則。提供一個可以讓大家接受、公開且正向討論規則的環境，讓規則與企業文化融為一體。此外，你還須制訂公平妥善的懲戒規則，來處理違規行為。

很多優秀的領導人都承認，自己很難克服以上挑戰。我就讀維吉尼亞州大學時，學校已經很重視榮譽規則，但就連該校董事長詹姆士．E．萊恩（James E. Ryan）和我討論這話題時，都同意打造倫理文化這件事，沒有結束的一天。儘管萊恩經常提到誠信和榮譽，他也承認，「只要有一個人沒有實踐上述價值，整間機構的名譽就可能受損。」

打造 Airbnb 誠信文化

在 Airbnb 我做了兩個決定。首先，以 Airbnb 的獨特任務及商業模式為基礎，寫一份專屬的倫理守則。其次，公司不會把布達守則的工作外包出去，讓員工看一些由第三方製作的無聊影片，草草了事。這樣做代價太高了，風險大到扛不起。

所以我們研擬了一套書面守則（我之後會更講更多），我也開始四處出差，親自給世界各地的員工開授「誠信在此」講座。說實話，幾乎所有員工都坦承，他們超不想來聽企業倫理主題的講座。但好消息是，大部分人最後都樂在其中，甚至想要了解更多。

像一開頭說的，我開場總是先問大家：「這邊有誰覺得自己有誠信？」接下來在課堂上，或是下課後的對話中，員工就會問我更多關於這個問題的本質：

你是問我誠不誠實嗎？

誠信是說有沒有守法嗎？

你說的誠信和法律有關嗎？

誠信和忠誠是同一件事嗎？

你的誠信是指某種很特定的東西，還是一種主觀看法？

他們給我的感覺是：我是個好人，所以我當然有誠信了。但這些問題恰恰反映出，讓員工正確理解公司對他們的期待，有多重要。如果員工一知半解，很可能落入我所謂的誠信陷阱。誠信陷阱是一套循環認證：我深信自己是有誠信的人，所以陷入兩難時，我的誠信一定會帶領我做對的事情。我最後一定會做出有誠信的抉擇。萬一過程中違反規則，那也還好，原因很簡單嘛，我違規的背後都有正當理由。但其實，這點非常不好。

我們需要更多櫻桃樹自白時刻

「誠信」一詞的意思，很顯然就是誠實，有基本的禮貌、公平的做事態度。很久以前，美國孩童在課本會讀到，美國首任總統華盛頓（George Washington）從小就有誠信的故事。他還是小男孩時，據說砍倒了一棵櫻桃樹（雖然不太可能，但故事就是這樣說的），事後被問起時坦承是自己做的，而且還說：「我不能說謊。」故事本身雖然老掉牙，但現今社會似乎演化到，某些家長不會特別教導小孩，要誠實和為錯誤負責。最近某些頂尖大學的舞弊和賄賂醜聞，在在顯示這問題。

沒錯，職場上的誠信是「做對的事」。我也喜歡據說是文學家C．S．路易士（C. S. Lewis）說的話（但並不是他說的），「即使沒人在看也要做對的事」。但我也承認，如今工作場所多元，何謂對的事情未必明顯可見。在Airbnb，我們也像大多數工作場所，變得越來越多元和全球化。這表示，進來這家需要密切與人互動的公司時，沒有一套共同的價值觀、共同的信仰、互相認可的倫理或道德觀。每個人都有各自獨特的出身背景、是非觀念，和認定事物適不適當的標準。我們一面摸索如何建立職場情誼與信任，同時發現，某人認為的友善擁抱，可能會讓被擁抱的另一方感到不適。世界變幻莫測，我們不得不思考新的議題，例如誰擁有自己在虛擬世界的資料。然而，這一問題不一定有完善的規範可循。

儘管不同倫理規範有很多共通主題，卻沒有一套可以直接套用在任何企業。各企業都須刻意確認自己的價值觀是什麼，並清楚闡述，讓所有階層的所有員工，包括董事會在內，都遵照這套所有人同意遵守的價值觀，待人處事。即使很難做到，即使有其他方法可以顧及自己或他人的其他價值觀，也要堅持做符合企業價值觀的事。這不是單純的上行下效而已。對企業最高層而言，這意味所有領導人都同意遵守這套適用於所有人的規則，同時依照這套規則管理公司。例如，一位平日忽視規則、只有她／他不喜歡的人犯規才忽然要守規則的經理，必須對違反守則精神的行為負責。

過去這些年，我在超過一打的企業和非營利組織，領導法務團隊和擔任顧問。我聽過太多掉入誠信陷阱的思維，員工層級從高到低都有。「拜託，公司也不會付我們足額，你現在還要在我的費用核銷報告東扣西扣？」或是，「我之前沒提到，公司發包的印刷公司是我親兄弟開的，因為我覺得可以跟他談到好價錢，如果發給其他廠商肯定沒辦法那麼便宜。相信我！」有次我不得不開除一位主管，因為他在聖誕派對上襲擊一位員工。「我平常絕對不會那樣做的，當時我喝醉了。」他辯駁道。後來我們就把他和他的第二人格都開除了。

讓領導人、員工和公司遠離誠信陷阱，是我寫這本書的原因之一。模稜兩可是誠信大敵。保持沈默和設計不良的激勵機制，會產生誠信陷阱。刻意誠信必須經過深思熟慮的過程，而不是單純布達政策。但還是有好消息，創造一個擁有強烈誠信感的職場，這個概念比很多人原本想的還要受歡迎。

信任是企業根本

二〇一九年初，全球知名的公關公司愛德曼（Edelman），發布第十九輯「年度信任度調查報告」（Annual Edelman Trust Barometer），[1]這份全球性的報告每年會評估媒體、政府等機構，以及工作場所的信任度。根據該公司執行長理查．愛德曼（Richard Edelman）的說法，「大眾不看好政府、社會機構足以導航這個動盪世界，所以轉而寄望另一個重要關係來帶領他們：雇主。」

這份資料放在我書桌上時，我已經動筆寫這本書了。調查結果讓我深受鼓舞，因為內容和我平日與員工談話，以及我讀到的公司被公眾放大檢視，被員工大加撻伐的頭條新聞不謀而合。儘管許多公司犯了錯，或讓人失望，員工還是希望以自己公司為榮。他們想成為愛德曼所說的，與老闆「一起改變的夥伴」。「員工期待的重大轉變，對企業主而言是大好機會，能幫助企業重建社會信任。如今大眾想法已經轉變，認為商業既能賺錢又能促進社會進步（七三％）。」[2]愛德曼說道。

愛德曼信任度報告強調，當今員工尋覓的領導力，要能夠勇敢發聲、釐清職場界線，並對員工要如何相待、如何與商業夥伴互動、自己面對客戶的言行該如何彰顯公司價值觀等等情況，都制訂出明確期許。另外，最重要的一點：員工期待領導人自己就是正確行為的表率。

報告講得很有道理。通往誠信的道路，本來就須所有人的承諾、聚焦和注意力。刻意誠信這個概念之所以強大，正是因為不斷問自己「對的事情是什麼」，讓這個發問變成一種反射行為，而不再是使人分心的雜念。強化「做對的事」的重要性，帶來的回報不只是你因此避免多少問題，更在於機構內部和機構與外部利害關係人之間，因此產生多少信任。

比方說，在Airbnb，我和倫理諮詢團隊最近在辯論一個完全不急迫、也不構成醜聞的問題。我們有位招募專員，成功招募一位才能優異的新員工，這位新員工接受職位後，寄給這位招募專員一封感謝信和一張價值兩百元美金的禮物卡，表達感謝。禮物給得很大方，對吧？但這位招募專員覺得，用簡單信函就足以答謝了，因此迅速回報這個問題給倫理諮詢團隊，表示不清楚這份禮物算不算禁止收受的項目。

Airbnb 對收受禮物制訂了一系列具體規範，包括員工不可以收廠商贈送超過兩百美元的禮物。我們也規定和住客及房東互動的客服人員，不得接受免費住宿或任何其他禮物。但我們沒有規範到員工送禮物給彼此的行為。這種事還沒演變成問題。

由於寄給倫理諮詢信箱的信，都會副本給全體三十位倫理顧問，因此大家收到信就開始熱烈討論。有些人覺得禮物卡不算問題，因為那位新員工已經完成受聘流程，招募專員已完成工作，加上雙方不是上下屬關係，哪還有利益衝突呢？但也有人認為這份禮物不妥，招募專員應該退還，因為他們擔憂那位新人，往後會轉介其他找工作的朋友給招募專員。看見部門成員投入精力，討論小個案該如何解決，讓我相當驚喜。

我個人看法是，這份禮物雖不尋常，但不至於違反倫理。招募專員無法決定聘雇誰，他們的工作是蒐集應徵者資訊，讓各部門主管根據各應徵者優點，決定要聘雇誰。我之所以提到這段插曲，是認為這代表Airbnb員工信任公司會採取有誠信的做法。招募專員第一個反應，是與倫理顧問確認這種行為是否構成誠信問題，代表員工真的有將我們傳布的訊息聽進去：誠信很重要；先想好再行動；如果不確定對不對，先開口問。然而，人們只有在信任你，覺得你尊重他們的時候，才會問你這類問題。這就是為什麼我相信企業可以克服，杜克大學研究員丹．艾瑞耶利（Dan Ariely）與我討論過的挑戰：大部分人傾向做對自己有利的事，而且他們相信，如果自己不會被發現或被懲罰，他們會進一步把對自己有利的情境合理化。我們的招募專員大可不必告訴我們禮物卡的存在，但她卻決定問看看怎麼做才是對的。

信任感可維持誠信文化

我相信不論是什麼機構，開放並尊重彼此的對話，都能創造信任。全球知名的顧問公司埃森哲

（Accenture），在二〇一八年發布一份報告，提醒企業如果不將信任視為機構價值，不投入心力衡量、管理和展現信任，不啻將相當大的利益暴露於風險之中。埃森哲的報告書〈信任的底線〉（*The Bottom Line on Trust*）提到，「不久以前，信任還被當成企業『軟性』議題。」換句話說，以前信任是企業主辛苦獲利之後，才會開始想的事情。但現在不一樣了，「企業須要一個更平衡的做法，要同等地看待信任、成長和利益。能這樣做的企業，即使遇到信任危機，也能從中成長，蛻變得更為堅毅。不這樣做的企業，等於是將幾十億未來收益曝於風險中。」❸

根據埃森哲報告，企業若要存活在瞬息萬變、日漸透明的全球化環境中，信任至關緊要。埃森哲開發出所謂「競爭敏捷性指數」（Competitive Agility Index），預測偽善行為曝光或醜聞爆發等信任危機，會對企業造成多少財務衝擊。他們的結論是，如今顧客懲罰企業不良行為的方式，就是退出他們的事業。根據埃森哲的算法，市值三百億美元的零售業若發生重大信任危機，將會損失四十億未來收益。

這本書就是要跟領導者討論，「誠信」這趟重振及培育信任的旅程，要從哪開始呢？從坦誠且直率的對話開始。但問題是，多數企業不太談誠信議題。很多企業似乎怕這個議題會引起不適當的關注、檢視或被指控偽善。有些則是擔心，在工作場所推廣誠信或「有話直說」（radical candor）、「公民素養」（civility）的互動觀念，會被當成高層遂行己意的工具。處理企業和員工不當行為的企業法務首當其衝，可能會覺得自己的專業職能，在未正式呈報的事實、動機和道德兩難上受到限制。另一方面，有些領導人說他們就是不想看起來「比汝聖潔」（holier than thou，自以爲高尚的諷刺說詞），或好像為了公關目的而「彰顯德性」（virtue signal，有道德優越感的負面含義）。

因此，很多企業就讓人資部門從網路上下載一份倫理守則範本，放上自己的商標，然後用電郵寄給員工，讓他們自行研讀和表示同意。他們會在休息室，護貝張貼一份法遵顧問公司做的法律海報，內容羅列出該州多種申訴管道。他們會要求員工看一段性騷擾防治的影片，但之後就再也沒有提起倫理這回事。律師只能盼望哪天出事了，休息室那份薄薄的文件，可以做為企業在法律上和品牌形象上的後盾。

誠信不足所帶來的傷害，沒有盾牌擋得住。真正問題在於，對誠信一事沉默不談，會讓是非對錯變得模稜兩可，讓機構裡每個人都有點不確定、有點緊張。然後很可惜的，會有少數人利用這個大部分人不安的沉默，合理化自己的自私行為。機構對於員工和主管應該遵守的價值不具體說清楚，就是現在爆發這麼多倫理危機的原因之一。

在我來看，要求企業按倫理行事的壓力，就是從企業內部冒出來的。很多員工已不甘於領薪水而已，他們還想了解老闆會不會跨越哪些底線。當他們服務的公司犯了錯，或做出有爭議的決策，事情會演變為公開事件，並成為社群媒體上的熱門話題，他們的朋友也看得到，並可以據此質疑他們。如果有證據顯示某企業排放巨量二氧化碳，或剝削海外童工，內部員工會要求公司給個說法，如果他們不喜歡公司給的答案，員工可能會發起罷工，甚至辭職。員工的行動可能還會激發消費者杯葛，甚至導致規模擴大，或讓企業客戶改找其他人做生意。

二〇一八年，Salesforce 超過六百位員工連署，要求公司終止與美國海關及邊境保衛局（the U.S. Customs and Border Protection）的契約，以抗議川普政府及美國海關局，強制移民和其子女在美墨國界分離的政策。[4] 二〇一九年六月，網路購物平台 Wayfair 員工也發起罷工，抗議公司販售床墊及日用品給某家承包商，因為這家承包商要將從 Wayfair 購得的產品，送去美墨國界邊境一間拘留非法移民子女的處所。[5]差不多那一陣子，谷歌員工也發動數場公開遊行，抗議公司高層被控訴性騷擾後，離職卻還領到高額資遣費。他們也公開反對谷歌的祕密強制仲裁制度。[6]此時，媒體也揭露臉書上有個多達一萬八千名亞馬遜（Amazon）員工組成的私密社團，大家在上面抱怨待遇太低，工作負荷又太重。[7]

誠信須要更大的支持

包括科技業在內，許多產業的聰明領導人，認真看待這些員工發起的公開抗議，並了解到公司領導人確實需要好好思考倫理和誠信，以及他們公司的立場為何。拿領英（Linkedin）共同創辦人，現任創投家雷德．霍夫曼（Reid Hoffman）來說吧。當我還在 eBay 工作、他也還在 PayPal 當營運長時，我們就認識對方了。你應該找不到第二個比雷德更提倡科技的人，但最近他和我聊到很多自戀的執行長，用一副「我有空再擔心倫理的事」的態度，在科技業的這波批判聲浪中火上加油。他認為，「誠信是企業本該穿上的外衣。大家期待企業能有更大的目的，而不只是謀短期利益。」

二〇一九年四月，《華爾街日報》（*Wall Street Journal*）刊登一則報導：知名戶外運動服飾品牌巴塔哥尼亞（Patagonia），拒絕幫不是以「守護地球為優先目的的企業」，製作客製化背心。[8]巴塔哥尼亞的防風背心，近年來已成為華爾街人士的必備潮流服飾。雖然《華爾街日報》用嘲諷口吻報導此事，但企業因為核心價值，「刷掉」熱切想買他們產品的客戶，這種以往會給人激進觀感的行為，越來越常見了。這種行為的背後，是品牌商亟欲讓客戶與員工了解，他們會堅守自己最認同的價值，即使失去收益和利潤在所不惜。你接下來會讀到，Airbnb 也做過類似決定。

不久前，圓桌商業會議（Business Roundtable）的一百八十一位全美各大企業執行長成員，發了一份勇氣可嘉的聲明，要求企業治理應該更以利害關係人為導向，而不僅是要求股東以企業利益的角度看事情。圓桌會議的聲明引來一些投資人團體的怒火，但大部分機構，包括美國商業部在內，都為這份立場背書。全美國一百八十一名頂尖執行長，針對企業目的達成新的共識，走出與傳統迴異的路線，這件事本身說明了，我們的世界已經做好讓企業接受這項挑戰的準備。[9]

但還是要澄清，我的意思不是大部分人或企業曾經很有誠信，但現在沒有。英雄和偽君子一直與我們同在。我也不是說多數企業過去不在乎誠信，現在繼續不在乎。我主張的是，此刻確實需要企業領頭走向誠信，這是對的事情，而且從商業角度，企業也有充分理由這樣做。不過，當這議題被提起時，我還是能感受到，很多企業和機構討論誠信重要性，或試圖理解什麼是誠信時，瀰漫一種緊張氛圍。這點正是我想要改變的。

誠信是一種超能力

Airbnb 創辦人一開始就意識到，在你家招待陌生人這個商業模式，必須以誠信做為根基。舉例來說，我們的客戶資料包含客戶最私密的幾項活動，例如住所地點、住所型態，以及哪些客戶住宿過。再者，Airbnb 房東要歡迎陌生人進入他們家，因此商業模式必須仰賴客戶的基本信任：這會是個安全、愉快、和廣告敘說一樣的體驗，過程中房東和房客雙方都受益。如果我們之中有任何一方，不管是房東、房客或 Airbnb 本身不依誠信做事，Airbnb 的名譽會立刻受到重大打擊。接下來你會讀到，我們也學過幾次慘痛教訓。

Airbnb的思維，已經演變成一間推行刻意誠信的企業，也認為可以進一步將誠信推廣到所處的社會，甚至全世界。企業須公部門（政府）運作國防、基礎建設、社會福利、施行法律等等，社會所需的基礎功能。相較之下，民營企業（私部門）更有機會，採取積極角色，推動社會共善。想想看，企業必須善用其敏銳度和彈性，而非吹牛和武力威脅，才能在全球市場這種政治複雜性和多樣文化中存活。企業不受國界、好鬥的政黨對立、停擺的立法部會拘束。當員工相信他們的工作有目的，這個信念本身就能團結各地的員工。企業面對客戶需求和關切，也能夠更快、更有創意地解決問題。如果原本做法行不通，企業相較之下也更有能力轉向、嘗試新做法。

越來越多企業同意，他們應該公開採取這些立場：承諾多元、更包容、減少對環境的衝擊、避免和有侵害勞工之虞的供應商合作，甚至不和行為與公司價值觀相背的客戶往來。這些公司已經準備好在上述面向開創更大的進展了，當然，如果他們有依照誠信行事的話。

另外，改善與利害關係人的關係，確實能讓企業獲得改善事業各面向的深刻洞見。例如，稍後你會讀到一位名叫斯林．馬迪帕里（Srin Madipalli）的Airbnb員工，他幫助我們發現房客社群中，有一種非常重要的利害關係人：身體障礙人士。簡單說，這些身障住客需要提供比原先設定更多的房況說明。斯林的身體症狀必須使用電動輪椅，他從出生就用到現在。他也很愛旅行，但如果住宿地點和描述不符，或是房況描述欠缺某些細節，他就得進一步和對方確認這間房子是否適合他，旅行也變得困難重重。

斯林加入Airbnb之後，幫我們改進的，不單是房東對出入口設施的描述而已（我們在房東檔案表格上增加了二十七個新的評量欄位），他還幫我們確認了Airbnb內部的活動和設備，不會在無意間排除有身障的員工。從一位有具體擔憂和議題的利害關係人角度看世界，能幫助企業打造更有包容力的文化，而且在這個案例中的確讓「掌握世界變更簡單」(literally made the world easier to navigate)，因為給予數百萬計的行動不便人士更清楚的指引。對我而言，這就是刻意誠信最直接的背書。

千禧世代主義迷思

當我向朋友、其他不在同一工作場合的人提到，Airbnb 怎麼承諾誠信，偶爾會聽到對方回問：這不得花很多時間嗎？員工真的會在乎嗎？因為這個迷思一直揮之不去：最酷的企業，往往是由一群年輕嬉痞的縱情狂歡、奔放性生活、做起事來不管他人的精力旺盛者經營的。

嗯，是有幾家企業試過那種兄弟會文化，但我們也知道後果如何了。重點是，這種迷思看扁了有才能、有原則的千禧世代員工。

刻意誠信其實有辦法和高強度、高壓力的工作場所相容。刻畫公司價值觀也不是在站在道德制高點傳教，而是引導、鼓勵大家做出合法並受人尊敬的行為，以及防範並及時修補錯誤，而不是習慣先隱瞞再說。刻意誠信對蔬食外燴公司的重要性，跟對銀行業或連鎖超市一樣重要。刻意誠信相較於宗教信仰是種不可知論（agnostic，指無論是有神論或無神論的主張都立腳不穩，只有採取不可知的立場。），也不會涉及保守或自由派的政治立場。

刻意誠信，是清楚、具體地陳述：這些就是我們的規則。儘管不一定每位員工都會同意每條規則的制訂緣由，但這些規則反映的，是企業本身的任務與文化，而且每位員工都同意在受雇期間、在工作場合適用這些規則。

講究刻意誠信不等於讓眾人掃興。在Airbnb，員工可以帶自家的狗來上班，也可以在公司休息室喝生啤酒。連法務部門都有自己的歡樂時段。我們沒有向樂趣宣戰，而是清楚表達辦公場所就像生活中其他面向，必須設定界線。根據公司自身情況，有意識地設定界線，不淪於恣意，而且從執行長到每一位員工都遵守。這些規則會打造一個讓大家感覺受尊重的空間，做起事來有成就感，過程中還有不少樂趣。我從不同年齡層的員工得到的回饋，都是他們很感謝，甚至很喜歡和同事討論誠信、如何設下界線、界線該畫在哪裡。他們很自豪自己的個人品牌，與有意識「做對的事」的公司產生關聯。所以呢，刻意誠信如果做對了，可以成為吸引人才的重要原因。

到底有誰在看呢？

綜觀全球，透明度是個能強化刻意誠信、威力強大的行為修正器。進一步說，誠信著重的是你個人選擇，而非有沒有人在看，或知不知道你做了什麼。不過，我們還是要接受世道已變，在二十一世紀，不管哪裡都有人在看。

即使是傳統上相對有隱私空間的企業，不管你是執行長或在總務修繕部門工作，公司的ＩＤ辨識系統和停車場監視影片，都會精確紀錄你的進出時間。資訊部主管甚至可以精確掌握你逛了哪些網站。我有位朋友在全球知名的資訊顧問公司工作，她說團隊的同事已經把「他又來了啦」這句話當笑話流傳。起因是某企業客戶的一位主管，每天都會上色情網站好幾次。對監控網絡的團隊成員而言，發現這件事實在輕而易舉。

這種程度的監控，讓包括我在內的每個人，都會感到不舒服。這種被入侵的感覺，讓我不想提倡加強監控。但這就是新秩序。如今，任何判斷失誤都會以網路速度被公開。某位主管在耶誕派對上喝太多，當天深夜可能就會發現自己在派對上唱「打酒嗝版耶誕老人」的影片在網上走紅。在零售業或飯店業，如果你對顧客出言羞辱，或沒有及時回電給顧客，你就等著瞧吧，Yelp和臉書提供了即時大聲量麥克風，讓客戶發洩憤怒和沮喪。在二十一世紀，華盛頓可能連承認自己砍斷那棵知名櫻桃樹的機會都沒有，因為他早被監視器拍到手裡拿著斧頭的畫面，連那句著名台詞都還來不及說出口，影片就被放上YouTube了。

以前可能的隱私，現在都是公開資訊。和你爭奪晉升機會的對手，可能握有你傳給其他人，嘲笑某位董事或某位招募經理的簡訊。言行合一或合於承諾的需求，隨著盯著我們看的人數直線上升。一旦我們言行不合一，很快就會成別人口中的八卦主角。

態勢已沒辦法回頭。美國籃球協會（NBA）總裁亞當・席佛（Adam Silver）先前告訴我，每次有倫理議題發生時，他會一再強調透明度的重要性。他也相信領導人必須以身作則，親自示範最高規格的倫理標準。「有部分原因是，網路持續加速了這方面的改變。總是有相機跟拍，或被麥克風錄到你的言行舉止。以前（倫理行為的）訓練重心放在責任和守法，但現在開始要談什麼是正確的。身為領導者，我們應該更具體、公開表達自己的核心價值，並且主動做出行動。」

商業模式導致的倫理問題

當然，Airbnb也有自己的倫理難題：我們的商業模式正改變著旅行樣貌，意味有些人因此成為經濟上的贏家，有些則是輸家。鄰居會擔心 Airbnb 對房價和鄰里造成的衝擊，房客與房東對峙的情況也時有所聞。很多人熱愛 Airbnb 精彩多元的住宿，從偏遠地區帳篷到都市公寓無所不包，但這些用戶如果發現自家隔壁也變成 Airbnb 房源，頓時就會不想擁有這種不時開派對的鄰居了。

員工期待我們可以直接、有創意地處理這些問題，我們也這樣做了。例如，Airbnb 在全美多處房價過高的地區，啟動一個兩千五百萬美元的專案。有個部門專門研究小型臨時木屋，探索在郊區住宅後院拼裝臨時木屋的可能性，以此 Airbnb 將可以維持房產價值最大化的商業模式，又不會讓原本用來長期租賃的房屋因成為短期房源，反而失去長期租賃客源。我們也在想辦法撫平房東、房客和社群之間的裂痕。

未來招攬人才的重點

有件事頗為諷刺，儘管這些科技公司引發眾怒，但員工其實有本錢將他們對倫理事務的擔憂訴諸公眾，部分原因是，厲害的技術人才很難找。如果公司領導人不用尊重的態度傾聽和回應這些擔憂，員工可能會喪失歸屬感，接著就帶著自己的才能走人。這些員工甚至可能帶著客戶一起走，因為客戶想和價值觀一致的夥伴合作。我覺得不論哪個產業，有價值和影響力的員工遲早會注意到這點，因此你要更勇於表達自己擔憂。理查・愛德曼分析完自家公司的信任度調查後得出結論，現在企業主有絕佳機會能吸引和留住員工了，若要利用這個優勢，必須先做到四件事：

1. 建立一個富有野心，但又契合公司事業的目標（例如，能增加收益又能減少碳排放的方式）。

2. 將企業各管道的活動，分享到主流媒體或社群媒體上。
3. 支持地方社群，鼓勵員工當志工回饋社群。
4. 執行長必須更積極公開支持、包容多元化等等價值觀，以及回應諸如移民或遊民等社會議題。

這些想法都很好。但我會說，如果這些行動不是基於更宏大的誠信承諾，注定會失敗。如果執行長對有社會共善成分的方案，表現出憤世嫉俗或投機的態度，會比什麼都不做更糟。

領導人多半知道刻意誠信的目的：要吸引和留住頂尖人才、要和客戶培養信任，以及，當然了，要避免醜聞。但他們對這議題依然望之生畏。我的目標是，用過往形塑自身觀點的故事和經驗，說服所有商業領導人，用務實、有技巧的方式，培育刻意誠信。這件事很值得。要讓倫理融入企業文化DNA並不難，我接下來也會談到，企業在制訂倫理守則時，最須處理的風險有哪些。更重要的是，我也會談到，領導人如何藉由思考短期與長期後果，讓員工更積極參與、賦予員工能力，讓他們像面對工作挑戰一樣，辨別與解決誠信難題。你很快就會發現，這一切比你想的有趣多了。

第 1 章

間諜、草地飛鏢、種族主義大有問題：企業文化衝擊的根源

行為不良沒什麼稀奇的，
但科技發展衍生出新的誠信難題。
身為在公部門和企業都待過的律師，
我手邊的證據清楚顯示，主動討論誠信難題，
會比損害發生後再收拾殘局好太多。

關於誠信，想聽聽我建議的人，應該先問個基本問題：你憑什麼告訴我該怎麼做？羅伯．切斯納（Robert Chestnut）是位律師，大概知道什麼是合法的，但他真的知道什麼是對的嗎？

人對於想要影響他們思考或行為的人，往往會心存戒心。先自我介紹一下：我是個南方來的中年白人男性。我是家中獨子，爸爸是海軍，但在我十三歲那年去世了。幸虧我媽媽努力工作，以及我舅舅為人慷慨，我得以念完維吉尼亞大學和哈佛法學院。畢業後我當了一陣子聯邦檢察官，一九

九九年進入 eBay 工作之後，就一直在科技業擔任法務和法律顧問。

和大部分人一樣，我也曾經遇到誠信難題，事後覺得，如果當時自己或受雇的企業能做出不同選擇就好了。我不會假裝是高等法院法官，對個人的決定、抽象意義上的是非對錯發表高見。我也沒有防呆制度，好防止你在職場上遇到無道德者或罪犯。但如果是替發生騷亂的商業平台解決道德難題，這方面我的確有些特殊歷練。

我清楚記得自己第一次網購的經驗。時間是一九九八年，當時我有個很古怪的嗜好，在拍立得照片表面加工，做成平面藝術品。為此我需要特定的相機型號：拍立得 SX-70。但拍立得當時已經沒生產那款相機了，所以我只能去跳蚤市場或物品交換會找二手相機。後來別人告訴我，新的「網路」拍賣平台 eBay 有賣古董相機。於是我連上 eBay 首頁，在搜尋欄輸入「SX-70」，希望能找到一、二台。

結果搜尋出好幾十台。我好驚訝，應該說傻住了。當時還不曉得，那一刻改變我的整個職涯。

人性本善

法學院畢業後，我在聯邦法院實習了一陣子，接著去司法部當民事和公法律師，最後落腳於維吉尼亞州亞歷山大市，擔任州檢察官一職。說來巧合，我第一次重大晉升，就是同事的倫理問題促成的。聯邦法官發現，我辦公室裡一位檢察官，故意隱瞞可證明某綁架案被告無罪的證據。那位檢察官被拔除刑事部門的主管職之後，換我接下這個位子。才剛上任幾週，美國聯邦調查局（FBI）就逮捕奧德里奇·艾姆斯（Aldrich Ames），案件轉來我這裡準備起訴。艾姆斯是前美國中央情報局（CIA）官員，當時他已為蘇聯提供情報多年。他的間諜行為引發駭人後果，確實鬧出人命。❶他洩漏給蘇聯的情報，導致多位美國特工被蘇聯逮捕，有些人甚至被處決。破壞了至少一百起情報行動，持續傷害美國的國家安全近十年。後來艾姆斯被判處無期徒刑，目前仍在服刑。

叛國案辦起來精彩極了，但我不打算一直當檢察官。一九九〇年代中期，當我在 eBay 上找到 SX-70 的時候，同時也在尋找生活新挑戰。於是我寄了履歷到 eBay 一般求職信箱「jobs@ebay.com」。隔天便有人打電話來，一個多禮拜後我就坐飛機前往加州，和執行長梅格・惠特曼（Meg Whitman）見面。一九九九年三月，正式成為 eBay 第三位受雇律師。

eBay 創辦人皮耶・歐米迪亞（Pierre Omidyar），談到 eBay 社群時說了一句名言：「人性本善」。那年代 eBay 還沒有和 Paypal 結合，也沒有線上刷卡機制，買家要寫支票或銀行匯款單，放進信封寄出，然後等上數天，直到單子寄達賣家的信箱。賣家則要等支票兌現，才會開始打包寄出商品。我還記得，當時要在 eBay 上買拍立得 SX-70，首次寄出五十美元的銀行匯款單給賣家時，暗自想著：「嗯，運氣好的話我會收到相機。」這次二手交易經驗，以及接下來超過一千次的網購經驗中，賣家們該做的都有做到。eBay 的魔力，在於創造一個連結共同熱情的族群平台。很多交易只是單純交易，但有些更是熱情與物品的結褵，買賣雙方都很開心，甚至想要常往來。

大部分時候，eBay 使用者和陌生人互動的經驗相當正面，這更讓人覺得多數人都重視誠信，也能夠誠信行事。我目前在 Airbnb 社群中也看到一樣的能量。房東和房客彼此打交道的經驗非常良好，也喜歡了解彼此的世界。不管是房客遵守降低噪音的規則，或是房東花時間歸還房客不小心遺留的物品，雙方盡量做對的事。有時候，房東和房客甚至還成了朋友。

但很可惜，無論哪個社群，總會有一小撮人利用他人好意，刻意曲解或違反規則。我很早便發現，如果不制定一套保護好人免遭惡意傷害的政策，任何平台都可能就此毀於一旦。當社群成員對現有政策和行為感到灰心，如果你不用心傾聽並給出回應的話，注定無法成功。

我在 eBay 的員工號碼是一七〇，而且我敢和你保證，當年我進 eBay 時，他們離日後功成名就的狀態還差一大截。但我們成長得太快了，快到公司電腦系統結構跟不上爆炸性成長的交易流量，而且系統還常常當機。那時我們的競爭者已不在少數，一度網路交易平台多達上百個，包括曾投入但旋即退出的雅虎（Yahoo!）和亞馬遜。然而，平台幕後遭遇的重大法務及商業難題，大多沒有前例可循，也沒有準則可幫 eBay 得出最佳解法。這也是梅格．惠特曼大膽雇用一名沒有公司法實戰經驗的聯邦檢察官，擔任企業法務的原因之一。

什麼都賣，賣什麼都不奇怪

早年媒體很喜歡報導 eBay 上各種怪異和爆笑的拍賣商品：據稱裝了鬼的罐子、內戰時期留下來的灰塵、九成新的腦袋、有著聖母瑪莉亞臉龐的烤起司三明治。但其他商品就不太好笑了，有違法或危險、甚至詐騙的物品。有些已經嚴重侵犯 eBay 社群的重要元素，例如拍賣真人頭髮，或和連環殺手有關的物品。對 eBay 信任與安全部門來說，釐清人類複雜交織的欲望、想像和暗黑衝動，就是他們的工作日常。

有時商品本身沒問題，而是賣家很不可靠：寄件速度很慢、不回答買家問題、把易碎物包得很糟。此外，網路交易也逐漸產生獨特的法律問題，例如 eBay 究竟是中立平台，還是該對平台上販賣的贓物和不安全物品負責？這問題引來法律執行部門、立法者和政府管制部門的注意。eBay 的競爭對手也很樂意用法律途徑逼退我們。

我的部門負責釐清上面提到的諸多案例，而我也很快發現，eBay 是個可以窺探人類各種不可思議狂熱的管道。有些狂熱逗趣又無害，例如皮耶剛開始發展 eBay 時，他女朋友潘跟著收集了很多貝思糖果盒（Pez dispensers，深受美國喜愛的水果糖，長條形的糖果盒蓋子有著各種不同造型），後來這個故事變成 eBay 的創業傳奇之一。但這個平台也讓人類種種複雜欲望浮出水面。我們發現有人在賣模特兒穿過沒洗的內衣，還有人賣體液，從擠太多用不完的母乳（有些媽媽本身乳汁不夠就會想買，或是一些特殊性癖好者），到尿液（有些人需要「乾淨」的尿液樣本應付隨機路檢）都有。

eBay 上也有多種武器，從自動步槍到矛頭都有。還有人賣印有種族歧視、淫穢和暴力圖像的 T 恤。我們更發現有人販賣毒品、炸藥原料和製做方法，以及活生生的動物，例如鸚鵡和蛇。

剛開始，皮耶對 eBay 上可以賣什麼的標準很簡單：如果在陸地上可以合法販賣，eBay 上就可以賣。如果販賣陸地上非法的物品，一旦 eBay 發現，就會將產品下架。

皮耶擔心的是，如果我們禁止有侵犯性、但目前合法的商品，eBay 就有無窮無盡的價值判斷。至今，臉書和推特（Twitter）還在苦惱這個問題。到底誰要、誰該、誰可以做這些判斷呢？

此外，美國一九九六年通過的〈通訊端正法〉（*the CommunicationsDecency Act*）規定，符合該法「網路服務提供者」要件的網路公司，有條件免責。該法案認為，網路公司只要不像編輯一樣，對使用者在網站上的貼文進行增刪，他們的地位等同「一般運送人」。所謂一般運送人，是指一個提供無差別運送服務的實體，不須對運送的物品或該物品所導致的後果負責。例如，某人在 eBay 上刊登一則誹謗賣家的文章，法院不會判定 eBay 須對該不實評論負責。但如果 eBay 開始監控和編輯使用者評論，那 eBay 的地位就會和報紙類似，可能會因網站上他人張貼的不實評論而被提起訴訟。

我們很擔心主動干預任一項商品，會改變我們在法律上的地位，因為只要介入一項商品，法律地位的變更就會適用於網站所有商品，而且審查商品所需的人力成本更是高到嚇人。但另一方面，我們真的很關心 eBay 社群，不希望自己採取的行動會反過來鼓勵犯罪，或導致商場變得不安全或不可靠。

你的商場有多「乾淨」？

梅格．惠特曼和董事會衡量了許多打造 eBay 品牌形象的做法。我們從來不缺「成人」商品，也不缺武器或情趣用品，也都從這些交易中獲利。但 eBay 領導層最後得出結論，我們應該刻意形塑一種品牌形象：揮別什麼都賣的二手物品交換印象，轉型為熱情友善、逛起來安全，變成梅格逐漸描繪出的「乾淨明亮的商場」。eBay 不希望，有家庭在網站上查看他們競標的豆豆公仔系列山姆白熊（Sam the white bear Beanie Baby），結果不小心搜尋到性虐裝備（S&M paraphernalia）。梅格下了決定，我們要強化對外承諾：eBay 會提供合乎倫理的交易，以及乾淨且對家庭友善的空間。因此，她指示我創立信任與安全部門，制定這間網路商場的治理規則。

我們遇到一個又一個問題，鑽研過一個又一個商品種類，我的團隊也從一開始的兩人，增加到後來的兩千人。我們研究具體難題，並提出適用規則的意見給管理團隊。我們部門思考的，不只是如何取得法律上有利地位，還要設想對 eBay 社群和品牌來說，「正確的」具體政策。梅格當初說的「乾淨明亮的商場」是帶領我們思考的重要意象，但我得承認，很多時候我們更像在一個沒有紅綠燈的新興市區當交通警察。城市人口每週以倍數增加，但倫理策略師成長的人數卻沒跟上。一波接一波的議題席捲而來，例如詐欺、帳戶盜用、母乳和聖餐餅之類的爭議商品等等，我們必須分流這些重要案件，提供意見，然後趕快處理下個案件。我們部門的功能是，保護平台不受詐欺和不良行為危害，以支援 eBay 社群和品牌繼續發展。

這些挑戰留下好些永難忘懷的時刻，其中一次讓我體會到，受人喜愛敬重的公司和支持者之間，能建立起多深刻的情感連結。那次梅格派我去芝加哥上《歐普拉秀》（*The Opera Winfrey Show*），主題是某位女性在 eBay 上競標贏得一件婚紗，但寄出三千五百美元支票給賣家後，對方再也沒有回音。歐普拉秀的製作人邀請 eBay 派人參加這集節目，一起聊聊消費者的感受。

有比這更讓人緊張的嗎？而且除了我和準新娘本人確定出席，歐普拉團隊完全沒透露還有誰會來這節目。會不會有消費者保護團體？還是想立法壓制網路交易的政治人物？觀眾席會不會有兩百名也曾經在 eBay 上買到假貨、或購物經驗很差的憤怒民眾？天啊，這是怎樣的場合？

當時梅格把我拉到一旁說道：「你有五十萬美元零用金，有需要隨時可用。跟他們談談看，如果他們購物經驗很差，就現場立刻解決。」她還鼓勵我，主動再買一件婚紗給這位詐欺受害人。她說的話再次鞏固企業想傳達的訊息：eBay 在乎它的社群，也在乎做對的事。

嘿，壓力別那麼大！

但結果完全出乎我意料。那次節目不論是對我或 eBay，都是一次好得不能再好的經驗。原來早在節目開錄之前，有位婚紗設計師就從歐普拉團隊那邊聽聞這樁詐欺案，並主動提供新娘一件全新設計的婚紗。觀眾也沒有人是憤怒受害者。當我向他們強調 eBay 也和新娘一樣同感憤怒挫折，他們竟然開始歡呼。我說 eBay 嚴肅看待這場詐欺，並且投注許多資源將犯人繩之以法，不讓他們再有機會犯罪。歐普拉本人也非常親切有禮，很有同理心。節目結束時，她走向前排來到我身邊，並將我的手高高舉起，好像我贏了什麼獎一樣。那時全場氣氛歡樂到不行，我和歐普拉就在觀眾如雷掌聲中走下台。

這次事件給 eBay 很深刻的教訓。首先，沒辦法用「讓買家自己發現」這句話做為商場的指導哲學。我們反而應該主動讓商場越安全越好，否則最後受苦的還是我們。其次，顧客超愛用心把事情做對的公司。我不用花掉那筆鉅額零用金，就能學到這些教訓了。

家有家規，eBay 建立安全防火牆

eBay 很快就了解到，他們並不想躲在「平台」這個保護傘下，也不想用「依法行事」做為最低標準。我認為當今所有企業必須學會，如果要讓員工、顧客、投資人或利害關係人覺得這家企業有信用，企業必須先承諾守法、守規則，而且是條文上和精神規範上都必須遵守。看起來好像理所當然，但這些年來我待過好幾家企業，偶爾還是會被一些主管的行為嚇到，因為他們花更多心思在如何閃避規則，而不是讓自己誠實、合法地達成目的與目標。如果一家企業認為法律或規範不公平或思慮不足，他們可以想辦法改變，民主就是如此運作。但如果連你都不遵守公司全體應該遵守的規則，你拿什麼去要求員工遵守呢？

所以，eBay 信任與安全部門的首要任務，就是禁止使用者在網站上販賣那些，依法一般人不能販賣的物品。包括：兒童色情物品、毒品、人類器官（有人曾經想拍賣自己的腎臟）、人類組織或分泌物（血液、母乳、精子、卵子）、贓物、會引爆的裝置，以及法律管制的化學物品，例如甘油炸藥和 C4 塑膠炸藥。

這份清單乍看簡單，但以上非法物品只是開始而已，接下來我見識到的各種法律，是我唸法學院和擔任聯邦檢察官時都未曾聽聞的。拿贓物來說吧，這可令人頭痛了。每個人都有權利在 eBay 上賣他們不想用的香奈兒手提包，但如果賣假的香奈兒包就是違法。就算他們在商品說明上清楚標示這是仿冒品，還是違法行為。但如果賣家不寫明自己賣的是仿冒品，eBay 和買家又怎麼知道呢？精品業者一直指控 eBay 沒有盡力防範仿冒品交易，但其實我們有足夠動力防範：仿冒品會損害 eBay 最珍視的價值、信任，並讓商場變的廉價。

接著，我們還要處理不違法、但違反當事人所訂契約的物品。例如，我們一開始並不知道，根據學校和出版商訂的合約，學校不應該販賣教學版的教科書或贈與他人。但實際上學校當然會賣，在家自學的家庭也超想要這些教材。這種交易一直存在，直到 eBay 出現，演變成公開交易。我們會收到出版商憤怒來信，威脅提告我們（算起來不知道要告多少件），所以我們只好禁止販賣教學版教科書。然後就換自學者對我們火冒三丈了。

再來，還有合法但與社會風氣相悖、不安全的爭議物品。一開始 eBay 允許平台上販售酒精、菸草和武器。你光想到這些物品在陸地上受到多嚴格的規範，就可以想像在 eBay 上，這些物品為我們帶來多少麻煩。烈酒、菸草和槍械的管制法規及稅法，各州皆有差異（有時不同郡的規定也不同，甚至不同城市規定就不同了）。拿槍械來說，有些州會要求做買家背景審查，以及其他安全前置作業。不過上述物品，在我進公司前沒多久，全被禁止販售了。

eBay 宣布禁止販售槍械時，有人指控我們想當道德警察，或說我們反對〈憲法第二修正案〉（*Second Amendment to the United States Constitution*，保障美國人民持有、攜帶武器的權利。）。我有次接到，美國煙酒武器管制局一位官員的憤怒來電，因為他會在 eBay 上販賣槍械，因此激烈反對我們的決定。我們內部討論後，還是否決這位使用者的建議。eBay 禁止販售槍械後兩個月，發生了科倫拜校園屠殺事件（一九九九年於美國科羅拉多州傑佛遜郡科倫拜高中發生的校園槍擊事件。兩名學生配備槍械和爆炸物進入校園，槍殺了十二名學生和一名教師，造成其他二十四人受傷，犯案之後隨即自殺身亡。這起屠殺事件引起了有關美國槍械暴力問題的爭論。）。剛開始有消息說，兩名未成年兇嫌的兇器，部分是從 eBay 上買來的。這消息最後確認是不實傳聞，但也強化了 eBay 不想促進槍械交易的想法：我們不希望槍械輕易落在錯誤的人手上。

槍械這個例子是清楚的雙面刃，足以說明為何很多企業逃避、不想制定「誠信」方面政策，但為何又非做不可。有時候，誠信就是要鼓起勇氣，指認出最高風險，並做出艱難的決定，例如在自由和安全之間二選一。誠信也意味著，持續做出和企業承諾的價值觀一致的行動，即使你知道有些顧客或社群成員不喜歡，也得照做。如果大家害怕的事真的發生了，企業務必不要做出否認、逃避的舉動，盡力證明你的企業事前已努力預防，事後也盡力防堵。

使用者違規時，該怎麼辦？

在信任與安全部門裡，我有另一個重要工作，是決定使用者違規的後果。列一份禁止販售項目的清單，再寫個軟體標記出商品說明中，帶有「驗屍」、「尿」等關鍵字的商品，這部分滿容易的。如果有人向 eBay 呈報某件商品違反平台政策，或我們自己發現有商品違反政策，eBay 會寄信件通知賣家，將商品下架。如果使用者一直上架 eBay 禁止販賣的物品，我們只好取消使用者帳號。如果我們發現有人故意拿了買家的錢，沒寄出商品就跑了，這明顯是犯罪行為，eBay 會將案子移交給警方調查。

當然，我們也盡量用皮耶所說，「人性本善」這項基本信念面對案件。詐欺案的後果都不一樣，有些案子並非故意詐欺，例如賣家當初購買那樣商品時就被騙了，只是自己不知道而已。營運早期，如果有人指控賣家詐欺，我或部門同事會先和賣家通個電話，了解狀況再做判斷。

有次我們收到 eBay 買家舉報，一顆號稱有紐約洋基隊捕手瑟曼・曼森（Thurman Munson）親筆簽名的棒球是仿冒品。我打給賣家詢問，對方非常生氣，義正嚴詞地堅持簽名是真跡，直到我告訴他，曼森早在一九七九年因飛機事故去世，但那顆球上卻有一九八四年才就職的，美國大聯盟主席鮑比・布朗（Bobby Brown）的圖徽。本來我打算直接將那商品下架，並將這個案例歸類為誤會，但後來我們再檢查了一次那名賣家的帳號。他個人用不同帳號去競標這個商品，故意拉高價格，這行為也違反了 eBay 的規則。所以我們最後做法是將賣家踢出平台。

刻意挑戰法律界線，或懶惰、做事粗心大意的賣家，有時更難應付。有些賣家頻頻宣稱自己的商品狀態良好，但實際情況往往有落差。或是賣家收到貨款後，三催四請才寄出商品。和這些糟糕賣家交手的經驗，讓我對企業文化有個深刻洞見，建議所有想在工作場所推廣誠信的主管，要先三思此點而後行：你公布業績目標數字之前，務必深思熟慮，因為業績數字有時會對公司帶來意料之外的有害後果。

利潤和品牌思維當然會彼此不斷拉扯。如果你是根據特定原始數字，嘉獎業務或行銷團隊，這裡就舉 eBay 案例來說好了。例如用上架商品數、某個種類的美元交易量做為績效數字，你可能不自覺激勵員工忽視有違倫理的行為。在 eBay 時，我和行銷經理交手有時滿氣餒的，因為對方會幫內部已評定為C-或D的賣家緩頰，我們原本想將那些賣家直接踢出平台。問題出在，那些賣家也為我們帶來業績。當 eBay 員工的績效是用商品上架數量或成交金額來評量，他們就沒有制裁C級賣家的動機。對那位經理來說，C-賣家的交易量和 A+++ 賣家的交易量，帶給他的利益都一樣。

當時我提醒行銷經理們這樣做的代價。如果有位買家購物體驗很差，決定再也不用 eBay 購物，我們究竟損失了多少？我也因此惹惱了一些同事，因為他們的薪酬有部分是根據交易流量計算。這些經理從來沒有因為交易品質不良，導致績效不佳的經驗，當公司要保護品牌名譽時，他們反而變成內部路障。最後我們部門提出實際數字，證明確實有買家因為先前不好的購物經驗，影響再次來 eBay 購物的意願。之後我們也在員工績效制度中，逐步加入更多績效指標，賣家品質也成為衡量標準。這部分是，將買家舉報次數和交易正面回饋納入評量標準，不再僅用商品種類上架數目來判斷員工績效。

Airbnb 如今遇到的房東及房客問題，和當初 eBay 情況有些類似。大部分使用者行事都很有倫理，是負責可靠的夥伴。但有些人對「乾淨」或「安靜」的定義有待商榷，或是他們會描述住居離某個活動地點「步行可到」，但實際上應該說是「健行可到」。另一方面，確實有些 Airbnb 房客對房東的財產造成重大損害，或是明知某個房源可以開派對但不准太吵、或根本不能開派對，卻仍照開不誤。

這些摩擦都需要我們關切，而且也不好解決。我們可以制定政策，為房東買保險以彌補房客造成的損害。至於房客舉報房源和房東描述不符，我們也會和房東溝通。Airbnb 清楚讓大家知道，房源描述就是契約內容的一部分。如果房源描述不實，就不能讓這些房源繼續存在平台上。二〇一九年底，我們全面禁止 Airbnb 使用者在任何房源裡舉行開放任何人參加的派對。

一切不只是依法行事

回頭來看，我希望自己在 eBay 工作早期，更積極壓制有違倫理或有問題的賣家。我們當時沒有及時處理這些二流賣家，以及提供買家真正優異的服務體驗，這也是我認為後來 eBay 逐漸讓出電子商務寶座的主要原因。梅格．惠特曼對我的部門一直很慷慨，但我們當時有太多問題要擔心了，而且那時風氣不同，很多我們現在認為理所當然的電子商務要素，尚在發展中。例如一九九〇年代晚期，eBay 的使用者回饋系統在當時可是創舉，我們允許買家和賣家搜尋到對方的頁面資料，並給予對方評價。你在報紙徵人廣告或二手拍賣會上可沒辦法這樣做。但隨著時間過去，eBay 回饋系統明顯產生一些會影響誠信的問題。例如釣魚帳戶和盜竊帳號資料，可以讓詐騙者使用 eBay 正規用戶帳號進行許多交易，而且不會立刻被發現。另外，由於買賣雙方可以各自張貼彼此的評價，因此雙方會擔心，如果自己先發出對方的不良評價，會被對方報復。買賣雙方可能私底下已經用電郵痛罵或控訴對方不是，但他們依然沒有如實刊登評價的誘因，因為怕對方拉低自己的評價。因此漸漸地，這套系統喪失了部分誠信。

Airbnb 在我加入之前就找出好方法了。房東和房客事後有兩週時間，可以撰寫彼此的評論。

Airbnb會等雙方都上傳回饋後才刊登評論。如果房客已經交出評論但房東還沒交，或反過來的情形，這則評論會等兩週後才刊登，而且另一方不得對此評論做出回覆（或報復）。這有助於雙方提供更誠實的評價。其他企業如亞馬遜和Yelp更進一步發展相關機制，使用演算法或人工智慧辨別和降低不可靠評論所帶來的影響。

我可以再舉超過兩百個eBay的例子，都是我們為了打造高誠信事業而做的困難決定。那年代，工作的重點不太放在公司內規，反而是平台商場的規則。我因此見識到網路企業會遇到的許多問題，舉凡詐欺、言論自由、資料隱私以及平台是否該對其網站內容負責。這些經歷讓我了解到，所謂「利害關係人」牽涉得有多廣泛。上一分鐘我還和一位想要買教材給小孩的自學家庭母親談話，下一分鐘我就要和一位想協助我們調查犯罪的官員討論，接著我還要安撫一位對「沒有污損」定義有意見而大發雷霆的集郵愛好人士。但我想再講兩個故事，說明公司建立倫理和誠實行為的外部好處。

敢賣草地飛鏢，你們等著坐牢吧！

我在eBay印象最深刻的幾次事件中，有一次發生在我剛加入團隊不久。某天我收到一封使用者寄來的電郵，寫著：「敢賣草地飛鏢，你們等著坐牢吧。」

你的反應可能和我當時一樣。我問道：「草地飛鏢是什麼？」草地飛鏢是種在草地上玩的標槍式飛鏢。這種飛鏢設計成有長長的尖鎗頭，玩家會往草地上的得分盤投擲飛鏢。我不知道在一九八八年消費者產品安全委員會（Consumer Products Safety Commission，CPSC）將草地飛鏢列入全國違禁品之前，有多少庭院生日派對的賓客因為這個遊戲受重傷而被迫截肢。

消費者不一定要主動繳回、停止使用法律規定回收或列入違禁的產品。因此也不意外，很多這種產品最後都放在閣樓生灰塵，或跑到車庫二手用品拍賣會。當 eBay 一問世，這種物品就被放上來拍賣。然而，法律禁止販售這些違禁品。❷

這對律師來說真的是難題一則。我們可以主張公司是一般運送人，但我們確實從這種會傷害消費者安全的危禁品買賣中獲利。廣泛來看，草地飛鏢讓我們發覺，eBay 上面可能還有很多法律規定應回收或非法商品，從化妝品、輪胎到煙火都有可能。我們該怎麼辦？

我做了件當時很多法務同事都嚇呆了的事。我直接打給 CPSC，問可否和他們法務長見面談談，接著我自己飛去華府和他見面。

那時並沒有人正式提出申訴，CPSC 也根本不曉得 eBay 上有人在賣草地飛鏢，但我直接坐下來據實以告：現在是網路時代，我們需要政府和民間企業合作保護消費者權益。我們先不討論「誰該負責」這議題，身為一家負責任的企業，我們並不想販售有瑕疵或危險物品。eBay 還沒有明確答案，但希望能與 CPSC 一起合作找出解法。

那次會議為接下來工作定了調。幾個月內我們就宣布雙方開始合作，保護消費者不要在 eBay 買到危險物品。我們禁止使用者上架遭到政府禁止的商品，在兒童玩具和電器工具這種，經常有產品被宣布回收的種類上，列出警告文字，並給 CPSC 一個免費版面教育消費者，提供回收商品資料庫的網站連結。我們還成立一個單位，研究這些回收項目，並搜尋整個 eBay，將最常見的違禁品下架。

大概是在公部門工作過，我堅信如果 eBay 展現誠信，做事透明並要求合理，管制當局也會跟著很明理。梅格．惠特曼很支持我，但這樣做確實有風險。不過最後結果是值得的。我們持續和政府單位合作，辨別平台上的危險和違禁品，並彼此分享資訊和資源。就我所知，eBay 從來沒有被政府提起這方面的訴訟。[3]

對種族歧視零容忍

另一個和草地飛鏢都屬於警鐘案例的，是我二〇一六年加入 Airbnb 不久，媒體開始報導有些非裔美國人房客據稱受到房東歧視。有些房東看過房客檔案後拒絕出租給對方，有些則是房客都到門口了，房東開門看到他們之後，關門拒絕讓他們入住。其中一些房客除了舉報房東，還對房東提出訴訟。加州公平就業與住房部（California Department of Fair Employment and Housing，DFEH）也對我們提出集體訴訟，主張 Airbnb 對於歧視事件應負責任。

這些案子我們大可逐一破解，主張 Airbnb 沒有歧視行為，或沒有助長他人歧視（而且歧視本身已經違反 Airbnb 的使用者政策）。但在執行長布萊恩．切斯基帶領下，我們採取截然不同的做法。布萊恩曾公開說，這不是法律問題，這比法律問題大多了。「歧視是歸屬感的對立面，光是歧視的存在，就會讓 Airbnb 平台的核心任務陷入危殆。」他寫給 Airbnb 社群的公開信這樣說道。「每當你讓其他人感覺歸屬這裡，那個人就會覺得自己被接受了，能安心地做自己。儘管這聽起來只是一樁小小的善行，但我們社群有數百萬人，想看看我們同心協力的話能做到多少。」[4]

上述議題曝光之後，這幾年 Airbnb 一直積極減少平台上的歧視行為。例如我們要求全球所有顧客加入 Airbnb 社群時，都要正式承諾無論房客的種族、信仰、國籍、性傾向或其他法律保護因素為何，他們都願意接待。我們也將訂房確認通知中的房客照片欄位刪除。最重要的，我們還設立特別部門調查呈報的歧視案件。

對新創公司來說，嶄新的商業模式搭配堅實的價值主張，會是相當大的競爭優勢。新科技一直帶來新挑戰，但我很自豪的是，過往我待過的企業，都盡力為商業流程注入有意義的改變，從根本解決難題，而且隨著時間過去，他們仍持續追蹤、改善效果和微調流程。領導層能堅守一套價值，即使面臨難關也不動搖，這件事非常重要。

第2章

六C原則：強化職場誠信的關鍵步驟

選擇刻意誠信是個好機會。這不只將特定行為列入違規，而是形塑一個行為更有倫理、更以價值觀為本的正面態度。刻意誠信也有助養成更自主、更有活力的文化。對於企業內所有階層來說，面對日常難題和挑戰時，刻意誠信能夠激發出更有倫理的選擇。

企業家常常開玩笑說，做一間新創公司就像邊造飛機邊飛。整個團隊日夜不休準備推出產品，攻占市場和消費者心占率（mindshare，談及某產品、服務或產業關鍵字時，品牌「被提及的比例」）。壓力很大，但也很刺激。專注力就是一切。但當你把重心放在推出產品，而忽略流程和公司架構，問題還是會慢慢浮現。你可能是創新家，但你還是得做些傳統企業會做的事：聘雇和訓練員工、買器材設備、租辦公室、了解企業適用的相關法律等。如果一家成長快速的公司沒有明確政策和架構，當危機爆發，這家公司墜落的速度會比引擎爆炸墜機還快。

我二〇一六年剛進 Airbnb 時，面對的是個創新且高速成長的平台，以及高度誠信的領導人，但沒有任何書面倫理守則或特定指引，讓員工知道如何與彼此及社群互動。我還沒開始找員工討論何謂誠信和適當行為，就察覺其實應該先訂一套屬於這家公司的倫理守則，確保每個人遊戲規則一致。

我幫 Airbnb 制定的守則，是根據過去我在好幾家企業工作，過程中越發珍視並全心支持的基本原則寫成。這些原則並不稀奇：我們承諾守法、不歧視、拒絕利益衝突，以及任何如賄賂等等不正當或違法行為、保護顧客隱私、保護公司智慧財產、禁止性騷擾或任何讓其他員工感到不適的行為。還有一些是根據 Airbnb 獨特任務而衍生的規則，例如要強化陌生人之間的歸屬感。

接著，我們制定了用於平台的社群行為守則，內容有部分源自我在 eBay 時觀察買賣雙方互動的心得。這次我面對的房東與房客情境，與 eBay 當時有些類似，但又有獨特之處。我的黃金原則其實是條很基本的規則：如果你用希望別人對待你的方式對待別人，通常大部分問題都能解決。但就像 eBay 的違禁品名單後來越訂越長，由於會影響 Airbnb 的各地法律和議題族繁不及備載，再加上借宿別人家這件事本質就很私密，我們寫給平台用戶的指引也越來越詳盡。

在執行長布萊恩・切斯基、董事會和管理團隊的全力支持下，我們創造了一套大家都引以為豪的守則。接著，我們發展出強化守則的流程與技巧，並確保守則所傳達的訊息一直留在大家心上。另外，我們也逐步發展出舉報違規、調查報告與決定懲戒的流程。當思考在本書中該強調哪個部分，我回頭省視當初打造守則、現在傳達守則精神時一直沿用的流程。為了簡潔起見，我就將整套用心打造的過程簡稱為六 C 原則。

第一個C是「長」字輩（Chief）

有一點要先說清楚：如果你們執行長沒有全心認同誠信的重要性，沒有承諾自己會遵循公司的倫理守則，也沒有承諾要在公司執行這套守則，你不用再往下看其他五個C了。不用玩了，你不可能打造出高誠信文化。偽善和模稜兩可是誠信大敵，如果執行長（以及整個管理團隊和董事會）曲解或違反規則，或選擇性執法，那麼員工不可能認真看待你的誠信專案。

第二個C是量身打造的倫理守則（Customized Code of Ethics）

你必須有一套能夠反應企業核心價值、企業所屬的產業、所處地域和文化、公開且具體的倫理守則。這件事太重要，我會用後面兩章進一步說明。首先，我們會討論你的品牌、你支持什麼，以及你的事業有哪些活動與特點。你在處理特定議題和規則時，須帶入這個更遠大的品牌脈絡。第五章我會告訴你十個最常見、每家企業都要思考和處理的誠信違規行為，以及違規行為背後，規則和真實生活交織的故事。我特別強調守則的某些部分，或提倡特定流程，原因後續會談。我也會解釋，在現今社會規範日新月異，資訊越來越透明、網絡化和數位化的世界，身處其中的企業應該要特別考慮哪些政策標準。我接下來討論到的一些例子，可以清楚解釋守則的原則：「**當你和工作上會遇到的人待在一起，不管你們在哪裡，你就是在職場。**」

第三個 C 是守則的溝通傳達（Communicating the Code）

身為法務長暨倫理部門主管，我會前往全球各地 Airbnb 分公司，舉辦和新進員工面對面的小型說明會。由資深主管來溝通和強化規則非常重要。如果你只是把守則放在網站裡某一頁，或者和員工健康計畫與停車規範等其他文件釘在一起，「守則有多重要」這件事你已經表達錯誤了。如果你打算拿現成的線上課程或影片教導員工，整件事也不會有什麼效果。如果你指派一名中階人資經理去做員工訓練，你傳達出的意思就是，這件事真的不太重要。

Airbnb 領導招募部門主管莉莉安・譚（Lilian Tham）進公司之前，在好幾家全球規模的企業待過。她在 Airbnb 的新訓期間聽完我的誠信課程，事後專程找我出來，表達她非常感激能上這堂課。後來莉莉安又分享給我更多關於那場「新生談話」（Check-in Talk）的看法：「我認為新生訓練期間和新進員工分享的文化規範，真的會定調他們之後怎麼和公司、同事互動。我以前在迪士尼、美國運通和谷歌工作過，從來沒有一次是由法務長或和羅伯（作者）同位階的資深主管，溝通公司倫理或反騷擾規範。通常都是找個資歷淺的人資，放一部內容過時、不接地氣的影片給我們看就此了事。由羅伯來帶新進員工討論，融入真實生活中的例子，以及提到他個人脆弱之處和自己不盡完美的應對，這一切都說明了，誠信和倫理對這家公司的任務和文化有多重要。這過程讓我們有足夠基礎去思考，如何與未來的同事互動，以及新訓結束後我們要如何在公司行為處事。」

第四個 C 是明確的舉報機制（Clear Reporting System）

要讓員工輕易舉報倫理、貪腐和詐欺問題，這會比從媒體、訴訟、政府管治部門、或社群媒體得知自己企業的問題好上太多。應用材料（Applied Materials）前任執行長詹姆士・摩根（James Morgan）營運該企業近三十年，是位深受尊敬的科技業主管，他對下屬經理們說過一句很棒的格言：「如果你願意出手改善的話，壞消息就是好消息。」也就是說，越早聽到問題越好，這樣公司就能趕在問題變成危機之前，出手解決。打小報告或唱反調不一定符合人性直覺，但在應用材料，及早提報問題的人會得到讚賞。這是個值得花心思強化的好習慣。

想要擁有誠信的企業，必須讓呈報問題的流程簡單又清楚明瞭，尤其是呈報違反倫理守則的行為部分。你不能光說：「告訴我們發生什麼事是員工的工作。」接著對員工表達出的困難障礙置之不理。

我們還會談到如何處理匿名舉報、調查案件，以及所有受指控當事人都需要知道的正當流程。理想狀況下，企業應該同時提供員工數種舉報管道。有些機構正在開發不錯的企業版線上舉報平台，可以解決企業內部呈報可能衍生的恐懼及報復問題。

第五個 C 是違規後果（Consequence）

規則訂了就非執行不可。違反任何種類、任何層級的規則，都應該伴隨後果，可能是初犯的口頭警告，也可能是終止雇傭合約。高誠信文化靠的是犯規時企業內部公平、合理的回應。如果一套守則沒有制定違規後果，會引發兩種風險：首先，如果員工從來沒聽公司提過守則，或執行過守則，那他們會忘記守則的存在。而且這是你的企業文化，本來不管你訂了什麼規則都會成型，而不是由規則去形塑文化。其次，如果訂了守則卻沒有貫徹執行，就會淪為人事鬥爭的武器。有位矽谷企業執行長告訴我：「除非要拿來搞別人，否則沒有人會費心讀企業內部守則。」想要傷害同事的主管和員工，會從很久以前的信件、費用核銷報告等等資料去找對方的「道德污點」，現實中也都發生過。他們甚至可能故意設局，讓對方不小心違反內部守則。這些情況比大部分人想的還常發生。例如 #MeToo 運動揭發的案子中，有員工內部申訴執行長的不當性行為，但資深主管收到舉報後不但沒有處理，還要求當事人的部門主管查找當事人過去有無污點紀錄，藉此將當事人開除。這就是摧毀整個企業信任文化的有毒行為。

人類（以及你看重的優秀員工）犯錯有很多原因，每個人都應該被賦予公平聽審的機會，以及能反映該違規行為特點與強度的懲戒後果。我們之後再談後果的複雜性這個議題。

第六個 C 是持續不斷（Constant）

誠信主題的簡報、影片、內部電子圖片和紙本海報，設計目的都是為了再三重複，或我說的「讓鼓聲持續不斷」。我們希望員工做決策或進行有誠信因素的行動時，能不斷回想起公司價值觀。曾有研究人員研究，是什麼誘使人做出比較誠實或比較不誠實的行為，結果發現，持續強化對誠實和倫理的期許，真的能創造行為差異。我們也希望員工，在社群媒體或匿名職場討論版發表言論時，能記得自己公司的立場。持續不斷的另一個要素，是有效掌控誠信議題、違規行為，以及後續行動。在法務部門，你需要針對員工的詢問、違規舉報和懲戒行動，製作能呈現出這些數量、特性和整體趨勢的看板。你還要常保警覺，及早發現哪些部門可能要加強訓練或支援。此外，還要辨別有沒有哪些誠信題材，特別難打入某些地區，或哪些地區的特殊環境導致誠信問題產生。

最後，你會想要持續回顧、溫習和更新你的刻意誠信流程，以反映法務、商業或科技現況。當企業逐漸成長，事業線或其他新事業活動增加，企業成長帶來的新文化效應和其他特殊議題，都要一併納入原本守則。誠信的溝通絕對不能淪為背景噪音，要有想像力，讓人難忘。其他企業發生爭議時，你要把握機會溝通誠信議題，以免將來同樣情境發生在自家企業。我在誠信談話時，投影片裡有一張專門列出其他企業犯下的錯誤和醜聞，很有警醒效果。有些觀眾看完臉都歪了。就算不是自家企業發生的危機，這仍然是讓大家聚焦在具體行為的好機會，不論好行為或壞行為皆然。你一定要持續不斷更新和強化你的價值觀。

誠信的「考驗時刻」

雖然我是律師，但枯燥無味的說明書，還是讓我讀到雙眼無神。我發現主題如果很複雜或很細微，最好的呈現方式是說故事，將規則和你想透過規則實現的精神和意圖連結起來。接下來各章說明六個 C 步驟時，我會用真實例子說明。我發現，幾乎每天都有企業遭遇誠信議題、或失去誠信的新例子冒出來，不過有個敏感問題，我先坦誠告訴各位。我不能揭露和 Airbnb 管理團隊討論的特定案子或情況時，我提供過的法務細節。這些對話屬於律師及當事人的特權範圍。我能透露的資訊，也不能超出公司公告的範圍。在這情況下，要呈現真實生活中的兩難情況，真的很難。我如何同時遵守倫理義務，又在書中提供有實益的洞見呢？

後來我決定用「考驗時刻」這個架構，呈現我想表達的事情。在這些誠信考驗情境中，我會針對自己調查過、提供過建議、和法務同事討論過，或在我職業生涯中見過的狀況、誠信難題和倫理議題，編造出能反映實際細節但又不會透露當事人身分的情境。另外有些情境，則反映本書協作者以前在全美知名商業雜誌擔任記者時，所涉獵的特定見聞。

讓我再強調一次，每個「考驗時刻」都以真實情況為基礎，但經過刻意編造。凡是不重要但又會暴露當事人資料的細節，全都改編過。本書案例沒有一個是照抄真實場景。透過這種寫法，我可以對這些案例衍生出的隱憂和法律問題，直白地表達看法，同時又不違反法務專業責任與倫理。

但也要聲明一下，這些案例不是天馬行空的假想，而是生活中常見的挑戰。我常告訴Airbnb員工：「我非常確定，明年在座各位都會至少經歷一次重大的考驗時刻。」但我相信，實際上員工多半是遇到不太難的誠信考驗，只是頻率會遠高於主管預期或願意承認的次數。

每個「考驗時刻」都會先提供一段事實摘要。我先在這裡列出一些最常見的難題種類，到了第四章我們會探討更多細節。難題包括：

- 感情糾紛
- 酒精和藥物問題
- 濫用公司資源或財產，及報銷費用帳戶
- 利益衝突
- 濫用顧客資料

- 性騷擾或攻擊
- 賄賂與收受不當禮物
- 營業祕密和保密資訊揭露
- 詐欺
- 社群媒體問題

然後我會在附錄列出行動選項、思考這些難題的方式，以及我對更大議題的看法。你會發現這些「考驗時刻」，通常會有一個導火線事件，由此衍生多方當事人犯下的多種不同違規行為。這反映了真實生活場景：很多人做出糟糕決定後感到羞愧，他們有時會否認，有時則用謊言或其他方式掩蓋，但反而讓違規行為擴散得更快，比茶水間冰箱裡放很久的三明治發霉的速度還快。

我希望你能讀一讀這些例子，先自己想想看，身為一位領導人可能有哪些回應，接著翻到本書末尾，看看我如何更深入討論各情境和選項。這些例子有沒有讓你想起過往某些和平或不太和平落幕的紛爭或難關？

我一向相信，每個人都是透過個人經驗，以及生命史所形塑出的濾鏡看待人生。有些經歷給了我們智慧，有些則讓我們曲解他人的行為和動機。這副濾鏡有時會因為個人欲望而受到蒙蔽，或因為失望而出現破損。當我們遇到戴不同濾鏡的人，有時會進退兩難。這時拿掉我們自己的濾鏡，試著用對方的角度設想，通常都滿有用的。我做為家長，當孩子對權威對象生氣或和朋友產生紛爭時，也是這樣提醒他們。

在職場上，試著同理他人也滿有用的。平常我們除了思考自己的職涯、工作目標和企圖，不一定會思考其他無關的觀點和議題。畢竟我們每天都必須達成業績目標，趕快把手邊工作做完。時間寶貴，競爭很激烈，資源又很稀缺。很多機構已經親身示範給我們看，像是抄捷徑、混淆真相、對優秀人才犯下的不良行為視而不見，這些便宜行事的吸引力很大。但我也認為，這些短視近利遭致惡果的實例，我們實在看多了。

要解決誠信難題，可以看成摘掉我們原本帶有偏見與猜想的濾鏡，改戴另一副倫理護目鏡去看事情。這副新的護目鏡能讓我們聚焦在眾人共同享有的價值和原則，進而幫助我們看見並走上正確道路。

我的目標是幫你擦亮倫理護目鏡，讓你日後一遇到問題就會自然而然戴上它，讓你決策的脈絡變得更宏大。採用一套堅實、通過測試的流程去創造誠信文化，這點非常重要。但你必須做好準備，因為規則和流程隨時會遇到挑戰。

如果你是領導人，我希望「考驗時刻」可以增強你的動機，明確列出對員工有哪些特定期待。但不論你是領導人或一般員工，我希望這些例子都能讓你們了解，將行為合理化的滑坡過程。讀完這些例子，你可能會生出想和朋友或同事進一步談論的問題。這就是我希望開啟的對話。

第3章

長字輩的C：誠信從最高層做起

能不能建立高誠信文化，
就看機構高層用什麼語氣表達。

我連續好幾天沒吃好睡好，快虛脫了。我勉強打起精神收拾殘局，整理這一團混亂，盡量讓自己回歸正常。現在只想找個靠近海邊，平靜又晴朗的地方待幾個月，墨西哥或峇里島那種。

這種冒險誘人的旅遊點子對我是家常便飯，但以前不太需要煩惱的問題如今籠罩著我：該去哪才能找到安全的住宿？❶

二〇一一年六月，一位署名「EJ」的Airbnb房東，在自己的部落格寫了一長篇恐怖故事：她出差結束回家，發現上一位房客徹底搗毀了她家。面對如此極端的毀損狀況，她感到無比驚恐、備受侵犯，這完全可理解。從Airbnb的角度來看，這起事故也嚴重侵害我們的品牌與價值，畢竟我們相信人性本善，能夠一起建立充滿信任的社群，彼此分享很棒的經驗和旅遊見聞。Airbnb 執行長布萊恩．切斯基回想當時，認為該起事件的後續發展，是他當時創立公司三年來遇過最嚴重的「考驗時刻」。ＥＪ三十幾歲，從事企業活動策畫。她說，她將舊金山的公寓租給一位署名「ＤＪ派特森」（DJ Pattrson）的房客。

ＥＪ先前將她在紐約的公寓放上 Airbnb 出租，經驗很不錯，因此這次想趁著出差，將她位於舊金山的住處也租出去賺點外快。她預計數天後回來，出發前來不及和ＤＪ碰面。從對方傳來的簡訊感覺人滿好的，而且還稱讚她的公寓很美，並謝謝她這位好房東。

出差一週後，ＥＪ回到家，發現整個家被人用近乎變態的手法砸爛了：有人（有目擊者說不只一人進出她家）把她的衣服從衣架上和抽屜裡全部扯出來，弄成濕漉漉的一坨，包在浴巾裡；廚房裡灑滿了清潔劑粉末；整個浴室到處黏了噁心的不明物體；上鎖衣櫥倚靠的牆面被打破，衣櫥被搗毀，裡頭祖母留下的珠寶、她的筆電、相機、硬碟全被偷走了。當時是夏天，但那群房客竟然在屋裡焚燒木頭和一堆文件，而且火爐的爐洞還沒打開，所以整個屋子都蓋了一層灰。她還發現ＤＪ偷走她的折價券，刷她的卡購物，順便把折價券用掉。整件事駭人至極。

當時 Airbnb 政策明訂，不負責房客的損失。Airbnb 會協助房東解決問題，但房東必須自行向房客求償。儘管ＥＪ在網誌中提到 Airbnb 對她的遭遇感同身受，也提供了協助，她還是對 Airbnb 提出一點不滿：Airbnb 一向強調流程透明，但整個作業流程中，房東和房客都無法在訂房完成前搜尋到對方的具體資料。她認為這會讓人以為 Airbnb 已經幫用戶雙方做好身家調查了。

那篇網誌在網路上一炮而紅，其他房東也開始分享自己遇到壞房客的經驗。布萊恩．切斯基不知所措看著媒體的報導越來越糟。「剛開始我們處理得不好，客服糟透了。老實說，我們一開始只想最大化公關效果，但越想操控公關，結果就越糟，繼續彌補，但還是沒效。」管理層內部對如何遏止輿論批評也看法不同。有些人認為應該靜靜等風頭過去；有些人則認為公司應該多負一點責任。甚至有人私下請ＥＪ刪除那篇網誌，結果惹怒ＥＪ，後來對此又發了另一篇網誌。風波持續延燒數週，期間媒體仍持續挖掘更多房客搞破壞或造成房東困擾的真實故事。

布萊恩說，最後他卡關了。「到了某一刻，也因為走投無路了，我就想『結果什麼的，管他去死吧。我要想的是，希望別人怎麼記住我這個人。』所以我決定在這份事業上做對的事，也就是有道德的決定。」他了解到，很多情況過於複雜，很難有個讓人滿意的收尾。「如果情況複雜到讓你無法預期之後會怎麼演變，你就想想看，你希望別人將來怎麼記住你這個人。這和做商業決策不同，你知道自己做了什麼，別人會怎樣看你。」

第一步，布萊恩決定刊登清楚、坦白的道歉啟事。接著，讓 Airbnb 提供房東一些額外保護，因應這種罕見但殺傷力大的意外事件。於是他打電話給一位董事，討論可否幫每位房東負擔五千美元的意外險，畢竟這個做法會削減 Airbnb 的利潤。他預期對方會很擔心成本問題，沒想到那位董事聽完回答：「好，再加個零上去吧。」布萊恩很快便發了聲明，其中提到：「這四週以來我們真的太慌張，把一切都搞砸了。」他並宣布，以後所有房東都享有五萬美元保險，若遇到毀損便能申請給付。

Airbnb 也和執法部門合作追查「ＤＪ派特森」到底是誰，後來一名嫌犯落網，被控持有贓物。❷ Airbnb 終於挺過這場風暴，而布萊恩合乎道德的決定，也讓公司員工倍感光榮。

事發當時我還沒加入 Airbnb，但大家如今還在傳頌布萊恩的道歉文，說他做得很對。這件事融入 Airbnb 企業文化，成為誠信典範。很多員工、主管、投資人都曾語帶驕傲地對我提起此事。

「我那時才真正了解布萊恩這個人。」產品管理部門主管喬・札德（Joe Zadeh）某次接受《財星》（*Fortune*）採訪時說道[3]。

當執行長做事有誠信，整個企業都感受得到，而且不會立刻淡忘。員工不會期待領導人完美無缺，但太多領導人反倒把認錯當成示弱，其實效果正好相反。如果執行長不承認自己做錯，怎麼能期待公司裡其他人犯錯時，能把負責和解決問題當成第一要務，而不是急著卸責，甚至隱瞞？如果執行長行事有誠信，也期許大家和他一樣，誠信才有可能成為公司裡每個人的預設選項。

我相信所有產業和企業皆如此。最近我在一家飯店酒吧看籃球賽轉播，不經意和隔壁桌獨坐的紳士聊起來。他很低調，對自己的事說得很少，聊了一個多小時後我才發現，對方正是零售業龍頭好市多的共同創辦人，吉姆・辛尼格（Jim Sinegal）。我們暢談兩小時，聊了國家近況、誠信觀念、合乎倫理的原料來源、尊重員工，以及用長期眼光經營公司，而不是只看下一季業績。

事後我找了一下資料，發現好市多的員工流動率，在零售業中數一數二低，而且該產業平均只有六%的員工享有健保時，大約九〇%的好市多員工都有健保。[4]我確定好市多很有競爭力，卻遍尋不著有關好市多的醜聞或倫理不良的報導。當初我們聊天時，我告訴吉姆・辛尼格自己對刻意誠信的信念，他聽完低聲回道：「重點只有一個，就是要從最高層做起。」二〇一八年底，《紐約時報》（*New York Times*）科技專欄作家卡拉・思威雪拉（Kara Swishera）寫了一篇談科技業主管的文章，文中列出諸多令人困擾的行為。她觀察到，「剛開始少少的，但後來忽然同時大爆發，感覺數位產業很多高層都瘋了。」[5]

思威雪拉那篇文章的重點在於她提的一個問題：既然矽谷執行長們的言行沒有誠信，我們是否該設立「倫理長」這個職位？「倫理難題接連撲向這些準備嚴重不足的主管，他們純潔無瑕的名聲就像颶風中的棕櫚樹一樣倒地不起。」她寫道。

對當下必須處理複雜議題的平台企業來說，倫理長這職位有其重要性。但這樣說是帶有警告意味，希望你不要太驚訝。一方面，倫理長這個職位放出一種強烈信號，表示這家企業看重倫理和做對的事。對於經歷醜聞、須重振品牌與企業文化的企業而言，招募或指派一位倫理長，確實可以得到一些寶貴的外部看法和智慧。

但我不想讓你以為只有大企業才有能力處理誠信問題。任何企業老闆，包括一人公司，都應該負起責任，好好思考自己公司的目標、價值觀，和利害關係人互動的基本原則，並且承諾守護這些價值。任何一位執行長或老闆，都不能將企業的誠信責任「外包」給倫理長就了事。倫理長可以是執行長的珍貴夥伴，他能專注處理困難又複雜的問題細節，並形塑企業政策與訓練的方式，但吉姆．辛尼格和其他經驗老道的領導人也深諳一點，就是刻意誠信務必從高層做起，而且是最高層。如果領導人忘記，可是會帶來災難的。

企業短視近利的痛楚

我小時候福斯（Volkswagen）的金龜車（Beetle）售價還不到兩千美元。那款車可愛又有趣，和福斯的招牌廂型車一樣，都代表著該品牌崇尚愛、和平和簡單生活的「嬉皮」價值。幾年過去，福斯開始購入並生產較為性能導向的車款。我一直蠻喜歡福斯這個牌子，女兒碧安卡誕生時，我買的第一台家庭房車就是他們的中大型車款 Passat 車系。

十年前，福斯執行長要求大幅提高柴油引擎車在美國的銷量，儘管要通過美國嚴苛的排放標準，意味著引擎馬力相對減弱，高層主管還是給工程師施加壓力，要求他們製造出同時滿足消費者的馬力需求，又能通過排放標準的柴油引擎。不可能的任務乍看好像成功了，福斯在美國市場的銷售也一飛沖天。

二〇一五年，外界工程師好奇，為何福斯美國車款的排放量，竟然比同品牌的歐洲車款還低，研究後才發現根本沒有比較低。原來福斯美國車款安裝了減效軟體，排放量測試時會產出不實數據。長話短說，就是多名福斯員工為了應付來自企業高層「成為全球最大車商」的命令，精心策畫了一場騙局。[6]最後該企業針對超過五十萬台已售出車輛，給付兩百五十億美元的罰金、賠償和更新費。其中一位美國員工被判處七年有期徒刑。福斯企業執行長辭職，接著被德國檢察官以刑事罪名起訴，[7]至今福斯還在努力恢復名聲。

福斯失去人心的故事，是我寫這本書的另一個動力。身為消費者，我憤怒該企業的作為。而且我還買了其中一款號稱低排放量的車呢。他們不可能再贏回我的信任了。

怎麼可能會發生這種事？一家企業怎麼會認為這種重大詐欺行為不會被發現？幾位管理學專家認真鑽研這個問題，並為此撰文，其中提到儘管福斯的倫理守則明文禁止詐欺，主管們依然刻意忽視守則重要性，並認為達成業績目標就可以正當化暫時違背倫理的行為，而且他們認定即使詐欺被發現，也有辦法讓後果壓到最小。結果就是，企業領導人將業績目標過度凌駕於其他事物之上，才衍生這場災難。[8]這個故事告訴我們，當執行長的領導力沒有納入刻意誠信，反作用力會多強烈。曾經輝煌的品牌名聲，因追求短期目標和贏得市場競爭而毀於一旦。

從最高層開始以身作則

執行長先要認知到，你可以決定守則該怎麼訂，但如果你忽視這套守則的存在，就是瀆職。如果公司高層領導人不同意守則內任何一則條文，該條文就自始不存在守則內。全有或全無，沒有折衷，才可能讓公司所有員工買單。

和 Airbnb 員工談話時，我都強調公司沒有一個人可以凌駕於守則之上。這是實話，從執行長、董事會到管理團隊，都完全認同且支持刻意誠信專案。從員工反應以及我和員工的一對一談話，都可以感覺到，對他們來說，執行長和他們遵守同一套規則這件事非常重要。

如果要讓執行長遵循他們認為沒必要遵循的守則，那就偽善至極了。大家討厭兩套標準是有道理的。應用材料前任執行長詹姆士．摩根有段話強調了這個觀念：「你所領導的企業品格，絕對不會高於你自己的品格。想要你的員工展現出怎樣的傾向和特質，要從你自己先做起。」❾

當然，情況有時候很複雜沒錯。執行長光是處理日常業務，就可能無意間給自己設下誠信陷阱。他們不一定是刻意違法或忽視行為守則，而是合理化自己的錯誤妥協。例如一名化學製造公司的領導人可能會想：「環保法規要求我們花錢處理廢棄物，但如果我不做，而把預算先放在研發減少廢棄物，幾年後公司就完全不會有廢棄物問題了。單就這情況來看，違法可以創造更大的好處，對吧？」

另一個例子是老闆可能認為，禁止收受禮物的規則只適用於位階較低的員工。畢竟他們不夠深思熟慮，很可能被小賄賂影響，而老闆本人永遠以公司為優先，不會受動搖，因此不必無禮拒絕廠商或商業夥伴的禮物吧？而且收禮不是這份工作本來就有的福利嗎？

大錯特錯，其實執行長不只要遵守規則，更應該在下屬面前積極提倡刻意誠信的行為。為何這件事對執行長如此重要？因為，合理化自己的行徑會影響他人，這就是原因。

有位以前在亞馬遜工作的同事告訴我，創辦人暨執行長傑夫・貝佐斯（Jeff Bezos），每季都會做一件「強化亞馬遜財報誠信」的行為。我先把話說在前，貝佐斯絕對是一位複雜的領導人。很多人批判他太過重視成長，對他的員工和平台賣家等等利害關係人不聞不問。

但我的同事說，貝佐斯對於亞馬遜財報數字的誠信要求非常高。貝佐斯每季都會和法務長一起，仔細審核各事業體財務長交出的財報數字。貝佐斯在那個場合會盯著每位財務長，問他們說：「你有覺得什麼數字不對勁嗎？」這是執行長確立誠信價值觀非常有效、直接的行為典範，表示貝佐斯希望先親耳聽到壞消息，而不是讓壞消息繞了一圈後才回來打擊公司。貝佐斯不想等事情發生了，才為當初過度樂觀的預測辯解，這個做法值得所有執行長仿效。

創投暨企業家本・霍羅維茲（**Ben Horowitz**）告訴我，他還在擔任軟體公司 **Opsware** 執行長時，也做過和貝佐斯類似的事。每季他都會和會計團隊一起，仔細檢視每個疑似太正面的數字。他會一再明確告訴團隊成員，不要企圖操縱數字，或違反任何會計準則和揭露義務。他還記得自己有次這樣說：「我們會損失沒錯，可能還會破產，但至少我們不會坐牢。」這不只是「做對的事」而已，你要把話說得非常直白。

我讀《惡血》（*Bad Blood*）時，也思考著什麼是領導力的關鍵本質。約翰・凱瑞魯（**John Carreyrou**）寫出了血液檢測公司 **Theranos** 暴起暴落的故事。**Theranos** 執行長對精準財報的關切和看重程度，似乎是站在貝佐斯和霍羅維茲的對立面。《惡血》所描述的執行長伊莉莎白・霍姆斯（**Elizabeth Holmes**），不斷過度承諾、一再食言，然後說謊隱瞞問題。霍姆斯找來許多名人當董事，但他們對該公司的專業領域都不專精。公司的第二把交椅正是她男友，而她為了保全公司短期內估值，對投資人和合夥人什麼鬼話都說得出口。結果，公司垮了，而 Theranos 這名字現在等同詐欺和泡沫行銷。霍姆斯則因為她在公司垮台過程中扮演的角色，正面臨刑事與民事追訴。

保羅・薩拉伯利（Paul Sallaberry）是位創投家，先前在甲骨文（Oracle）和零壹科技（Veritas）擔任高層主管。他告訴我，自己堅信誠信必須一開始就寫進公司的DNA，他擔任管理教練時也是這樣告訴其他執行長。「有種迷思將企業分成兩種，一種是藍血陸龜型，在乎誠信和倫理，另一種則快速、敏捷的現代企業。這說法完全錯了，其實你可以二者兼得。打造優秀文化的唯一方式，就是建立一套讓大家都想投入的價值觀。如果你要求大家做對的事，他們會信任你。大家會發現自己可以幫你把事情做對。不這樣的話，你只是雇了一群大難來時各自飛的傭兵。」

以上這句話帶出公司高層領導應樹立誠信的另一個重要因素：遇到危機時，不要把職位低的員工推出去當擋箭牌。我認為星巴克在二〇一八年公關事件，表現很值得尊敬。當時費城一家分店經理告訴店內兩位非裔美國人男性，沒有消費不能使用店裡廁所。由於對方拒絕離開，後來店長就報警處理。最後這兩名人士向政府當局提出申訴，當地社群和全國性媒體也嚴厲抨擊星巴克作為。⑩

星巴克並未立即否認錯誤，企業創辦人及執行董事霍華・舒茲（Howard Schultz）對事件發表長篇談話時，更沒有將負責推給店長。他再三強調根本原因在於，星巴克對未在店內消費的人士能否用洗手間的政策一直很模糊，才會發生該起事件。星巴克內部經過省思，將政策改為只要來店人士不干擾他人、沒有無禮行為，不論有無消費都可以使用該店洗手間。不只如此，星巴克還停業半天讓員工接受「種族偏見教育」。執行長凱文・強森（Kevin Johnson）也公開談話表示，更新政策的過程中，傾聽顧客、社群和分店夥伴的想法對公司非常重要。

星巴克的因應方式，直接承認模稜兩可是誠信大敵。模糊的指引和依個案解決的做法，會產生有偏見或便宜行事的決策，長期下來會損及公司品格、趕跑顧客、傷及士氣。高層不一致、衝動性的決策也會引起員工注意，然後他們將不再信任公司。因為員工不相信公司也會公平客觀地處理員工的問題。

誠信守則絕無例外

在 Airbnb，我們當然也要處理很多突如其來的問題。但我相信，Airbnb 執行長和管理團隊在問題成型之前，已經花很多心力辨識出誠信難題，並思考最佳解法。這比問題發生後才思考如何收拾殘局好太多了。

舉個例子，二〇一八年我們開始實行一條新規則：Airbnb 管理團隊的任何人都不得和員工發生感情關係。句點。絕無例外。我們每一個人，包括執行長布萊恩在內，無論單身與否，都親自明確同意遵守這條規定。坦白說，我第一次對管理團隊提出這想法時，有人笑著說：「沒差，我們都死會或已婚了。」但當我指出很多 #MeToo 性醜聞也和已婚主管有關，這下沒人敢笑出聲了。大家沈默了一下，就簽署同意。

有些主管和朋友聽我談起這個政策非常吃驚，禁止成人在雙方都同意的情況下發展戀情，難道不會太極端，甚至太嚴苛嗎？但你想想，我們已經看過太多主管和企業栽在這個問題上。Airbnb 認為職場感情關係可能衍生出妨礙公司本業的難題，這對企業的風險太大了，所以我們堅持要實行這條規則。

「不可發展戀情」這條規定只適用於管理團隊，因為在上下屬的權力動態中，主管在某些情況下會讓部屬感到壓迫。在Airbnb，只要員工之間不屬於上對下的管理掌控範疇，都可以發展戀情。如果你在業務部門工作，和物流部門的人談戀愛，並不涉及上對下關係，因此沒問題。如果你是客服部門經理，發現自己愛上部屬，你就不能展開這段關係。如果有人漠視規定談起戀愛，職位高的那方就要為違反倫理的行為負責。

這條規定也適用於不是上下屬關係、其中一方員工對他方有掌控利害關係的情形。假設一名人資專員要支援業務部門，雖然彼此沒有上下屬關係，但該名人資專員對所支援的部門有掌控關係，因為人資知曉該部門涉及哪些人事調查和績效問題，也有權得知業務部門每個人的保密薪資和獎金資訊。因此這位人資如果和被支援部門任何一人發展戀情，不可能不損及人資的公正性以及支援表現。

由於法務長要處理的申訴包括任何一位員工，因此在我任內，以及我負責倫理辦公室期間，不能和任何員工產生感情關係。法務長當然可以迴避個案，但隨之而來的揣測和耳語會分散涉案相關人的注意力，並引發是否有內幕的質疑。用常識來看，這時最佳解決方法，就是資深主管不應該和任何員工產生感情關係。

有些我認為遵循倫理的領導人，是用其他方法處理上述問題。有人會要求即時揭露，並將員工調離原本職位，避免上下屬關係和感情關係重疊，但我覺得這方法不好。因為不管多即時的揭露，兩人關係想必都已發展一段時日，也產生了一定程度引人分心的祕密性和活動。假如某人在擠滿人的房間裡與另一人四目相交，那個人絕對不會當下就呈報自己的感情受他人吸引。

就算一段感情關係公開且有即時揭露，也無法真正解決問題。因為基層員工和長字輩或其他高層主管發生關係，有些時候一定會因為這段關係，對企業動向有更廣泛的認知。不論是否為真，周遭眾人都會覺得這位基層員工知道內部情報，可以搶先得知最好的任務和晉升機會。而且，日後這位基層員工如果得到企業某高層垂愛，當這位員工犯錯，部門主管該怎麼懲戒呢？

所以我們的做法是，管理團隊全體同意以下守則：我不會尋求例外，也不會在其他人發生時採用拖延決策。如果我要和內部員工發展感情關係，我會先主動離職去其他企業工作。

誠信關係到顧客隱私

顧客隱私是另一個企業應該制定具體規範，以免員工濫用的領域。Airbnb 就嚴格規定，員工除了履行工作責任所須，不得使用任何顧客資料。

二〇一六年媒體披露優步的「全知觀點」系統後，優步終於了解遵守這種規則有多重要。簡單說，優步員工開發出一種，讓他們可以隨時追蹤任何使用者動向的系統。他們有了這套系統後，簡直目中無人了，有次一位紐約高層接受記者訪談，當該名記者搭乘的優步停靠在他們相約碰面地點的路邊，兩人打過招呼後，那位主管對記者說：「我剛一直在看你開到哪了。」後來優步一位資安長離職，並對優步提出訴訟，指控該企業員工濫用資料監控政治人物和名人行蹤。[11]

根據媒體報導，優步員工還會用該系統監控前任伴侶、朋友、家人、暗戀對象等等其他人的行蹤。媒體一揭露，使用者都氣瘋了，後來優步繳了罰金，並同意接受聯邦交易委員會，在未來二十年內持續稽核該企業的隱私保護措施。輿論對優步表達的訊息很清楚：顧客資料是顧客交付的信任，雇主應該防止員工如此濫用。

了解不同濾鏡，不同標準

以上是Airbnb倫理守則的其中兩個重要元素，我也提到高層主管在某些面向上，須肩負比基層員工更多的義務。當然了，有些企業的執行長受不了這種規定。商業傳奇故事往往讚頌叛逆者，甚至將他們捧上天去。我想到的企業家例子有史蒂夫．賈伯斯（Steve Jobs）、理查．布蘭森（Richard Branson）和泰德．透納（Ted Turner）。賈伯斯剛出道時在Atari當工程師，當時他走到哪都打赤腳，因而小有名氣。賈伯斯拒絕接受建制與規則，這點後來成為蘋果莫大的號召力。

將員工培養成瞧不起對手的歡樂海盜團，這種企業文化是種獨特品牌沒錯，有時也是徵才優勢。但有時這種「事前想怎樣就怎樣，事後再請求別人原諒」的思維會傷到自己。如果沒有一套守則告訴大家底線在哪，以及跨越底線有什麼後果，「過嗨」的人可能會失控，然後開始互砸雞蛋，最後大家都受傷，企業本身也深受其害。

我們先回頭談感情關係這個議題。有些執行長顯然相信，他們有權判斷自己和另一位同意彼此來往的員工，兩人感情何時、會不會產生問題。他們認為自己在公司的角色就是衝高股價，就這樣，句點。如果他們獲利表現很好，就不應受任何規則束縛。

這種論調過去可能流行過一陣子，但時代不一樣了。我可以隨便舉出幾位也有同樣想法、認為他們只為公司獲利負責的執行長：好萊塢電影監製哈維．溫斯坦（Harvey Weinstein）、哥倫比亞廣播公司（CBS）前執行長萊斯．莫文維斯（Les Moonves）和賭場開發商史蒂夫．永利（Steve Wynn）。他們都是強大、自信過人的執行長，但隨著諸多長期不正當感情關係浮出檯面，最後也都黯然下台。他們為自己辯駁的說詞，都是和當事人間屬於「雙方合意」的感情關係，然而受害當事人控訴的是，這些執行長對威脅恫嚇她們，有時甚至使用更糟的手段。另外值得注意的是，媒體在這些個案中（永利案例中還包括政府管制部門），都發現企業內員工與主管對執行長的行徑早有所知，還幫忙安排密會，甚至幫執行長隱瞞所作所為。職場上不正當感情關係衍生的後果，絕對不是「彼此合意的成年人」這樣的說法能解決的。

當執行長重視的人才，或所謂「愛將」濫用權力或違規時，執行長會如何處理，這也是高層誠信的一部分。我們大部分人都遇過辦公室「金童」或「玉女」現象，他們通常是有魅力的頂尖業務、談判人才或工程師，在大家眼裡，他們是執行長認定絕對不會犯錯的人。這些執行長的寵物平日惹怒同事的方式已經夠多了，對後勤部門盛氣凌人、將車停在別人車位、老是用太忙當理由缺席必要會議等等。當他們被控訴性騷擾或濫用顧客資料，同一個月內他們卻又交出亮麗業績，公司會有什麼反應呢？這才是更糟的。我們看過太多例子是，公司幫他們隱瞞，悄悄找當事人和解。但我認為 #MeToo 運動興起，以及很多員工積極挺身要求當事人負責，這種做法就要絕跡了。

如果一家企業用隱瞞來因應內部違反倫理的行為，那麼企業本身的問題會比任何內部個案還要嚴重。想像一下，如果你手下表現最好、最有價值的員工去騷擾辦公室其他人。你會對這個人做出怎樣的懲戒呢？假如你已經制定一套倫理鐵律，這個人得到的懲戒卻比其他犯同樣錯誤的人更輕微，那麼你的誠信之路已經走歪了，而且員工可能會默默、甚至不默然地，開始與你對立。

多數執行長都喜歡自己下最後決策，他們就喜歡那種無拘無束的自由。自戀的執行長甚至會將這個權力揮到極致。但心態成熟的人都了解，大部分工作多少會犧牲私人生活、友情和自由。這可能是工時過長，或身為內線人士因此不能交易股票的代價。大家都有守法義務，卻沒有必要在一家倫理政策多如牛毛的企業上班的義務。但是身為遵循倫理的企業，內部政策就須配合社會規範、人才招募問題和其他變因一起與時並進。

Airbnb 的六〇〇〇名倫理長

某程度上，我希望 Airbnb 裡每個人都把自己看成倫理長，也就是品牌的守護者。我們不完美，但我們也都知道自己不完美，因此我們會將誠信看成一趟偶爾會跌跤的旅程，而不是單純一個個待辦事項。我們會積極鼓勵大家提出倫理問題和呈報問題，並且嚴禁員工威脅遇到倫理問題、有疑問想呈報的人。另外，個人忠誠也不得做為辯護理由或值得遵循的價值觀。

另外，還有三個特定職務和實體，也應該放在「長字輩」倫理領導力概念來談。

一、董事會領導力

如果這幾年的各種醜聞和揭發報導有潛在主題，那會是：董事會去哪了？畢竟董事會對股東有保護資產的忠誠義務。儘管執行長有營運權，但董事會可以解聘執行長。然而，每當有企業出亂子或執行長行為不當，董事會的藉口之一，就是執行長沒對他們說實話。

這種立場現在越來越無法搏人同情了。《企業法務》（*Corporate Counsel*）雜誌有篇文章提出一個即時且重要的觀點：「#MeToo 運動催化商業界和社會的改變，逼大家正視文化其實是企業的重要資產。思想先進的董事會應該把握機會，強化企業治理措施，重新思考一個安全、包容、公平、健康的文化，並以創造長期價值為目標的職場。」[12]

不過，從另外一些例子可看到，太熱切的投資人主宰董事會也會有問題。二〇一九年底，從紐約發跡的共用工作空間公司 WeWork 忽然延後、中止眾所期待的股票上市，成為當時醜聞焦點。當年上半年該公司收益才十五億美元，虧損就高達十三億。但更重大的新聞出在 WeWork 的企業治理。WeWork 被揭露內部倫理亂七八糟。公司共同創辦人亞當・紐曼（Adam Neumann）被控自我交易、雇用家族成員擔任重要職位、搭價值六千萬美元的公司私人飛機出差，而且還鼓勵過度飲酒和在上班時開喧鬧派對。

那董事會去哪了？嗯，其中一名法人董事是軟銀（Softbank），他們的願景基金（Vision Fund）投資金額超過一百億美元。二〇一八年洛杉磯時報才報導過，軟銀董事長孫正義（Masayoshi Son）對科技業投資人的保守態度斥之以鼻：「其他投資人想要打造乾淨、精緻的小公司。我說：『狂野一點！我們不須精緻，現在也不須效率。我們來大幹一場吧！』」[13] 二〇一七年，紐曼接受《富比士》（*Forbes*）雜誌訪問時，也提到他和孫正義的一段對話：「孫正義轉頭問我：『打架時誰會贏，聰明的還是瘋的？』我說：『瘋的。』他就看著我說：『沒錯，但你和其他（創辦）人還不夠瘋。』」[14]

對於紐曼這種野心勃勃的企業家，如果有人奉上幾十億美元現金，而且還有投資界傳奇人物鼓勵他「要大爆炸一下」（最後真的大爆炸了），我們該感到意外嗎？

我在本書接下來章節要提倡的事物，除非執行長全力支持，加上董事會全力監督執行長執行，並要求執行長提供監督相關資訊，否則就沒什麼好談了。

二、法務長

另一個在大企業中與倫理領導力相關的職位，就是法務長。法務長的責任範圍很廣，他們必須監督企業營運，評估與其他國家法律上的法遵風險，以及企業當下訴訟情況。他們也必須參與合約、商業交易、訴訟和人事相關問題。法務長更高層的工作，則是要和領導團隊一起釐清，如何對潛藏風險或難以預期後果的創新想法，點頭同意。

談到正確的誠信語氣，以及強化誠信的優先地位，法務長的角色當然沒有執行長重要，但實行誠信的過程中還是少不了法務長。法務長是少數可以在營運流程中，檢查執行長等高層主管是否走偏路的職位。而且，法務團隊必須確保主管正確詮釋、持續遵守相關法律及規範。有時偏好寬鬆法規的主管會出言批判法務長，這也很能理解。不過，法務團隊就是肩負支持法律和提供可靠建議的專業責任。如果法務長的行為有倫理問題，我會認為是個重大瑕疵。

所以我看到谷歌母公司 Alphabet 法務長莊孟德（David Drummond）最近的爭議時非常震驚，我知道其他企業法務長也有同感。根據《紐約時報》二〇一八年的報導，和一篇於二〇一九年八月廿七日上傳到內容平台 Medium 的文章，谷歌有位契約法務珍妮佛・布雷克利（Jennifer Blakely）聲稱，她和莊孟德從二〇〇四年起就發生關係。[15] 那時莊孟德還是谷歌法務，而布雷克利則是他的下屬。二〇〇七年，他們的孩子出生。「我們兒子出生後，我接到人資電話，通知我或他其中一人必須離開法務部門。莊孟德當時是法務長，所以我後來轉調到業務部門，雖然當時我一點業務經驗也沒有。」她在 Medium 上寫道。[16]

布雷克利對新工作不滿意，過一年就離開谷歌了。布雷克利宣稱，儘管谷歌政策明確禁止上下屬發生感情關係，莊孟德在小孩出生前，卻未曾將兩人關係告知谷歌任何人。莊孟德後來也發布聲明，承認他們的確有個兒子，但他主張這件事有「不同兩面」，並認為布雷克利的版本部分有爭議。莊孟德還說，他「當時已經和老闆討論過兩人關係的細節」，但不願再對當時情況多做說明。[17]

後來情況越來越複雜，我們就先聚焦在上述事件吧。我理解人類關係很複雜，每個人對分手的理解都不一樣。但這個案例中有兩個重大倫理錯誤。首先，谷歌高層和自己部門的下屬發生感情關係，顯然已觸犯公司政策。第二個錯誤加重了第一個的嚴重程度，谷歌竟然沒有要求主管對第一個錯誤負責，反而執行其他「解決方法」，將後果交由資淺員工承擔，被調離原本職位。珍妮佛．布雷克利從受過訓練且有經驗的法務職位，被調去一個比較不開心或不滿意的職位，類似劇情在美國企業實在太耳熟能詳了。法務網站 Law.com 上有篇文章，引用人資專家傑米．克萊（Jaime Klein）的看法，他提到通常企業會先保護他們認為重要到禁不起失去的人：「這些高強人才，這些專家，我們不能失去他們。我一再看到企業幫這些人開先例。但如果我們繼續幫他們開先例，不創造一套適用於所有人的規則，類似事情只會不斷上演。」[18]

顯然，很多谷歌員工希望公司在類似議題上，能展現更好的領導力。二〇一八年十一月一日，全球超過兩千名谷歌員工同時罷工，抗議內部兩名所謂的「高強人才」（克萊這樣稱呼他們）被控訴不當行為後，公司竟然還付給他們豐厚資遣費。《商業內幕》（*Business Insider*）後來報導，谷歌員工在策畫這場抗議的推特帳號發文提到，二〇一九年布雷克利發的網誌反映出，「這家企業從最高層開始，就有把人當物件的結構性文化。這傷害了我們所有人，不論性別，不論層級。」[19] 我得同意，谷歌當初沒有要求莊孟德依照當時標準負責，導致員工很難認真看待谷歌法務長和人資部門帶領任何倫理方面的討論。

莊孟德案後續發展沒有絲毫動搖我的看法。多家媒體報導，莊孟德在二〇一九年發表反駁布雷克利網誌的「不同兩面」說法之後，不久便與谷歌法務部門一名員工結婚。[20] 同年一群股東提訴控告 Alphabet 隱瞞不當行為，該公司也宣布開始內部調查（截至寫作本書當下，還沒有調查結果）。二〇二〇年一月首週，莊孟德在一封公開信中宣布他要退休了。大家才發現，過去幾個月他都在出售手上價值超過兩億美元的股票，僅管 Alphabet 確認莊孟德沒有跟公司拿任何離職補貼。[21] 現在我們還要疑惑為何社會興起批判科技業的浪潮嗎？

三、人資長

倫理領導力不可或缺的最後一個長字輩職位，就是人資長。我很幸運，在 eBay 和 Airbnb 都能和數一數二優秀的人資長貝絲・艾瑟洛（Beth Axerold）共事。小公司的人資職位有時候是由幾位身兼多職的創辦人一起負責，但在大企業，人資長通常被賦予的任務，是塑造與維繫企業的人力資本。這表示從招募及訓練員工、監督員工福利、實施具體工作場所政策，到維持建物安全都是他們的工作範圍。這些領域隨時可能會出現倫理議題。

制訂和定期回顧聘雇合約也是人資的業務之一。值得注意的是，近來有些被控性騷擾與其他不當行為的員工，其所受雇的企業最後仍給付他們高額離職補貼。這些企業宣稱，當初雙方簽訂的契約內容，導致雇主非給付鉅額補貼不可。往後，人資主管在同意這種「員工犯下不良行為還能全身而退」的條文前，要先想清楚當員工破壞倫理規則，聘雇合約該如何制訂才能公正因應。

支持刻意而為的誠信

不論執行長、公司負責人、管理團隊成員、中階主管或一般員工，不管你的職位是什麼，都應該思考自己想在哪種環境生活，並努力實現這幅願景。你可以把自己想成自我名譽的執行長暨管理團隊，讓你的言行與這挑戰相符。

如果你目前待的企業訂有倫理政策，好好了解它，並思考這套政策能否有效回應你的日常所見。不要因為別人違反倫理的行為與你無關，就不當一回事。既然你是員工，公司品牌和名譽本來就會擴及於你。你不早點防範的話，說不定哪天就要親自正式回應這個問題。

接下來，當你讀到我寫的案例和「考驗時刻」，想想看你的工作場所有沒有發生類似情形。你會知道怎麼處理這種誠信難題嗎？你的工作場所有沒有規則或政策可以提升誠信呢？

如果你沒有商業倫理守則，也許可以說服人資制訂。覺得太可怕嗎？不然寫封短信給執行長或法務長，描述你遇到的倫理或誠信難題，以及你認為公司如果能在這方面提供具體指引，公司本身也能從中獲益。

我不愛匿名信，但可以理解為什麼別人會覺得，這種發問的員工像是下課前五分鐘問老師有沒有回家作業的小孩。不過這種自己不舉手發問的員工，卻會上職缺評價網 Glassdoor 或 Blind 之類網站匿名刊登文章，說老闆或公司的壞話。他們提出抱怨的速度倒是很快，通常像是被個人怨恨和嫉妒驅使。但他們是真心想解決問題嗎？

如果有員工發信向法務長表達對於公司名譽、招募好人才能力、與夥伴或客戶關係、或公司因某種情勢導致責任日漸加重等等事務，對方收到信卻不當一回事，這一定是位罕見的法務長。如果你感到憂心，想對法務長提出警訊，就準備好能支持你主張的證據和事實，然後發信吧。

也可能你不覺得，現在待的公司會認真看待你對誠信的顧慮，因此不想花費精力。那麼當你決定換公司時，試探一下潛在新東家，看他們領導層如何優先看待並培養誠信，這方法也許會幫你找到一家價值觀更為契合的公司。保羅・薩拉伯利也說過：「就我所見，現在的員工會將自己和公司聯想在一起。他們思考去哪工作時，會先自問：『我是誰？』如果你的公司展現誠實與誠信，就會吸引想追求這些價值的人。如果你把壞習慣當成SOP，壞習慣最後會讓你死得很慘。」

考驗時刻 1

瑞吉娜和不小心露餡的簡訊

瑞吉娜在麥克身邊當了十一年的助理，兩年前麥克升為執行長。她去麥克家參加過部門節日派對，和他的太太莎麗關係也不錯。

有天莎麗打給瑞吉娜，問道：「麥克把他的iPad忘在家裡了，我剛看到上面有一則伊利諾州的號碼傳來的曖昧簡訊。瑞吉娜，麥克是不是有別人了？」

瑞吉娜胸口一陣下沉。麥克最近常常外出，而且好幾次要求瑞吉娜調整他的行程，好配合一位住在芝加哥的供應商女主管。

「莎麗，我真的不曉得，」瑞吉娜答道，「可能是寄錯人了吧？」莎麗聽完直接掛掉電話。

幾分鐘後麥克打給瑞吉娜，對她吼道：「你是哪裡有問題？你為什麼不幫我跟莎麗找個理由？」

「麥克，我不知道要回什麼好。」

「『可能』寄錯！」他繼續大吼，「她只聽到這句話而已。你為什麼不說『一定是』別人寄錯了？瑞吉娜，你應該幫我的，我要的是一個可以信任的助理。」說完他便掛了電話。

現在換瑞吉娜回應了，她下一步該怎麼做呢？

1. 不要告訴別人。這是麥克的私事，瑞吉娜應該請麥克明確告訴她往後該怎麼回應莎麗來電，以及相關具體指示。
2. 將事情呈報給公司人資，說麥克對她出言侮辱和譴責。她沒義務要幫麥克善後私生活的疏失，也不想幫他說謊。
3. 靜觀其變。瑞吉娜知道自己的發現，足以讓麥克不敢報復她。麥克很快就了解自己要提防瑞吉娜。

【瑞吉娜和不小心露餡的簡訊】情境討論

如果領導人說謊，而且刻意忽視某些倫理守則，其他人通常會跟著有樣學樣，甚至引發隱晦或明目張膽的黑函事件。隱瞞違規行為的祕密氛圍一旦成形，其他違規行為就會像兔子繁衍一樣不斷增生。這就是為什麼高誠信的承諾對領導人如此重要，尤其是執行長。

現在來看上面提到的三個選項。首先，麥克外遇不是他個人私事嗎？完全不是。麥克和廠商主管發生關係，已經為自己設下經典的利益衝突情境。如果他和廠商領導人外遇，他要怎樣客觀評估那家廠商的表現，要怎麼決定該不該發更多訂單給那家廠商？如果有競爭者出現，推出更好的產品，這時麥克是要對戀情「做對的事」，還是要為公司「做對的事」？

此外，麥克要求助理在上班時間花心思幫自己安排外遇行程，也讓這段感情與職場產生交集。儘管麥克可能真的需要去芝加哥出差，他可能也利用公司資源安排機票和住宿，讓外遇能進行得更順利。他因為瑞吉娜沒有對太太說謊，就痛罵瑞吉娜一頓，也產生私人誠信問題。

另一個重要問題是，麥克的董事會是否該關注麥克的不忠問題。你可以說，麥克在下班時間自費進行的事與公司無關。但如果麥克的太太用婚姻不忠為理由訴請離婚，整件事會不會在媒體曝光？就算麥克的外遇對象不是廠商，員工從新聞得知這則消息後，還會信任這位執行長嗎？感情生活、子女、家庭和興趣都是私領域沒錯，如果當事人說謊，以及利用公司資源編造不實陳述，這些行為都會打擊企業名聲，也因此構成違反誠信的行為。

第二個選項是贊成瑞吉娜去呈報麥克，應該很多人想選這個。但她要向誰報告呢？如果她用公司匿名熱線呈報，麥克就會知道是她。那如果她對法務長或人資主管呈報呢？雖然這是最佳答案，但事後還是很容易遭到麥克報復。儘管我希望員工遇到這種情況都能呈報，但如果瑞吉娜真的提了也會讓自己陷於困境。無可否認，上下屬之間的權力結構不平衡，瑞吉娜一旦呈報就會讓生計與未來大受影響。然而，忽視瑞吉娜可能感受到的壓迫和脆弱，也很不公平。以上情況在在顯示麥克的行為與威脅有多可惡。

最可能的情況是他們會稍微休戰一陣子，但氣氛會怪怪的。不過，接下來難題就落到瑞吉娜手上了，如果選了第三種情況：瑞吉娜會不會利用現況獲得好處？例如要求加薪、升遷或更多休假？她會不會變成共謀，幫麥克隱瞞行程或說謊？那就換她違反倫理守則了。效忠主管不能當成不誠實的理由。

往後，瑞吉娜再也無法尊敬麥克了，因為麥克害她進退兩難。瑞吉娜須好好做決定，我們希望她可以宏觀思考，不要變成麥克的共謀。同時，麥克的未來也因為這段不當感情而籠罩陰影，不過這點和瑞吉娜無關。萬一麥克想分手，而情婦威脅要舉發他呢？涉及性事和感情的職場問題往往是數一數二困難的，也是企業品牌的重大威脅。

刻意誠信的力量很強大，但如果企業領導人不全心支持，其實它脆弱得不得了。而且領導人很難明確切割職場和私領域生活中的誠信議題。

考驗時刻 **2**

查理，誰才是你的顧客？

查理是ＩＳＰ公司的執行長，這家電信公司位於中西部，之前因為法遵問題和政府主管機關有很多摩擦。某天公司的政府事務長雷利打給他，說政府電信委員會有位委員告訴雷利，她在ＩＳＰ公司註冊的信箱帳號出了問題，無法用目前密碼登入。但問題來了，這個信箱帳號其實是她先生開設的，現在兩人已分居了，但客服中心告訴她，只有帳號所有人才能請客服協助。她擔心對方已經登入信箱看她的郵件。雷利聽完後告訴她，也許自己的公司可以幫上忙。

雷利跟查理說，這是幫助她和公司的好機會，而且可以改善公司和委員會的關係。他希望查理可以放寬規則。

雖然這不是查理自己造成的，但他遇到考驗時刻了，要怎麼做才對呢？

1. 暫時推翻隱私條款，幫未來可能會變成ISP公司朋友的人調查看看？查理當然不應該詐欺，或擅自用他人分居丈夫的帳號登入信箱，但他確實有權利進入資料庫查看。如果他可以提供更多資訊給委員，往後她可能會更支持查理的公司。
2. 應該叫雷利回去重看一遍隱私條款，並告訴雷利，委員打這通電話很像是利用自己職位之便，不公獲取私人利益？
3. 還是查理親自打一通電話給委員，表示能同理她的感受？他應該要對委員解釋為什麼不能幫她，同時也對她的遭遇提供其他點子和支持。

【查理，誰才是你的顧客？】情境討論

查理當然不應該違反帳戶隱私規則，如果他真的做了，會有很多糟糕後果等著他。雷利會知道查理違規，以後會要求查理幫更多這類的忙。

當執行長下令登入某個帳號進行不尋常的檢查，這會被客服部門發現的。這位委員可能會根據不當取得的資訊，對她分居的丈夫說出某些話，丈夫聽完可能會公開指控查理的ISP公司侵犯隱私。這種事通常會演變成八卦焦點（可能還會登上Glassdoor或Blind）。如果執行長可以這樣做，其他人為什麼不行？員工之後可能就拿這個理由偷看男女朋友的信箱。

查理身為執行長，有義務保護公司利益，多個委員會的朋友當然對公司有好處，但為了「更大利益」而濫用隱私的行為，就是誠信陷阱。

我會建議走選項三。查理應該親自打通電話給這位委員，好好傾聽她的苦惱，也向她說明公司明文規定的隱私政策，只有帳號合法所有人才能掌控帳號，因此他們無法提供其他方式讓別人登入信箱。

儘管如此，查理也可以建議委員直接打電話給分居丈夫，把話說清楚。她要告訴對方，她發現只有對方能登入這個信箱，她自己的登入管道似乎被凍結了。現在她需要將信箱內所有內容轉寄出來，並正式關閉這個帳號。她也可以請她的律師打這通電話。

對他人的遭遇要有同情心，但你該守的底線還是要守。

將不當私人利益合理化成追求更大利益的手段，是極為常見的現象，很多平時行事在乎倫理的人都栽在這裡。

第 4 章

我們是誰？為你的企業定義誠信

你不能光從網路上下載個「通用」範本，把公司名稱和商標放上去就算是公司的誠信守則。你一定要釐清自己的價值觀、細心訂制一套能反映企業特定商業模式、產業標準、利害關係人關心的事，以及所面臨外部挑戰的規則。

有些企業的品牌名稱歷久不衰，至今仍富有魅力，象徵創新點子。想想李維斯（Levis）牛仔褲「品質永不退流行（Quality never goes out of style.）」；耐吉（Nike）「做就對了！（Just Do It.）」；造訪迪士尼的「魔幻王國（Magic Kingdom）」；還有「柯達時刻」（Kodak Moment），至今仍是拍下永恆瞬間的代名詞（即使現在已經是手機拍照的時代）。

但也有企業即使已破產二十年，依然是倫理崩壞的代名詞。就像安隆（Enron）。天然氣市場法規鬆綁後，安隆靠銷售能源合約成為一九九〇年代的華爾街寵兒。安隆股價十年之間居高不下，

《財星》稱安隆為二〇〇〇年全美最創新的大企業。當時，安隆市場資本達六百億美元。《執行長》雜誌（*Chief Executive*）還將安隆董事會列入全美前五最佳董事會。❶當時安隆執行長的傲慢言行也蔚為奇談，有次在一個幾十名投資人和分析師列席的電話會議中，執行長傑佛瑞・史基林（Jeffery Skilling）對一名質疑安隆資產負債表的資金經理人說了一句名言：「謝謝你提醒啊……王八蛋。」❷。

但到了二〇〇一年十一月，安隆股價從九十美元重創至不到一美元。一個月後，安隆聲請破產，成為美國史上最大破產案。當初那位白目發問的經理人猜對了，安隆的會計花招和違反倫理的財報，演變成一攤爛帳，導致公司走向衰亡，負責查帳的安達信會計師事務所（Arthur Andersen）也因此倒閉。安隆還有幾位主管因此被起訴，關進聯邦監獄服刑。執行長史基林服刑十二年後，已在二〇一九年二月出獄。安隆董事會曾經數次「豁免」公司高層無須履行企業倫理守則，讓幾位涉及重大交易的主管能順利做事。為此董事會受到外界沉痛批評。

安隆的倒閉，是後來國會在二〇〇二年通過〈沙賓法案〉（*Sarbanes–Oxley Act*）的重要原因。該法案適用至今，主旨在強制美國所有公開上市企業都須訂有書面、具體的倫理守則。不只如此，該法案要求公開上市企業的高層主管，揭露「公司領導高層的基本商業價值觀」。證交會更進一步要求，公開上市企業須公布能適用於董事、主管和員工的完整倫理準則，如果有任何豁免條款也須一併公開。

儘管上述法規只適用於上市企業，但也有很多未上市企業跟著制訂自己的倫理守則，以及其他符合〈沙賓法案〉標準的商業措施。這些規範有幾個重要目的，不僅在於規範什麼行為可做、什麼行為不可做，更定義出企業文化，並塑造企業品牌，讓顧客、潛在員工和商業夥伴可以選擇和他們價值觀相近的事業買東西、工作和生意往來。

安隆的倒閉也傷害許多人。員工失業，小型投資人嚴重虧損，有些人甚至連退休金都沒了。安隆犯下的詐欺和欺騙，是窮凶惡極地濫用公眾付出的信任。但安隆案還是有光明面的，例如〈沙賓法案〉強制公開上市公司，制訂具體倫理守則和商業措施，也就是刻意栽培傳說中的櫻桃樹。這個做法和承認你把櫻桃樹砍倒相比，不只能獲得更高報酬，也讓人滿意多了。

誠信守則裡要寫什麼？

這些年來，企業倫理守則和商業措施的標準架構已經成形，一般可分為五個主要部分❸：

1. 由執行長簽署同意的**開頭介紹**，這部分要列出企業的主要任務和目標，並清楚說明這套規則適用於企業內部的所有人。
2. 陳述**核心價值與原則**。「不要為惡（Don't be evil）」（抱歉了，谷歌）這種通用且全包式的寫法完全不行，要審慎、正面承諾履行誠實、公平、遵守法律等等價值，以及和商業任務有關的其他價值觀，可能像是優秀的客戶服務、低價、最大化股東利益、尊重並賦權給員工，或承諾使用合乎倫理的成分或材料。
3. 一套**針對具體工作場所制訂的具體規則和措施**，同時提供貼近現實的範例，生動說明規範背後的精神和原則。範例的使用至關緊要，但有時會被忽略。範例用意是呈現情境給員工，讓他們知道假如遇到「考驗時刻」該怎麼處理，而不只是抽象規定該怎麼做。

4. 詳細制訂**違規後果**。逐項說明當員工違反守則，公司會採取哪些行動，以及想詢問問題或想呈報違規行為的員工，有哪些資源和管道可用。
5. 最後、最重要的，要**對想進來工作的員工表達清楚，公司期望他們閱讀、了解並同意簽署這份守則**。阻礙其他員工呈報違規行為，以及因為他人呈報違規而挾怨報復，都是違規行為。有些企業因為特定的財報規定等等原因，光是未呈報違規本身就已經違法。

具備以上五種要素的守則，就能符合大部分銷售產品和服務的企業所需，甚至對非營利組織也夠用。這個格式很直接了當，也能夠衡量，不論是對一百五十人的牛仔靴製造商、全球規模的網路平台或連鎖餐廳都一樣適用。此外，我相信大型網路平台企業也都要考慮制訂一套社群誠信標準，我接下來在〈第十一章〉會詳細說明。

第一步：我們支持什麼？

執行長和董事會必須全心全意支持倫理守則的制訂或變更。當然了，執行長不太可能親自帶隊擬定守則內所有細節配置，但至少管理團隊要負責開頭，確保每個人都和企業價值觀同步。這個開頭包括：

- 這家企業支持什麼？

- 這家企業承諾實現哪些基本道德或抱負？比方說誠實、尊重個體，和拒絕基於種族、信仰、民族、國籍、性別、性傾向的歧視？
- 這家企業在營運和（或）事業方面遵從哪些價值觀？可能包括優良品質、工作場所安全、優秀服務、透明財報、合乎倫理的成分或原料來源、員工自主權，或是對顧客滿意度的誠摯關注。
- 企業品牌呈現出哪些具體價值觀？
- 企業內部有沒有獨特的工作場所文化，或在社群中擁有獨特地位，或對企業品牌不可或缺的獨特觀點？

以上練習不是要客觀決定什麼價值是對是錯，而是讓你知道自己是誰，以及你要怎麼呈現自己是誰。之後，你要將每個核心價值對應到倫理守則的每一條規則。

二〇一八年年初，布萊恩．切斯基發布一封給 Airbnb 全體社群的公開信，信中詳細談到，他覺得當今企業要改變原本的營運價值觀，甚至改變原本認知的時間週期，才可能生存下來並繁榮茁壯。他寫道：「很明顯，我們的責任範圍不只是員工和利害關係人，甚至也不止於社群，而要包括下個世代。」

企業有責任去改善社會，而 Airbnb 有辦法參與解決的問題太多了，我們要用更長遠的時間軸來看整體營運。科技發展在我有生之年日新月異，但企業經營方式卻沒改變多少。企業背負二十世紀傳承下來的包袱，而傳統重心又放在越來越短期的財務利益，因此往往犧牲企業願景、長期價值和企業對社會的影響力。你可以說，這些企業是帶著二十世紀的腦袋活在二十一世紀。

布萊恩拒絕用老舊思維思考企業。這種思維發源自一九七〇年代，由著名經濟學家米爾頓．傅利曼（Milton Friedman）提倡，他主張企業領導人應該「根據（股東的）欲望從事商業，通常可以賺最多錢，同時又能契合社會基本規則。」❹很多專家拿這句話當令箭，讓上市企業被每季獲利的執念牽著走，有時因此犧牲產品品質、顧客服務、員工安全和其他會拉低獲利的投資。

我們之後會再細談以上話題。不過布萊恩並非唯一呼籲要改變思維的商業領袖，二〇一九年初，貝萊德投信（Blackrock Inc.）執行長賴瑞．芬克（Larry Fink）也寫過信給投資該基金的各家企業領導人，提到商業界當今面臨的種種倫理和社會挑戰，並強調「了解企業存在目的」的認知會帶來力量。

「目的並非僅是追求利潤，而是獲取利潤的驅動力。利潤絕對不會和目的相悖，二者反而是緊緊相扣的。如果一家企業要持續滿足所有利害關係人，不只股東，還包括員工、顧客和社群，非得產出利潤不可。同樣道理，如果一家企業真的理解並傳達出自身目的，企業運作起來就會有重心，並運用策略執行紀律，走向長期獲利。目的本身可以將管理層、員工和社群團結起來，並激發出合乎倫理的行為，假使發生任何有違利害關係人最佳利益的行動，目的本身就是一道無比重要的檢查關卡。目的可以引導企業文化，提供前後一致的決策架構，最後還能維持長期財務回報給企業股東。」❺

賴瑞．芬克說的「前後一致的決策架構」，是經過刻意討論並描述企業核心價值觀所得到的成果。他提到擴展公司目的，來支持並服務所有利害關係人，這個觀點從一位重要投資人暨企業思想領袖口中說出來，相當令人耳目一新。

上面這些想法要如何以條文呈現呢？我們可以先看看以下三家企業表達的核心價值，以及這些價值觀如何呈現在各企業具體的政策中。

零售巨擘沃爾瑪（Walmart）的全球倫理宣言是這樣開頭的：「我們的獨特文化，驅使我們實現企業目的：幫大家省錢，讓他們過上更好的生活。我們的文化，是以誠信經營的承諾爲基礎。」❻

頂級戶外用品企業巴塔哥尼亞的使命宣言則是這樣寫：「在巴塔哥尼亞，我們深深體認我們目標是用擁有的資源，包括我們的事業、投資、發聲及想像力，做出改變。巴塔哥尼亞從一家做登山靴的小公司起家，至今阿爾卑斯式登山精神，仍是全球事業的核心理念，至今我們仍持續生產登山用服飾，以及滑雪、滑雪板、衝浪、飛蠅釣、山地越野單車及越野路跑用的服飾。這些都是安靜的運動，沒有一項需要引擎，也很少帶來群眾歡呼。這些運動的報酬，是得來不易的優雅，以及與大自然連結的瞬間。」❼

在Airbnb，我們則說：「我們的文化建立在四個核心價值上：把使命做到最好；當個好房東；擁抱冒險，以及人人都是『麥片企業家』」（Cereal Entrepreneur，這些詞彙是爲了讓Airbnb 新進員工了解企業價值而創造的簡稱，代表了創造歸屬感的使命、殷勤好客的精神、願意全心面對商業的不可預測性、對旅遊的熱誠，以及願意深入研究難題並提出創意解法的能力，就像當年 Airbnb 創辦人去政治造勢場合上販賣客製化包裝的穀片，以維持公司初期營運。）倫理守則描繪出 Airbnb 為了達成這些價值觀必須遵守的原則。

這三家企業的宣言都非常激勵人心，但無法彼此互換。巴塔哥尼亞隻字未提低成本產品，因為巴塔哥尼亞不做低價產品。沃爾瑪的宣言中也對環境未置一詞，因為那不是沃爾瑪的重點所在。Airbnb 的守則，是設計用於一個不生產也不販售商品的平台。Airbnb 承諾打造的，是能以殷勤好客、冒險、人際連結和歸屬感，培育核心的政策與活動。這三家企業都宣示各自獨有的價值主張，以及創造能夠反映價值的政策，來展現各自的刻意誠信。

在具體規則中反映核心價值

很多企業常遇到的倫理難題，是到底該不該允許員工收受禮物，這問題也能看出核心價值，如何以不同方式滲入具體規則的好例子。有的禮物是善意的「商場禮數」，例如上面印有商業夥伴新產品標誌的馬克杯，或邀請所有與會商業夥伴去聽現脫口秀表演。有的禮物則是別有居心，企圖交換某個特定的商業結果。

沃爾瑪的倫理守則規定，員工不得收受任何種類和尺寸的禮物。午餐不行、T 恤不行、兩張演唱會門票不行、廠商招待你的球賽豪華包廂也不行。他們還規定員工在任何可能會涉及禮物的場合，應該要事前警告商業夥伴和廠商，沃爾瑪規定員工不得收受禮物。我還曾經聽說沃爾瑪員工拜訪廠商時，從自己口袋掏出一美元買廠商招待的飲用水。

沃爾瑪守則寫道：「我們對禮物和娛樂服務所制訂的政策，是為了追求完全透明、客觀這兩項價值，以及維持每日低價的原則。由於禮物及娛樂服務會增加商業來往成本，廠商平常可能會提供給顧客的禮物及娛樂服務，我們一律謝絕，藉此幫助廠商提供沃爾瑪更低成本的產品。」我認為這個解釋非常清楚，前後一致，完全源自沃爾瑪核心價值：低價，而非依靠模糊的道德感或倫理感。沃爾瑪員工可能不太喜歡拒絕廠商送禮，但這個政策寫得很好也符合目的。

我稍早提到，Airbnb 基本上允許員工收受廠商和商業夥伴的禮物，以及偶一為之的娛樂體驗，只要價值不要超過兩百美元就好。你大概會想，如果我這麼喜歡沃爾瑪政策，幹嘛不乾脆一律禁止收受禮物算了？

重點不是你「喜歡」或「不喜歡」這個抽象政策。該問的問題是，這個政策有沒有反映出該企業的具體使命、目的以及產業所處環境？Airbnb 屬於餐旅業，事業主要提供並促進有意義、值得紀念的體驗。餐旅業的核心就是慷慨大度，讓他人感覺受到誠摯歡迎。這個產業的行銷措施通常都涉及禮物和活動。而且 Airbnb 總部和其他分部大多位於都市核心，需要和同行爭奪潛在員工和顧客的話題與心占率。潛在員工族群會注意附隨商品，像 T 恤、棒球帽、托特包和其他印有商標的物品。如果我們贈送這些東西，卻又不接受別人送我們類似的贈品，是很奇怪的事。我們和沃爾瑪不同，Airbnb 是一個交易促進平台，不須制訂商品價位，因此沃爾瑪禁止收受禮物的思維對我們並不適用。

好，那為什麼又要設兩百美元上限呢？因為模稜兩可會產生誠信陷阱。我們當然知道員工選擇要和哪家商業夥伴或廠商合作，可以影響 Airbnb 的事業決策，因此我們不希望營造出讓商業夥伴想要提供（或讓我們員工想要收受）有經濟價值，或會產生心理制約的物品或體驗。而且，我們對禮物的規範不只是訂出金額上限而已，還有更多具體細則。例如，我們可能會核可一份價值超過兩百美元的禮物，例如參加一個娛樂活動，但僅限於活動主辦人也參加的情況。（也就是說，只招待我們員工和其眷屬晚餐，就不算商業禮數。）我們制訂的禮物規則中，有一條是不接受價值超過兩百美元的禮物，以及企圖影響商業決策的禮物。給予或接受特定的高價禮物，例如招待獨家導覽的旅遊、到一個充滿異國情調的地點參加開幕式，或一場獨家的拓展人脈活動。如果上述這些價值超過兩百美元，員工必須向內部倫理顧問諮詢，並取得直屬主管核可，才能接受這些禮物。不只如此，這種禮物必須對公司有具體商業目的，或能給予有教育意義的經驗才可以。

一九九〇年代，我還在司法部擔任聯邦檢察官時期，當時有個內部規定是，不能接受超過二十五美元的禮物或餐點。這表示，如果任何機構或與你合作的律師團隊請你喝杯咖啡或吃頓簡餐，只要在這個價位以內你就不需呈報。上限這麼低很合理，因為檢察官絕對不能受任何禮物影響。以上做法各異，但都是認真思考過、適用於企業內所有人，而且符合自身事業及文化本質的做法，因此都是最完美的做法。

第二步：推動制訂過程

好，假如你是一位決定要發展刻意誠信守則的執行長，或你已經說服執行長讓你負責這件事，你要怎麼開始呢？

我先說兩件最最重要的事：（1）沒有人想再多設一個委員會，以及（2）很抱歉，如果你想要打造一套能夠展現企業價值觀，又能讓所有人買單的守則，你必須再設一個委員會，盡可能讓所有職務和部門派代表參與。

如果你沒有讓企業所有部位都指派代表參加，你可能會犯下「摩西症候群」（Mosessyndrome）。如果你聽說過，法務長或倫理守則專案的負責人從靈性之旅回來後，制訂一長串倫理規則要其他人遵守，就是這種狀況。摩西症候群傳達出的訊息，和你想傳達給員工的恰好相反。刻意誠信須有包容力，而且反映企業員工的多樣觀點及經驗。這表示立法者要好好傾聽激勵員工深思相關議題，讓最後制訂的政策不只反映法律和企業的優良措施，還反映員工的關注焦點、疑問和容易引發混淆之處。

老實說，根據我以前經驗，通常一開始被找來研擬倫理守則的人，對這件事都怕得要死。畢竟這聽起來很無聊，對吧？我還清楚記得，當初請某位 Airbnb 員工擔任專案負責人時，她的反應是哀號：「噢！天啊！」當然了，大家爭論用字遣詞時難免有時累人又無聊，但不用多久，參加人就會開始覺得比想像中有趣，能激發思考，甚至滿好玩的。

如果你認真想想，像長青專欄〈親愛的艾比〉（*Dear Abby*）那種給讀者建議的文章之所以成功，就是因為作者願意深入思考倫理難題。這類難題各式各樣，可能是：「我愛我的婆婆，但無法忍受我的公公，我可不可以只邀請婆婆來家裡渡假？」或是「我擔心鄰居虐狗，我該先找他談談，還是直接舉報他？」人類如何觸發及解決帶有倫理因素的難題與爭端，過程中呈現的樣貌實在太精彩了。

〈親愛的艾比〉給讀者的回覆總是帶點幽默，也因此讓讀者期待讀到更多，這與撰寫倫理守則的背後精神很有關連。❽一談到倫理，就不得不提到人類的個性缺陷，以及生命中各種古怪難題，因此研擬倫理守則的成員很可能會發現，在倫理會議中自己比原本想的更常哈哈大笑。例如當初我們討論可不可以帶狗來上班時，有人提到以前在其他公司工作的經驗：當時有隻狗常常偷溜進會議室，還在那裡留下「成果」。大家都懷疑那隻狗其實是對手派來的間諜，因為每次公司和投資人開會前都會發生這種事，導致大家在氣味瀰漫中開會。這個故事又勾出另一個故事：有家對狗狗友善的企業，裡面某位主管要和外國潛力商業夥伴會面，結果當主管抵達公司大廳，發現他的客人誤以為玻璃罐內的狗食是招待用餅乾，已經開始吃起來了，客人還主動遞一片給他。這位主管只好英勇地將狗食放入嘴裡，免得讓客人沒面子。

想出合理方法解決日常生活中的難題，不只很好玩，也能帶來滿足感。參與討論的人會發現，倫理這個主題就是了解到，公司內部原來這麼複雜，甚至有彼此衝突的時候。當你主動面對這些問題，隨之而來的才是真正的自主感。

委員會成員組成的重點是「多元」。你會希望公司所有重要單位都有人代表出席（例如業務、行銷、法務、人資、總務）。儘管實際上不可能，理想中這個委員會應該要呈現所有不同年齡層、種族和民族背景。如果你是非營利組織，你可能會希望捐助人、倡議夥伴或你們正在服務的顧客都派出代表。如果你是新創公司，唯一務實的方法是，你們之中要有人主動攬下撰寫守則的工作，然後讓其他人加入並回饋。不可以讓這件事完全變成某人的工作，因為每個人都要參與，守則才有足夠可信度。

第三步：打好基礎

好了，現在執行長點頭，主管團隊寫完價值觀宣言開啟專案，委員會也成立了。我剛才已經討論過你須納入的材料，以及多元聲音與觀點為什麼有用，但先讓我再回到之前的問題。實際撰寫一份完整守則，流程到底如何進行？

我看過的做法有兩種。在 eBay，是由信任與安全部門從無到有寫出網路使用守則。在 Airbnb，我們先參考其他備受尊敬企業的行為守則。最快最有效率的啟動方式，就是先參考上市企業現行的倫理守則，多虧了〈沙賓法案〉，倫理守則現在到很多公司的官網都找得到。我推薦先參考以下：

- 參考因承諾遵循倫理以及優良商業措施而普遍受人尊敬的企業。你在網路上很容易就能找到這類透明、負責並合於倫理的企業名單。
- 至少兩家你所屬商業領域內的上市公司。可能是競爭對手，或和你商業動態很類似的企業。
- 位於同一地區的地方企業倫理守則，如果有提到一些你必須考量的地方或州法律，也要列入參考。你可能是幫粉絲做客製化運動裝備的，如果地方上有照明系統的廠商將州法律及人事或環境地方法規納入他們守則，你說不定可以從那邊學到點什麼。
- 曾經發生訴訟或爭議，後來因此撰寫或修訂倫理守則的企業。例如，如果你經營水果奶昔連鎖店，你撰寫政策時，也許可以參考星巴克在費城分店的經驗，好讓店長了解怎麼應對待在店內又不消費的人。你想要呈現怎樣的品牌形象呢？你是像星巴克那樣，創造出一個友善好客的環境，讓大家想回來店裡開會、和朋友聚聚、喝點東西，順便放鬆和稍微閱讀呢？還是像甜甜圈連鎖店 Dunkin'（以前的 Dunkin' Donuts），將重心放在網路訂餐和快速外帶服務？

第一次開會討論時，我們會假設大家都已經先讀過守則範例，所以第一次會議可以直接從企業的使命宣言開始討論。你們可能已經有現成、但想要更新的版本，或是你們需要從無到有寫一份。

制訂過程最重要的原則之一，就是你寫的每條規則都必須連結到你們的使命和目的。

別寫些陳腔濫調。要好好思考所屬企業的歷史，當初為何創立，以及想成為怎樣的企業。你可以參考以下三家建制完善企業的目的宣言：

- 在可口可樂，倫理守則的開頭很輕鬆溫暖，標題是：「誠信，是關鍵成分」。內文是這樣寫的：「可口可樂爲什麼成爲全世界數一數二受歡迎的品牌？原因不只在於我們的產品，也在於我們的工作方式，以及我們行動所包含的誠信。誠信深深植入我們文化，激發我們工作，強化我們的名譽，可口可樂做很酷的事，而且都用對的方法做。誠信就是我們成功的關鍵成分。」[9]
- 亞馬遜的倫理及商業措施守則則是這樣起頭：「Amazon.com 員工履行工作時，任何狀況下都應該守法、守倫理，並爲了亞馬遜最佳利益行事。」[10]非常公事公辦，沒有廢話。
- 惠普（HP）則是：「在惠普，我們做事的方法和事情本身一樣重要。惠普爲商業行爲設下一套標準，爲我們的商業措施提供指引，並監督我們的行爲。我們所做的每個決定，都關乎我們對人類、企業、社群和世界做出的重要貢獻。我們應對自己行爲負責，對自己行爲所造成的後果負責，並對我們付出的努力自豪。讓我們一起用每個誠信行爲打造信任。」[11]

在我看來，這三家企業的守則光從宣言來看，給人的印象就完全不同。我讀可口可樂的宣言時，覺得這家企業很重視顧客對他們的印象。他們希望顧客能景仰和尊敬這家企業。我讀亞馬遜的宣言就沒那麼溫暖，我感受到的是野心勃勃，但承諾守法的競爭者。惠普則強調一種放眼全球、向外眺望的認知，並提醒員工的行為影響所及遠超過當下環境。

這個練習很主觀，反映的也只是我個人印象。對於你公司的守則，你要思考守則本身語氣和使命宣言，會留給讀者怎樣的印象。不管多微妙的印象都要納入考量。有時當企業爆發醜聞或被控訴，媒體或控訴者會找出該企業以前寫的宣言，並根據宣言去批判他們的行為。建議你先測試一下你寫出來的宣言，看看其他人反應如何。谷歌早期寫的「不要為惡」和「要很谷歌（googly）」這種宣言聽起來很帥，有種「我們只靠常識做事」的意思。但在谷歌員工被控不當性行為的故事中，有時候大家會把這些標語，看成企業文化很高傲自大或不顧他人感受的證據。隨著你越來越深入理解不同企業的守則，我相信有些會引起你共鳴，有些則會讓你想避而遠之。

我還要推薦一個練習方法，是要求委員會所有成員寫下各自業務領域內，可能面臨的五個倫理議題，或他們認為倫理上有問題的商業措施。不同產業以及企業內不同部門，都會遇到自身獨有的難題，這些問題不一定和常見的「考驗時刻」有關，但會包含其他須更深入探究的面向。在全球各地營運的企業，必須針對美國聯邦有關賄賂及外國法的法規，在倫理守則中制訂因應條文；地區性汽車修理企業則不用擔心這些，但可能要訂出具體條文因應安裝二手零件、員工對工作具名負責、計算工時等事務。

許多企業內部常見一個有趣的辯論主題：出差開會的政策。對於很愛四處旅行和經營人脈的員工而言，出差開會對他們的工作非常重要，因為可以幫他們提升品牌能見度，並且打造寶貴的人際連結。其他人則擔心太常開會會失去意義，而且如果是由顧客或潛力夥伴支付參加會議的開銷，反而會產生利益衝突。

於是委員會就開始蒐集大家意見了。談到外地出差，業務可能會主張，客戶窗口會參加的所有會議，他們都要享有能一同參加的彈性。執行長和財務長則想和同儕一起去「思想領袖」會議。至於部門經理則會擔心部門人員外出開會，可能導致生產力下滑的負面效應。會計可能會提及出差開會所花的成本，並宣布要讓成本下降三〇％。這時一套「員工只參加能合理支持他們工作的會議」的守則，似乎無法對實際難題提供足夠指引。

在這個經典情境中，負責擬定倫理守則的員工會開始發現，原來這份守則不是只有允許或禁止事項而已，而是反映出企業行事的優先順序，以及激發更多好的行為。例如，我們假設執行長同意會計說的：我們須降低出差開會的成本。那倫理守則委員會接下來就要辯論：我們要怎麼做，才能既促進員工參加有生產力的會議，又能夠遏止員工不參加所費不貲的冗贅會議？

一個可行的做法是，允許員工參加由商業夥伴或顧客買單的會議。這樣可以降低成本。但還有另一個完全相反的做法，你必須自行支付你認為值得參加的會議費用。現在假設你的商業線經理拿大部分預算支應部門員工出差費用，第一個做法可能對一家現金流很低又很業務導向的公司有益，但第二個做法長期來看，則可以避免員工浪費時間參加沒有意義的會議。

創造這種政策沒有既定捷徑可循。只要在思考條文的用字遣詞時，越具體越好。具體可以促進誠信。身為倫理專案負責人，你可能會想要找個時間和大家討論，然後直接表決，或者你會針對討論內容經過一番思慮，再根據其中比較合理的提案自行撰寫條文。

以我的經驗而言，讓所有部門都派人代表參與這個委員會，可以讓一些隱藏議題浮上檯面，例如帶狗來辦公室狗。Airbnb 允許員工帶狗來上班，辦公室多了自己的狗，能夠強化家的歸屬感。

但狗也有自己的生理需求，像是飲水、出去大小便、運動等等。而且有的人可能對狗過敏。有些狗比較溫馴，但也有些狗比較調皮。政策委員會中的人資代表，也許會滔滔不絕主張帶狗來辦公室的好處，總務代表這時就應該發表意見：這做法實際嗎？這項政策必須有哪些具體規則，才能對所有人都公平？我們要不要先測試一陣子看看？

帶狗來上班對 Airbnb 來說是好事，但在其他商業可能就不是了。烘培食品製造商有衛生和食物安全標準要遵守，而狗毛不是產品應有的成分，所以這做法一開始就不被允許。在價值觀相衝突時，你的倫理守則和商業措施必須先保護事業最核心的價值。

這聽起來不過是常識，但如果你知道這對某些人來說完全不是常識，可能會很驚訝。

Theranos 倒閉前最後一段時間，據說創辦人伊莉莎白．霍姆斯決定買隻西伯利亞哈士奇犬來辦公室，娛樂大家及提振低落士氣。但這隻小狗巴托不但在辦公室和會議室大小便，霍姆斯雇用的科學家也擔心狗毛會污染實驗室環境。根據記者尼克．比爾頓（Nick Bilton）在《浮華世界》（*Vanity Fair*）雜誌的報導，霍姆斯對這些提醒置之不聞。[12] 這就是我說的價值觀衝突。

誠信沒有灰色地帶

我還想要談一個觀念，建議大家也要納入企業倫理守則。這個觀念源自今日流動的職場界線。員工工時很長，常常在辦公室吃東西和做運動，也常常在家裡或通勤上下班時繼續工作。不管在辦公室內或出了辦公室，員工都會彼此社交。Airbnb 的辦公室有好幾棟座落於不同街區，像大學校園那樣。在這種流動環境中，到底什麼是「工作」呢？倫理守則適用的範圍又怎麼規範？Airbnb

內部有項我認為強而有力的政策：基本上只要兩名或超過兩名 Airbnb 員工聚在一起，就是在上班，因此同樣要遵循上班時該遵循的守則。

員工剛得知時，有些人不太喜歡這個規定，這我完全理解。「你有什麼權利控制我的休息時間？你是說我現在二十四小時都在上班嗎？」我對大家的解釋是，規則不是用來打造朝九晚五的框架，重點是員工互動本身，以及不論地點、不論時間，只要有兩名員工在一起，即使他們是碰巧遇到，也都要遵守的價值觀。我們不是說你在海灘或球賽遇到其他同事時，要立刻找他們一起工作。公司的意思是，期望你隨時都能體現 Airbnb 尊重與不歧視的價值觀，不論你在哪或和誰在一起都一樣。

比方說，你週六晚上走進酒吧遇到某個同事。你之前私下邀過對方約會兩次，但對方都拒絕你。幾杯黃湯下肚，你對他們做了很不妥的性言論，而且還企圖不當觸摸他們。這個行為不會在週一早上被當事人忘到後腦勺。對那個人而言，你已經製造出一個，很難再輕鬆踏入辦公室與你共事的局面。職場上員工必須有效率和他人合作才能維持生計，而你的行為讓對方現在很難如常工作了。你的行為不可接受，儘管這個行為發生在辦公室外，還是可能導致訴訟，以及毀了你的職涯。

我們再來假設，有位經理去看球賽，途中喝醉了，開始大聲侮辱某位球員的性傾向。那位經理有所不知，他的直系下屬剛好坐在他的座位上方第三排觀賽。那位聽到咒罵的直系下屬可以合理相信，這位經理根本不尊重公司說的「不歧視」價值觀。任何一位顧客、房東、房客、廠商或其他夥伴聽到這位經理的評論，也都不會相信他真心尊重這項企業價值。以上情境也同樣適用於發布在社群媒體的文章。

「這戒指好美，你結婚了啊……有小孩嗎？」

一份經過審慎思慮的倫理守則，還有個被低估的好處，就是趁這機會讓大家了解，還有很多沒想過會變成問題的行為，其實充滿了問題。例如聯邦和州法律都有規範的就業歧視。

美國聯邦法律普遍禁止，十五人以上規模的企業雇用人時，一部或全部基於年齡、性別、種族、信仰或出生國等其他因素，決定是否雇用該應徵者。聯邦法律也禁止企業歧視懷孕女性，因此企業不應該問女性應徵者她有沒有懷孕，或有無打算生小孩。（各州或各地命令將適用範圍擴及到更小規模的企業）各州進一步訂出更多雇主必須遵守的相關規定。

很多員工可能會很驚訝，原來他們可能會問的問題、可能會做的評論，竟然導致公司被控告歧視。很多言論不是惡意的，可能反而很輕鬆友善，尤其在你首次與他人見面時。例如你發現某人和你同鄉：「喔真的嗎？你也是讀中央高中？你哪一年畢業的？」你這樣問，只是想確認有沒有共同認識的人而已。但這種問句帶來的問題是，你得到的回應可以曝露眼前這個人的年齡，但決定是否雇用人時，將年齡納入判斷是違法的。所以要記得，問越多，問題越可能被理解成你在蒐集用於決策的不當資訊。

在加州，你不可以問應徵者他們目前薪水多少。根據研究，這個問題會導致不平等薪酬待遇，立法者也同意這看法。這種問題對女性和少數族群來說特別常見。因為雇主問了之後，可能會開出只比應徵者目前薪資高一點點的薪酬，而不是應徵者所應徵職位被賦予的薪資水準，導致同工不同酬的情況發生。

守則的條文，如果不是由法務部門撰寫，至少也要讓法務仔細檢查過。有些條文對遵守倫理或負責任的人來說，不一定符合直覺，但違反這些法規還是會導致法律責任。每家企業都須將這些適用在自家業務、自家所處地區的特殊法規、法律規定的呈報流程和專業標準，納入自己的守則內。

如果你負責推動制訂規則，我要先警告，你可能會從參與成員、其他沒參與的主管那邊，聽到某種回應。他們可能害怕喪失掌控，或單純聽過馬克・祖克柏（Mark Zuckerberg）說的「動作要快、打破常規」（moving fast and breaking things）。[13]

偶爾你也會聽到有人反對通則，認為應該依個案解決倫理難題。我發現會說這種話的人，往往都卡在一些極端少見的情境，或很異國風情的例子。例如：「公司不能規定禁止收禮，因為哪天我們可能要去日本發展業務，到時業務夥伴或廠商可能因為我們拒收禮物而感覺被羞辱。」

這很像是說，「我們不應該設速限，因為哪天你要載傷者去醫院的話，必須能開多快就開多快。」你可以設規則，而且在不尋常的情況下，你可以開個例外，讓倫理和長期商業發展取得折衷。但根據常識，我們還是要為道路設計合於常理的標準和規則，以規範每天在馬路上發生的行為。這就是倫理守則在做的事。

考驗時刻 3

保羅、瑟琳娜和一隻死鴨

瑟琳娜是一家照明公司的行銷經理，這天她走進工程師保羅的辦公室，準備討論產品發表的事。保羅在說明進度時間表的時候，瑟琳娜注意到有張傳單從他公事包突出一角，寫著：「美國步槍協會（NRA）會員，我們邀請您一起參加槍械權遊行。」她還注意到，保羅放在桌上的馬克杯印有他穿著迷彩服、手握一隻死鴨的照片。

瑟琳娜的外甥女死於一場校園槍擊。她見狀忍不住落淚，起身告訴保羅：「我無法幫你了。」她走回自己座位，開始寫信給人資。「NRA是全美國最沒倫理和道德的機構。如果我被迫要和一名促成我外甥女死亡的人工作，我真的無法好好做事。我們的倫理守則禁止工作場合攜帶武器，那為什麼我們要允許員工在工作場所提倡槍械所有權？」

於是人資去找保羅，問他和瑟琳娜互動時發生什麼事。保羅解釋，那張傳單是他上班前從自家信箱取出的，他並沒有刻意提倡槍械權。他也說自己從來沒發表過這類言論，也沒打算對瑟琳娜或任何其他員工提到槍械的事。但他也開始發脾氣：「我們國家的〈憲法第一修正案〉（*First Amendment to the United States Constitution*，不得禁止信教自由；剝奪言論自由或出版自由；或剝奪人民和平集會及向政府要求伸冤的權利。）還在對吧！我有表達自己意見的權利。」「她還戴十字架項鍊上班呢，那她憑什麼可以在這裡提倡基督教義啊？」

這是誰的考驗時刻呢？

1. NRA是間具有爭議的機構，光是名稱就會引起他人強烈情緒，須要警告保羅不能再做任何看似幫NRA宣傳的行為。
2. 瑟琳娜可能有十足理由心情低落，但那不是保羅的錯。人資不能強迫保羅什麼，也沒義務安置瑟琳娜到其他地方。
3. 人資須介入本案，並將瑟琳娜轉調到其他專案。她有權利在一個不會引發強烈情緒的環境工作，這是本案中最重要的考量。

【保羅、賽琳娜和一隻死鴨】情境討論

哇，這個範例出現好幾個重要議題，而且可以看出某些倫理衝突有多麻煩和困難。

如果這是一家會賣狩獵用具和槍械的運動用品公司，員工參加NRA可能是常態，而非例外。甚至，這家公司主張的價值觀可能會直接支持憲法第二修正案。瑟琳娜可能一開始就不會來這裡上班了。但範例是一家照明公司，為了方便討論，我們先假設該公司的企業價值觀沒有特別提到槍械，也沒制訂相關政策。但我們也假設這家公司明示規定，企業價值觀包括創造一個全體員工彼此尊重和容忍的工作環境，並且不會歧視任何受保護族群。那麼在這件職場糾紛中，誰的利益應該勝出呢？

首先我們來處理和本案有關，但比較宏大的概念：一個是所有人都有權利選擇自身信仰，但職場中並沒有凌駕一切的「言論自由」。〈憲法第一修正案〉是防範政府限制人民言論和異議，而私人

企業主並不受此限制。雇主想禁止員工討論或提倡什麼事物都可以禁止，舉凡政治、槍械、吃肉、紅色鞋子，什麼都可以。企業也可以禁止員工在職場討論「爭議話題」（定義不該這麼模糊，但有些企業真的會這樣規定）。即便是無關工作的話題，企業要的話也可以禁止，句點。（當然不利於招募人才，但如果企業能公平執行規定，這樣做依然合法。）我甚至聽說二〇一六年總統大選當時，國內某些地區因選情引發的職場紛爭實在太激烈、太令人分心，有的企業乾脆禁止員工上班時討論任何與選舉有關的話題。

其次，辦公隔間不是堡壘。職場上沒有什麼不受規範的「私人空間」這種事。因此保羅將傳單放在自己公事包裡這件事，而非將傳單釘在自己隔間牆上，以及他說他無意和其他同事分享NRA遊行活動邀請函，這些情節格外重要。如果保羅公開展示傳單，即使他沒對其他員工提起這件事，依然可以解釋成他在宣傳這個活動。

第三，儘管雇主依法得禁止任何主題的具體討論（組織勞工團體除外），聯邦法律也禁止歧視任何受保護的特定族群，包括種族、性別、原生國家和信仰。這項原則和本案有關，因為你可能會禁止員工在職場上談論或宣傳某些爭議主題，但其中有些象徵或衣著既涉及該爭議主題，又和某種受保護族群有關。比方說「黑人命也是命」（Black Lives Matter）T恤，或某個侮辱女性的刺青。

宗教是數一數二複雜的受保護類型。一般而言，雇主不得禁止員工在職場上展現宗教象徵，部分原因在於該象徵可能是歸屬某種宗教的基本元素。（例如某些穆斯林女性在公開場合一律戴頭紗，以及很多天主教徒在聖灰星期三時會塗抹灰燼在額頭上）。聯邦法律規定，雇主必須對員工的宗教信仰和習俗做出適當安排。但你也可以想像，如果某人曾經被天主教神父猥褻過，工作上又要和一位會在額頭抹灰燼的天主教徒共識，上述保羅和瑟琳娜的「刺激」情境便一觸即發。

現在來看保羅和瑟琳娜的例子。公司應該謹慎調查當時情況，而非反射式做出判斷。保羅當然有選擇信念的權利，而且那張傳單是放在他的公事包裡，說他沒有宣傳也頗為公平。然而瑟琳娜的反應也不該被擱置一旁。有誠信的企業會希望建立一個讓員工有安全感、覺得自己受到歡迎的職場。瑟琳娜因為外甥女去世，對槍械產生強烈情緒反應也很能理解。保羅只是剛好變成槍械代言人。

以上三個選項都不是絕對適當、明確的做法，因為範例中沒有人違反倫理守則。不過，人資還是應該找雙方當事人個別談話，並將建立互相尊重、歡迎的職場當成本次紛爭解決的目的。他們對保羅深入解釋瑟琳娜反應這麼大的原因後，可能會建議保羅以後把NRA傳單留在家裡就好，並將桌上的馬克杯換成圖案良善的款式。並非保羅無權表達意見，而是藉此做法讓雙方有動力繼續前進。主管和人資與瑟琳娜念談時，用心傾聽完她的想法之後，可能會問她是否仍有意願與保羅共事。如果沒有，她對於轉調到其他也能妥適發揮技能與經驗的職位，有無任何想法？這些對話的調性應該設定為：我們很在乎你，我們該怎麼讓事情順利進行呢？但大家也要誠實考量其他相關因素，如果這是小型家族事業，可能沒有其他職位可以安置瑟琳娜，而如果是一家有四個事業部，員工六百人的企業，那安置瑟琳娜就容易多了。

這家企業可能會根據調查情況，採行上述三個選項以外的其他做法。說不定該企業之後會直接禁止員工上班時，以任何形式宣傳與企業核心使命無關的主題。所以，沒錯，上班就是穿宣傳節能LED燈的T恤，含有其他訊息或象徵的產品就留給你的週末穿搭吧。從現在起，辦公室裡只能用空白、不含任何訊息的馬克杯，或是印有公司標誌的馬克杯。

我發現，有越來越多企業與員工價值觀彼此衝突的訴訟和新聞。員工價值觀可能透過印有宣傳某種事物語言（或帶有會侵犯某些員工訊息的）的珠寶、刺青、頭巾和T恤展現。要訂出一套包含所有可能性又非常具體的條文，是一大件難題。如果有些員工需要直接面對客戶，而有些員工可以獨立作業，這時企業會更難規定統一標準。比方說銀行可能決定禁止行員露出任何種類的刺青，但對後勤部門的資料處理員或設計傳單和海報的圖像藝術家，可能就沒必要禁止。

有些言論自由難題與其說涉及宗教信仰、政治或個人意見，不如說是和商業決策比較有關。想想看，例如某個鎮上居民對高中橄欖球賽非常熱衷，各球隊都有忠實支持者。這家鎮上有家汽車經銷商，該企業主管在校聯賽開打的那週可能會宣布：「我們要保持中立。不要穿任何球迷配備來上班，我們不想要潛在顧客認定我們支持某隊就不來光顧。」或者，這家企業可能反而支持員工穿自己母校的象徵色來上班，讓員工表達對母校的自豪，也希望這種服裝主題能打造出有趣、活絡社群的歡迎氛圍。任一種做法都可以，汽車經銷商可以自己決定。

有時候，刻意誠信意味著你要去想像遇到與企業核心價值及信仰無關的難題時，你該怎麼處理。

考驗時刻 **4**

不太溫柔的倫理難題

天然公司販賣有機棉花製的服飾。該企業的宣傳重點是，經過謹慎篩選的原料來源，以及通過認證的環保布料，和其他製程會傷害環境的布料有所不同。天然公司從來沒花時間制訂倫理守則，因為該企業一開始就是做誠信事業。他們的企業標語是：「對你的身體溫柔，對地球也溫柔。」

莎曼莎負責幫天然公司開發原料廠商，去了很多偏遠地區找原料。她在東南亞找到一家廠商，用比該企業原本合作廠商便宜一五％的價格買到有機棉。執行長特地發了電郵恭喜她，雙方簽約後，公司還發了一筆高額獎金給她。

過了一年，一家全國知名雜誌調查了莎曼莎開發的新廠商地區使用童工的問題。結果天然公司也被列為使用童工的品牌之一，新廠商雇用當地育幼院的兒童，有些童工甚至只有七歲大。該農場所有人已經被逮捕了。

執行長叫莎曼莎進他辦公室。「這樁醜聞會把我們給毀了！顯然這就是原料價格這麼低的原因，妳當初為什麼沒有再問仔細一點？」

莎曼莎回答：「我不記得你當時有在意價格為何這麼低。你叫我找價格夠划算的有機認證棉，我就照做了。」

「嗯，那妳的判斷很爛，妳被解雇了。公司會開記者會說明我們根本不知道使用的原料棉是童工採收的。」

「說不知道是假的。我知道實情，你根本不在意。」莎曼莎說道。「你當初說，我的工作就是找到夠划算的有機棉，過程你不在意。你敢解雇我，我們就法院見。」

呼叫休士頓，我們遇到考驗時刻了，執行長接下來改怎麼做？

1. 執行長有義務保護股東，做法就是開除莎曼莎，而且雙方在資遣協商中要簽訂保密協議。接著執行長就可以對外宣稱對這件事先前毫不知情，並發起加重棉花供應商對勞工責任的活動。

2. 莎曼莎當時就知道這筆交易有鬼，也知道供應商違反勞動法。執行長應該直接開除莎曼莎，而且不給資遣費，因為莎曼莎那樣說話無異於黑函威脅。執行長不論對內或對外，都應該將這次事件歸責於莎曼莎自己判斷失誤。

3. 執行長應該公開承認先前未能深入研究原料進口的運作方式，並承諾未來會改善。他應該帶領公司員工一起修正企業價值觀和其所衍生的倫理守則。他應該克制立刻開除莎曼莎的衝動，因為錯的不只是她。

【不太溫柔的倫理難題】情境討論

天然公司創造出經典的誠信陷阱：我們相信自己是個好人，因此我們做的每件事都是好的，我們所作所為都反映出值得景仰的價值觀及誠信，所以我們沒必要每件事都寫在守則裡。

只不過我們的價值觀有時會彼此抵觸，有些價值觀就這樣被犧牲了。很多企業都遇過類似天然公司的情況。美體小舖（The Body Shop）多年前成立時標榜對環境友善，並以此做為企業形象，他們是最早開始販賣可重複填充瓶的企業之一，也很早開始提倡向原住民農家收購原料。後來美體小舖開始成為許多訴求各異運動分子的箭靶。當該企業某家柬埔寨供應商被控為了開發新農地，強制驅離居住該地的佃農家庭時，他們的名譽受到了重大打擊。[14]

我猜很多執行長會選第一個選項，開除莎曼莎也許給人一種洗心革面的決斷印象，保密協議則做為煙霧彈，看不出犯錯的究竟是誰。究竟是莎曼莎一開始就知情，但沒告訴主管？還是主管早已知道但不在意？當莎曼莎簽下保密協議，我們就永遠不知道了。選這個好了，然後準備好高額支票吧。

選項二也很誘人，好像能展現誠信，但其實並不行。如果你真的想重建品牌形象，把員工當代罪羔羊絕對是壞主意。

最好的做法是選項三。這個例子其實和前述星巴克費城分店遭遇的難題有些類似，後者店經理當下做了糟糕決策，但星巴克事後承認本身在這方面的政策太過模糊，並勇於面對現實。現在天然公司遇到重大考驗時刻，而且沒有哪個做法能確保成功。領導人已經犯下幾個錯誤：當初他們應該對「綠色企業」這形象的倫理面向想得更深遠，並建立確保公司言行合一的制度流程。他們沒有一開始就建立倫理收購原料的原則，也沒有鼓勵莎曼莎主動說明為何她找到的原料管道比較便宜。儘管天然公司訂出明確成本目標，但對成功的定義太過狹隘。今天一份合約能幫企業省一五％，明天同一份合約可能會毀掉企業名聲，這就是壞交易的定義。

企業主動承認搞砸，消費者原諒他們的速度，會比原諒用保密協議和偽善言行隱匿過錯的企業還快。

第 5 章

哪些事物會讓你的使命走偏？
十大最常見的誠信問題

倫理守則實際上該涵蓋哪些面向？
我們所有人在職場上都必須面對的倫理難題和優先事務有哪些？
哪些倫理失誤一旦犯了，會玷污甚或毀滅你的品牌？

職場誠信難題最常見的迷思就是：誠信難題很少見。然而每家企業不論有無上市，每天員工都要直接、間接面對帶有倫理要素的決策。

- 我和朋友共進午餐，吃飯時唯一的公事話題是：「最近工作如何？」我該將這頓飯的費用報公帳嗎？
- 我應該先假裝不知道這條政府規範，事後如果公司被查出違法，再主張自己不知情嗎？
- 我可不可以在派對上多喝一杯蛋酒，再回去書桌前回信給顧客？

• 我在季末發現某個同事不當提高當季營收數字，我該忽略這件事嗎？

以上具體問題的答案恰好都是「不可以」。但我可以向你保證，不論企業規模大小，不論是傳統產業或高科技，員工對以上問題回答「可以」的次數都高過回答「不可以」。為什麼？其中一個原因是，這些難題感覺很私人，發生當下很容易合理化，「沒有人會發現的」；或是「老闆說：『不計代價達成，我不想知道細節。』」或是「公司欠我的」。最糟情況是，員工可能已犯規上癮或出於惡意，就是認定規則不重要，或者像是臉書某位匿名員工，最近在討論職場議題的網路平台上留言：「倫理去死吧。」這個例子我稍後再詳談。

有些人則相信，既然其他同事發生上述情形最後都「沒事」，他們又何必自找麻煩呢？畢竟違規後果或被人發現的風險好像遠在天邊。但是詐欺和說謊、邊喝醉邊工作、數字灌水、違反國內或國際規範，即使一開始是輕微犯行，隨著時間過去都會越來越嚴重。每一次屈服於簡單、誘人的錯誤選項，之後會更容易選擇另一個糟糕選項，創造出容易發生埃森哲顧問公司稱為「信任事故」的環境。在我看來這個詞用得太輕了，因為這些行為具備相當於自然災難的不可預測性和潛在效應。我稱為「誠信警報」（Code Reds）。

誠信警報指的是災難性、會使品牌貶值，相當於地震或颶風等級，日後大家回憶起會認為是趨勢轉捩點的醜聞。比方說安隆的消融就是企業級的誠信警報。誠信警報也會影響上市公司適用的法規。大家現在提到一些過往特定規則和措施，還是會用到「安隆之前」（pre-Enron）這個詞。

即使是合乎倫理的企業，也可能因為某個不懷好意的員工，或因為當今世界快速變遷，而發生誠信警報，繼而導致品牌災難。一個經典案例就是有名的芝加哥泰德膠囊（Tylenol）謀殺案。一九八〇年代初期，有七個人，其中有些人還是同家族成員，分別吃了他們從芝加哥區域購買的泰德膠囊，然後就死了。警方發現這些膠囊中被注入氰化鉀，再被放回藥罐、藥局架上販售。泰德膠囊母公司嬌生企業（Johnson & Johnson）在這件事並無過失。最後還是沒人知道，這些藥罐到底怎麼被污染的。嬌生因此回收全國產品，投入數百萬美元警告消費者不要食用他們的產品。這一系列謀殺案沒找到嫌疑犯，也無法起訴任何人。嬌生後來改變臨櫃販售的商品包裝，製成防拆型態。時至今日，嬌生當年的處理方式仍被譽為危機管理典範。

但在其他諸多因誠信警報而發生品牌災難的企業，通常內部壓力已經蓄積一陣子了，只是公司置之不聞，或將想導回正軌的意見刻意壓制下去。更有可能公司放任不良行為太久了。比方說Theranos員工為了避免發生違反倫理或違法後果，反對公司做出特定決策，結果被置之不理或孤立。永利度假村（Wynn Resorts）和溫斯坦影業（Weinstein Company）的資深員工，甚至「出於忠誠」隱瞞執行長的不良行為。當然了，他們比較可能是擔心失去高層寵信才這樣做。

我在本章的目標是幫助領導人聚焦、也幫助員工理解，十種最常見、最麻煩，對刻意誠信威脅最大的倫理難題。我不會告訴你一套完美的倫理守則就能避免所有問題，而是主張倫理守則必須要具體處理以下十種問題。我們現在來談談這些問題是什麼，以及如何小量釋放員工在這方面的困惑與壓力，而不是等到引發芮氏強震等級醜聞的條件成形才來處理。

一、不當感情關係

生物學的力量很強的，你問鮭魚就知道了。用概括式政策禁止所有職場感情關係雖然簡單，但沒效。人類可以設計和創造機器人，但他們本身並不是機器人。即使他們應徵時同意遵守這條政策，有些人最後還是不會遵守，而不遵守的話就會導致職場出現有毒的祕密氛圍。大家都知道，很多人是在工作場合遇見另一半。根據職涯諮詢公司Vault.com調查，五八％的受訪者承認，在職涯過程中曾經和同事發生感情關係，而且十％的受訪者就是在工作場合認識另一半。❶在職涯早期我也是這樣（但不是和直系下屬）。人類是社交動物，產生連結的方式難以預料，有時甚至難以抗拒。互相吸引是可理解的，但屈服於吸引力就有麻煩了。只有單方當事人受到吸引，或是雙方分手情況很糟，後果影響到全辦公室，醜聞爆發的日子就不遠了。

這類難題如果處理不慎，甚至會引發其他違法或不當行為，有很高風險會對職涯和企業品牌產生災難級傷害。不當感情關係引發的焦慮，以及對團隊造成的破壞，很少有其他誠信難題能超越。

不論上下屬關係處在哪一層，感情關係都會產生重重麻煩和壓力。比方說老闆邀請某位下屬一起從事含有情愫的活動，而下屬不感興趣或不確定老闆的意思，就會覺得受壓迫。老闆可以決定他們的薪酬、評價、工作任務和職涯，如果這位下屬拒絕，對職涯會發生什麼影響？此外，不論是在企業哪一層級，主管和直系下屬發生感情關係都會孤立同部門其他人，甚至引起眾怒，因為其他人會認為那段感情對自身職涯不利。在我看來，「好，去約會吧，但記得要使用『合理』判斷喔。」這句話帶來的風險，沒有企業承受得起。

通往誠信的做法，是針對職場約會行為制訂具體政策。除了小型家族事業，所有企業都應該規定一個基本政策：主管不應該和管理權限內的任何人，發生任何形式的感情關係。一旦產生感情，職位高的一方應該向公司報告，並接受公司將其調離原本部門，以脫離上下直屬關係，或乾脆離開公司。但我們太常看到像谷歌法務長莊孟德的案子：企業為了留住職位高的員工，將感情關係中職位低的一方調離原本部門，換成可能沒那麼適合的工作，最後那個人就做不下去了。

上下屬感情關係是利益衝突的經典案例。不論有無意識到，感情當事人往往傾向從對方身上尋求利益。當主管和下屬發生感情，舉凡部門工作分配、費用核可、升職、績效評估、薪酬，或應該從員工本身表現優劣、對公司貢獻多寡來判斷的事務，做決策時就不可能完全排除感情因素。

你可能主張，理論上企業應該「用對待成人的方式對待員工」，以及成人有能力適當管理自己的人際關係，但我向你保證，這種情侶身邊的同事，大多不認同這番見解。我看過太多具名或匿名的信件、電子郵件、網誌和語音訊息，也看過太多對人資或倫理顧問提出正式的申訴，都是同事認為部門內發生的不當感情關係，已經對團隊產生負面影響。而且情侶當事人常常以為其他人還被矇在鼓裡。

職場感情關係觸礁或結束時也會產生紛爭，這時雙方毀掉彼此職涯的可能性就出現了。如果是上下屬感情關係，主管可能會開始找理由處罰下屬。而被拋棄的下屬可能會威脅主管要對公司呈報兩人感情，甚至暗示對方，會告訴公司自己是非自願進入這段關係的。這段關係剛開始只是違反「不得產生感情關係」的守則，最後可能會演變成性騷擾、攻擊、黑函、報帳詐欺等等不及備載。

這種關係帶來的祕密和羞恥感，還會放大判斷錯誤的後果。為了隱瞞浪漫渡假的事實，偽造費用核銷資料也很常見，而涉案的人（或知情的人）還可能發黑函威脅當事人。我遇過的一個案子是，主管和助理發生關係，主管將自己刷卡金額無上限的公務信用卡拿給助理用。想像其他助理聽到這件事情會有多驚訝。另一個案子則是悲劇收場，有位執行長和員工發生關係被發現，執行長憂心如焚，最後以自殺收場。

不是所有職場戀情都發生在上下屬之間。拿本書「考驗時刻 1」的瑞吉娜和麥克例子來說，和廠商或承包商等公司外部對象發生感情關係，也常常會產生大量的違規行為。現實生活就有這種難題：根據《華爾街日報》報導，社群平台 Snapchat 的母公司 Snap，在二〇一八年末發現，他們的全球安全長（諷刺的事在誠信醜聞的世界多的是）和外部顧問公司一位女性談戀愛卻未內部呈報，期間還發包一個要價數十萬美元的案子給該顧問公司。《華爾街日報》也提到，兩人分手後該名 Snap 主管即終止雙方合約。後來 Snap 不只解聘該全球安全長，連他的直屬主管也一起解聘了。一段不當且未揭露的感情關係，導致數人名聲敗壞，也給企業品牌帶來難堪傷害。[2]

感情關係醜聞可以為企業帶來連綿不絕的負面影響。二〇一五年，史丹佛大學商學院院長因為和院內一位女性同仁發生關係，被該位同仁的丈夫提起訴訟，引發軒然大波，院長因而辭職。該名丈夫也曾經任職史丹佛商學院，他在訴訟期間對外公開院長與該位女性教師之間的簡訊內容，文字包含嘲弄該名丈夫「很雞歪」、「混蛋」，甚至開玩笑說要在公共廣場閹割他。那場訴訟最後被駁回，但醜聞在媒體上沸騰了好幾週，不只重挫學校士氣，也引發輿論檢討商學院領導層，甚至檢討起史丹佛大學本身。對一家自詡擁有優秀管理學原則的教育機構來說，真的非常難堪。[3]

我常說，職場上的不當感情關係不僅違反倫理，更是一種管理失敗。你身為主管，不論什麼場合和下屬產生親密友誼，就是在部門內創造出「內圈」（和老闆一起玩的）和「外圈」（不會和老闆玩的）的分別。友誼創造出的困境和戀情一樣多：雇用自己的朋友、原本是好友的同儕，但後來其中一人升職為另一人的主管；彼此是大學同學，後來連彼此配偶和小孩都變成朋友，諸如此類。

我對此給的建議一向是：言行謹慎，行事越透明越好。擔任 Airbnb 法務長時期，我管理七位直屬下屬，每一位都優秀得令人讚嘆，但我還是沒有和任何一人發展出友誼。我不會在週末去他們家吃晚餐，也不會搭同一台車。如果我和其中一人共進午餐，我也會在接下來一個月內左右，找機會和其他六位吃午餐。我想他們應該都很了解我的意思：我沒有偏好誰。當然，如果大家換工作就不一樣了，我和以前的直系下屬關係也很好，但那是在我們沒有一起工作之後。

我很確定自己因此錯過了一些快樂時光，但我也得以避開很多問題。如果你的朋友犯下不當行為或績效很差，導致你要做出懲戒的話，你要怎麼做？發獎金的時候，你要怎麼在朋友和你一直不太喜歡的部屬之間選擇？以前下了班和同事一起去酒吧放鬆的歡樂時光，現在會讓人擔心不小心透露保密資訊，或發展出進一步感情關係，破壞你身為公平無私領導人的可信性。

我職涯中不只一次遇過，很可能是因為主管偏好特定部屬，導致其他人受冷落，最後其他員工申訴因年紀、性別、種族等各式各樣原因遭歧視，有些案子甚至演變成訴訟。我在 Airbnb 花了不少時間和主管們詳談這個議題，因為培養歸屬感以及提升多元性，是我們非常核心的使命。你要怎麼團結一群背景多元的人，如何創造團體凝聚力，卻又不至於和特定同仁產生不當的親近感情？你要怎麼確認自己沒有無意中孤立他人，或讓他人意見消音？主管必須好好思考這些難題，而我相信，避免下班後與部屬社交絕對有助解決問題。刻意誠信講的不只是規則而已，而是追求更大的包容與歸屬感。

二、酒精造成的行為，以及違法或合法的藥物使用

在職涯過程中，我曾有幾次以正當原因解雇員工，其中不少人都是在身心受酒精影響的狀態中，犯下導致自己被解雇的行為。有些人甚至責怪酒醉本身，好像酒醉是什麼獨立的第三方似的。

不論是酗酒還是偶爾一杯，喝酒時只要犯下單單一個錯誤，對喝酒當事人、行為受害人和企業

品牌來說，殺傷力就夠大了。有些企業應對方法是，禁止在工作時間和公司活動場合喝酒，只要員工出席的商業娛樂場合涉及酒精，公司就不會允許員工核銷費用。比較難處理的，並不是員工在不應喝酒的工作場合喝酒，儘管那種行為在航空業和其他運輸業可能導致災難後果。就我觀察，更大的問題是，飲酒過度這件事。不論在什麼場合喝，也不論由誰買單，飲酒過度都會降低人的戒心、妨礙判斷，導致有些人對他人性騷擾、霸凌、不當觸摸，甚至攻擊他人。有人會侮辱顧客或同事；有人會破壞公司財產或設備；也有人做出令人極為難堪的行為。（比方說在會議度假酒店的噴泉裡裸泳、喝到不省人事、喝到生病等。）

可惜，我們多半都認識一些平時聰明、負責、有才能，但喝醉後會做蠢事或甚至犯下危險行為的人。在矽谷網路創業高峰期，有間著名法律事務所在加州蒙特利一家私人高爾夫度假村舉辦員工旅遊，其中幾位年輕律師喝醉了，偷開一台高爾夫球車四處兜風，導致車子摔下山崖，還好沒有人受重傷。但之後客戶付款給這家事務所之前，會忍不住猶豫，要不要付錢給一群魯莽之徒當你的法律顧問。

Airbnb 的確會在工作場所和活動上提供酒類，而且員工餐廳還設酒類自取區，員工每天下午四點到八點之間可以去拿一杯葡萄酒或啤酒喝。這聽起來自由到有點詭異，但還是要回到我們的使命和價值觀來看。Airbnb 的政策承認我們就是餐飲服務業，而餐飲服務廣為接受的方式，就是在氣氛友善的社交場合中提供酒精飲料。我們也強調員工要負起維護自己專業的責任。我們政策是這樣訂的：「Airbnb 絕對不接受員工在藥物或酒精影響下工作。當你在工作或身處公司場所，就不應該處於可能會被某種物質改變思考、工作和適當行為能力的狀態。」如果有員工違反喝酒負責以及行為政策，我們可能會解雇他們。

話雖如此，解雇員工無法讓一家企業逃避違法應負的責任。不論哪一州，提供酒精給未滿二十一歲的人都是違法的。而且很多州進一步規定，明知對方已經酒精中毒仍提供酒精者，也須負法律責任。說來也巧，我法學院畢業後當過一位聯邦法官的助理，當時便針對一個後來成為「酒商責任」先例的判決，協助法官撰寫意見書。後來很多州都採納這位法官的見解：儘管檢察官或原告必須舉證證明，提供酒類的人當時已知點酒的人已陷入酒精中毒，但酒保、酒吧所有人或甚至私人派對的主辦人，都可能是這位後來酒駕的司機和酒駕受害人間的最後防衛。讓侍酒人在販賣或提供更多酒精給他人之前，嚴肅承擔自己身為最後一道防線的獨特角色，此舉具有重大社會意義。

回到現實生活例子。舉辦年度耶誕派對時，誰要去提醒業務主管或財務長喝太多了？外燴廠商的酒保嗎？操作飲料機的低階員工嗎？政策有其必要，但光只有政策還不夠，你必須更主動向員工傳達這個訊息，強化他們負責任的行為。我們喜歡在公司內部頻道，播放簡潔短練的宣導影片。真的要辦派對時，我們會限制供酒時段，並確保現場有夠多食物和非酒精飲料，降低酒精帶來的影響。

確實，有些人看起來沒有酒精中毒，但他們一、二杯黃湯下肚後，行為就開始荒腔走板。他們不至於步履蹣跚或口齒不清，但一反平日親切溫和的個性，開始針對同事、主管、夥伴或顧客發表不當評論。他們也可能拍下同事喝酒或跳舞畫面，放在社群媒體上，並發表一些令人難堪的評論。至今我還沒找到方法可以完全杜絕這種事發生。我們會告訴員工：「我們期許你能夠知道界線在哪，並尊重其他人。」如果有員工申述，我們就啟動調查，最後可能會有懲戒後果。

有時運氣就是這麼好，或主管刻意塑造這種氣氛，你待的職場派對風氣很盛行。但如果活動場合的氛圍很不舒服或不適當，就要重新評估了：你可以考慮限制酒精飲料供應量、縮短供酒時段，以及減少烈酒供應量，甚至乾脆不供應任何酒精飲料。如果有一位以上員工在這類場合中放得太開，你應該敦促主管們好好和這些員工談一談，但要從他們的行為來談，而不是把焦點放在他們喝了多少。主管可以這樣說：「你在部門歡樂時段說話大聲到讓我有點擔心，你知道自己看起來像故意找人吵架嗎？」

Airbnb 倫理部門在二〇一八年耶誕假期前製做了一部影片，提醒員工在辦公室派對的注意事項：

- 一定要提供非酒精飲料。
- 供應酒精飲料的話一定也要供應食物。
- 絕對不要為了拼酒而開辦公室派對，以及派對必須在幾小時內結束。連續六小時不間斷供應酒精飲料，出事的機率很高。
- 辦公室派對不宜舉行喝酒遊戲，也不宜過度飲酒。
- 不勸酒。主管絕對不可容忍員工霸凌，或戲弄其他不願喝酒或拒絕再喝酒的員工。

舉辦歡樂好玩的活動，同時又強化為行事負責、為他人著想的文化，二者是有機會兼顧的。我為新進員工開誠信課程時，會提到我個人遵守的一條鐵律：不論何時何地，只要是工作場合，包括和廠商共進午餐和晚餐，我絕對不會喝超過兩杯酒。對我來說，兩杯還不至於引發難堪或麻煩的行為。我也鼓勵大家喝酒前都想好自己應該喝多少。在工作場合決定要喝多少的最糟時機，就是……你已經在喝的時候。

違法與合法藥物

從某些方面看，藥物議題比酒精簡單，但某方面來說又更複雜。再次強調，要從法律面開始思考。任何企業都絕對不應該支持或容忍在工作場合使用、販賣、購買或供應非法藥物，也不應准許員工代表公司出席任何會議和活動時做出上述行為。你也應該制訂一套規則，規定員工在服用可能會妨礙思考、做好決策、尊重對待他人的藥物後，不應回到辦公室上班。同時，由於世界各地對藥物的規範各有不同，上述情形又更複雜；某種藥物在某辦公室所處地區合法，但如果員工出差去位於其他地區的辦公室，服用同種藥物反而會吃上官司。

儘管如此，如果你的政策放入太多具體藥物名稱與特性等細節，或是要求員工發現同事服用藥物時立刻呈報，也是很不智的做法。假設員工 A 在派對上看到某同事吃藥，要怎麼知道那是合法還是非法藥物？身為雇主，法律禁止要求員工出示私人用藥資訊，你應該要看的是行為本身：如果有同事看見某員工昏倒、表現怪異，或出言侮辱顧客，他們向主管呈報自己看見的行為就是合理的。這時對話內容就會從醫學症狀細節轉換到職場行為。

最後，很多地方已經大麻除罪化了，有些州甚至還合法化娛樂用大麻，我們該怎麼辦呢？儘管管制大麻的法律正在演進，但就算你所處的州已將持有大麻降為輕罪，請記得持有大麻還是違反聯邦法律。至於要不要准許員工在辦公場所或公司贊助的活動中使用大麻，就看你的判斷了。

你所處的文化可能贊成使用大麻，聯邦法律在當地執行的機率也算低。你可能也有員工熱切提議在公司開派對時，吧台旁供應大麻食品或大麻菸。但要記得企業並無義務什麼都給，這和公民權利無關。企業領導人須考量的是員工的文化生態，以及如果拒絕員工要求會有什麼影響。此外，煙霧本來就會讓很多人感到不適，所以光是你訂的吸菸管制規則可能就有理由禁止在公司使用大麻。

三、騷擾和性攻擊

不用我解釋威脅性侵犯、性騷擾是多嚴重的「誠信警報」吧。但挑戰在於，如何傳達這是不可接受的行為，並創造公正安全的呈報機制，以及制訂一套呈報案件和決定懲戒後果的制度。

如果要找一個以上各方面都徹底搞砸的範例，就是永利度假村了。二〇一九年二月，內華達州博弈委員會發布，控訴創辦人史蒂夫．永利不當性行為的調查結果，包括性騷擾和多起性侵犯。調查發現，內部主管竟然私下助長這些犯罪行為，最後判定永利度假村應付兩千萬美元罰金。另外也發現，永利高層主管多次被告知，創辦人和其他女性的不當行為，但收到消息後完全沒有啟動調查，更遑論制止不當行為。不僅如此，根據《華爾街日報》報導，永利旗下賭場某高層還曾經要求下層主管，好好調查那些呈報的員工，看有沒有辦法從個人資料中找理由解雇她們。[4]另外，二〇一九年《紐約時報》也報導，麻州博弈委員會（Massachusetts Gaming Commission）發布的兩百多頁報告中提到，「某些案例中，永利特定高層藉由外部顧問協助，刻意隱匿他們所收到關於永利先生的呈報案件。」[5]

性騷擾有很多面向常被誤解。比方說，某人對其他人說出有關性、暗示與性有關的言論，並非違法，就算對方不想聽也不是違法。但如果一名雇主容忍工作場所出現前述情況，就是違法。企業絕對要在自己的倫理守則中，明文規範這種行為，但相關適用法律非常龐雜，你須事前先想好如何與員工談論這話題、如何處理呈報與控訴，以及如何進行調查。我們在第十章會更深入討論這議題。

四、資料隱私

當今每家企業都必須建立，能保護顧客資料的流程和政策。優步和自家「全知觀點」系統是一個讓我們不寒而慄的教訓。

企業平日可能不會發覺自己的資料隱私有問題，但一出問題往往就是誠信警報等級。網路時代的資料隱私需要很多資安技術支援，但也須企業制訂一套合乎實際且具體的規則。企業要認清事實，自家主管和員工都是人，而人類往往會被各種亂七八糟、甚至蠢笨的動機驅使行動。他們會想偷窺情人、朋友、敵人、鄰居和親戚，跟蹤名人，干預交易，或想幫朋友一把。他們也想當知情人士，或想藉由披露內幕成為眾人焦點。

承諾行事誠信的企業，應該將保護顧客資料列為基本價值之一。劍橋分析公司（Cambridge Analytica）醜聞爆發後，臉書異常冷漠和語焉不詳的回應，讓人感覺臉書沒有認真面對這樁，許多用戶認為嚴重背叛他們隱私的事件。但涉入這個議題的不只臉書，亞馬遜和谷歌也天天蒐集有關我們的海量資訊，這三家企業甚至都發展出程式，可以名符其實地坐在每個人家裡聽取日常對話。除此之外，銀行、信用卡公司、連鎖飯店、航空公司乃至所有會蒐集顧客資料的企業，都應該強化自己的倫理守則，因為保護資料隱私是倫理守則的射程範圍。

議題最簡單的部分，反而是政策本身。除非是法律或政策明示授權，而且取得資料目的必須具體且與工作相關，否則包含執行長和安全長在內，企業裡所有人都不應讀取顧客資料庫。但難處在於企業必須自行監守資料安全，而很多企業目前投入的心力還不夠。保護顧客資料隱私是刻意誠信的核心體現，須透過內部溝通持續強化，以及透過能記錄使用者進出資訊，並標記可疑使用行為的資安系統進行防範。好在進入資料庫是會留下數位痕跡的，所以對內宣傳有能力抓到濫用者具有嚇阻效果。區塊鏈等新興科技也可以幫我們更快、更容易辨別侵犯行為。

五、報帳違規以及企業資源濫用

就實際案例而言，這幾年我最常遇到的問題都和費用報帳規則，以及使用企業資源的政策有關。像是以下問題：

- 我可以用公司的公務手機進行私人採購嗎？
- 我可以用公司印表機列印我週末舉辦的二手拍賣傳單嗎？
- 我有位朋友是資安專家，很適合我們公司。他很愛打高爾夫，我可以請他免費打一場球，說服他來我們公司上班，然後將費用報帳嗎？
- 我忙翻了，可不可以直接拿公司提供的點心，當成小孩足球賽上的招待餐點？
- 如果我下班後用公司給的公務筆電或智慧型手機看色情影片，會被開除嗎？
- 我要帶一箱公司文件回家，但箱子太重，搭大眾運輸很不方便，我可不可以叫車回家並申請交通費報帳？

這些都不是高風險的難題，而且每一題的答案都要先探究更多這裡沒提到的細節，才能決定。但我不認為倫理顧問花心思回答這些問題是浪費時間。畢竟倫理守則不可能事前想出這麼精確的情境，並提出解決方法，我們的會計部門對不同職位也設有不同的報帳規則。但就像之前提到我們倫理部門曾為了兩百美元的禮物卡展開辯論，大家願意花時間問這種問題，本身就是刻意誠信文化的正面信號。報帳有太多不同狀況，因此你應該將重點放在溝通和透明度：如果員工有疑慮，要直接問直屬主管或倫理顧問。每當你停下來詢問某件事算不算對的事，就是在鍛鍊自己的誠信肌肉，有天職涯真的遇到誠信難題就能派上用場。

很多員工對公司提供的器材設備和公務用個人設備規範特別關心，所以這部分規則就訂得相對詳細。不同企業在這方面的政策，會根據不同因素有所差異。以前和我合作過的某家企業，曾經發生一件難忘的誠信警報：公司收到美國動畫協會（Motion Picture Association of America）的警告信，原來有位員工用公司無線網路非法下載《加勒比海海盜》（*Pirates of the Caribbean*）到他的公務電腦上。這個行為含有好幾個不同層次的糟糕判斷。後來發現，那位員工下載影片的網站，是製片公司為了抓盜竊影片者而設立的「釣魚」網站。整件事非常難堪。我們在寫 Airbnb 倫理守則時，明文禁止使用公司設備做任何違法行為，並將「違法下載」明確列為禁止行為。

目前大部分電信資費方案，都提供通話和上網吃到飽的優惠，所以用公務手機打私人電話或網路購物，不會直接增加公司成本，也不會產生誠信議題。但我認為企業應該要提醒員工，如果將個人敏感資訊也存進公務手機或筆記型電腦，可能哪天會讓自己很尷尬，或發生比尷尬更糟的狀況。如果員工用公務手機或筆記型電腦，傳送親密訊息給配偶或另一半（或上 Tinder 交友軟體、看色情片），就有理由感到擔憂，因為在電子設備上做的事情，可能會被公司或其他人看見。畢竟設備是公司所有，所以公司有正當理由可以收回並存取你的電子設備。現在大家都會在手機上交流彼此的健康、人際關係、小孩問題、工作不滿等等不希望別人看到的敏感資訊。然而生活中常有例子提醒我們，數位資料隨時可能被公開。看看貝佐斯，大家以為走在科技尖端的他應該受到重重資訊保護，結果當他宣布離婚消息時，有人想打擊他的名聲，就公開了他和當時女友的往來簡訊。

一旦訊息往來數位化，就會留下紀錄。如果發生犯罪或被執法部門調查，任何手機撥打紀錄或簡訊都是證據的正當來源。你的私人或公務手機當然可能被蒐證，因為這些載具紀錄了你所撥打或接收到的電話，你的簡訊也都存在手機裡。

如果你的公司進入訴訟的證據蒐集程序，須確認你沒有和某位廠商討論賄賂事宜，或確認你沒有對某位顧客做出冒犯言論，公司有正當理由檢視你收發的電子郵件或簡訊。過程中，執行調查的人可能會看到你不想要被人看到的東西。如果你願意冒以上風險，那也無妨。但如果你不願意，最好用私人手機討論個人健康之類的敏感資訊。

不當使用企業資源和不當報帳行為，如果從企業能否成功和品牌聲譽的角度來看，通常不是我認定的高風險犯行。但這些議題的重要性高低，就看你所在的事業而定。如果你經營私人保全公司，你就須要制定明確規定，規範員工的武器及公司制服應如何使用與存放；如果你經營連鎖珠寶店，你可能會詳細規定員工在公司核可情況下，可以如何借出店內珠寶用於私人場合。你可能會認為出借珠寶可以增加公司行銷機會，但這種做法必須在明文紀錄且受保障的情況下，才適合執行。

特定職務的習慣做法也會決定政策走向，而部門主管通常不用啟動倫理諮詢流程，就可以監管自己部門的花費。傳統業務會花錢娛樂顧客，也會花時間與顧客相處。如果有工程師每週都用「招募人才」名義申請兩次聚餐費用，卻從來沒有找來任何應徵者，那主管就須警告這位工程師下不為例，否則不會同意核銷費用。

另外要注意一點：如果小型作弊次數增加，可能表示員工對公司萌生不滿或失望。有些員工就是不認同公司使命和文化，或是認為自己應該得到比目前更多的金錢、關注和責任，因此做出一些傷害公司誠信的行為。比方說，他們可能經常利用公司收發室收發私人信件和包裹。公司為此增加的金錢成本可能很小，但這樣做的人往往會宣稱「大家都這樣做」，而且號召其他人加入。

這種行為會侵蝕刻意誠信。浪費公司資源的行為，可以演變成毒性、具傳染力的人際連結方式。一開始可能只是惡作劇或小型竊盜，後來可能會演變成一群員工夜間潛入公司停車場，開著公司送貨卡車到外面兜風。當「唱反調的人」為所欲為，其他人也會想要仿效。

你必須時時注意工作場所是否出現壓力上升或倫理威脅增加的狀況。小型但持續濫用企業財產的行為，可能就是其中一種。

特別是規範報帳和企業資源使用的條文，我要再次鼓勵你盡量不用模糊字眼，例如「最佳判斷」這種將標準交給員工決定的用語，因為員工私慾可能會妨礙判斷。以下這個真實故事，我認為足以說明為什麼條文要訂得具體。

兩年前，有家科技企業將一位高層主管從美國加州調派至亞洲，管理當地辦公室。該高層主管與公司協商，要求將他個人座車也一起送到工作地，並由公司支付「合理」運輸費用。幾個月後，那位主管寄給公司一筆高達九十三萬一千美元的運費帳單。公司這才發現，那台車是藍寶堅尼的「大牛」（Aventador）車款，帳單包含運輸保險費，以及目的國要求先支付才能取車的關稅和檢驗費。最後那家企業拒絕支付這筆高到荒唐的帳單，只付了一小部分運費。但要走到這步仍是耗時費神。再次強調，模稜兩可會設下誠信陷阱。公司應該先訂一個簡單的政策，要求汽車運輸費必須事前經過內部核可才能事後報帳，或要求員工必須事前取得運費估價，讓公司決定費用上限。

在解決職場種種問題時，會常常遇到只要是「行事合理」的人都可以解決的瑣碎事務。當你納入這種判斷時，比較好的做法是，規定要一位以上主管或倫理部門事前核可，或設計決策流程時就將誠信元素放入規範。畢竟對一般臉皮沒那麼厚的人來說完全不合理的要求，對藍寶堅尼車主來說卻很合理。

六、利益衝突

一般而言，利益衝突指的是儘管你同意遵循一家企業的規則和價值觀，卻將個人利益或忠誠凌駕於企業利益之上。利益衝突在人生各方面都找得到，可能是小聯盟教練派他的孩子上場和稱讚自己孩子的次數，比他對其他小孩次數更多。或是某家觀光區報社刻意用很小的版面刊登當地犯罪新聞，因為報社知道當地廣告商不希望嚇跑遊客。

通常發生利益衝突的當事人會說自己是出於忠誠，好像忠誠可以幫他們開脫罪責。小聯盟教練當然會對自己兒子忠誠，報社也想要成為社區好鄰居。我曾擔任子克理夫的小聯盟棒球教練，大家必須一起討論平常練習時，我身為教練該怎麼對待兒子，以及我能不能提名兒子參加所在城市的明星隊。剛開始你的意圖可能很良善，但如果你准許自己根據好惡行事，一不小心就會落入誠信陷阱。你當初承諾做到的是什麼？你當初的使命是什麼？少年隊教練應該要鼓勵並培育所有選手，不只是他兒子。同理，如果你推動當地報社用客觀態度看社區，刻意不報導犯罪就違反了那項使命，而且可能讓當地居民和遊客以為風景區很安全，甚至讓執法部門無法得到充分支持。這兩種情境中，當事人的選擇都欠缺刻意誠信。

有些員工會把個人忠誠和誠信混為一談。我就被這樣問過：「你是說你期許我們將公司利益凌駕於友誼嗎？」還有：「如果我對我的主管沒有忠誠可言，你難道會希望我這種人留下來嗎？」

對人忠誠很值得景仰，支持朋友和家人也很重要。但職場忠誠是相對複雜的概念。有些企業真的會把忠誠當正面價值看待，這是為了激勵員工完全擁戴公司使命，甚至舉報他們認為對公司不忠誠的人。在 eBay 創立早期，有些主管會抱怨他們發現員工從收發室領取自己在亞馬遜網站買的包裹。他們想表達的意思很清楚：你跟我們最大競爭者買東西是想怎樣？

我還曾經聽朋友說過一個故事：百事可樂某位高層有天很晚下班，發現達美樂比薩的外送員站在公司上鎖的門外，想送比薩進公司。由於百事可樂旗下的比薩品牌，是和達美樂打對台的必勝客，百事可樂員工叫達美樂比薩外送這件事，讓那位高層非常不高興，於是他打開公司的門，告訴外送員他自己會拿比薩進去給對方。那位高層走到叫外送的員工面前，用力將比薩砸進字紙簍，腳還往字紙簍內踩了幾下。我可以理解那位主管的想法，身為高層主管，你當然希望員工對公司本身、和公司使命懷有深厚感情，就算是跟競爭對手買比薩這種小事也絕對不會做。

不過，當同事之間、員工與主管之間的忠誠度凌駕於公司規則和政策之上，就不是好現象了，這叫做利益衝突。我擔任檢察官和法務主管期間看過好些人，一開始刻意忽略，接著刻意隱瞞，最後成為不當行為甚至違法行為的共犯，但整個過程中他們都告訴自己，他們是在展示忠誠，所以這是件對的事情。我曾經起訴一名成為外國政府間諜的ＣＩＡ特務，他被逮捕並入獄服刑後，轉而招募親生兒子繼續擔任外國間諜，最後他的兒子承認犯行並以入監告終。這種叫有毒忠誠。

在企業裡，我見過助理出於個人忠誠，幫助主管偽造報帳資料和出差紀錄，而且說謊隱瞞主管去處。我也調查過同事捏造故事幫死黨隱瞞不當行為的案件。我也聽過有人被其他員工發現正在偷竊設備或收回扣時，對發現犯行的人打忠誠牌：「不要供出我，這次當我欠你的。」

有毒忠誠是利益衝突的一種，還有很多其他型態。在我們的倫理守則中，我們盡量讓員工了解，其實利益衝突可以用非常多樣的行為呈現：

- 接受廠商或材料供應商給的回扣，在內部推薦他們或直接決定和他們做生意。
- 向有感情關係的一方、好友或家族成員進行企業採購或做出商業決定，卻沒有向公司揭露你和對方關係。
- 利用公司的市場研究或其他智慧財產，成立自己的公司或幫助其他公司。
- 提議買下某家公司，其實你本人持有該公司股份，但並未揭露此事。
- 某位廠商提供你有價物，例如演唱會門票，希望你在維持雙方關係的前提下做出某個商業決定。
- 根據你個人行程決定是否出差及相關細節。比方說，你的姐妹住在波士頓，所以你故意把那裡某個不重要的案子說得很重要，好讓你可以造訪波士頓，或甚至開始和波士頓廠商聯繫，好讓公司為你的波士頓之行買單（利益衝突以及濫用企業資源兩件事經常重疊）。

科技業常見狀況是員工私下在其他科技公司兼差擔任顧問，或甚至邊上班邊籌備自己的公司。開設軟體公司的門檻非常低，一名程式設計師配上一台筆記型電腦，就可以在任何地方開發軟體或程式，包括上班時間坐在辦公桌前處理私接外包的專案。Airbnb 對這種問題的因應方式，是強化這件事的重要性，讓員工遇到潛在利益衝突時，會主動找主管或倫理顧問討論。最糟情況，是公司透過外部消息才得知內部存在未呈報的利益衝突。

比方說，我們不希望廠商說了我們才知道，原來某位員工去度假勝地或其他好玩地點開會的費用，是該廠商負擔的。我們希望員工主動告知自己在外部公司擔任顧問，即使是當下和我們事業幾乎無關的產業也要告知，因為我們未來說不定會將事業拓展到該領域。我遇過一個狀況，是員工雇用配偶家族開的公司做倉庫維護（高於通常價位），但沒揭露這段關係。這種狀況並非每一件都構成不當行為，但很明顯不該讓一個會從中得益的人負責下這個決定。經驗法則是這樣的，有沒有什麼行動、費用、投資、解釋方式、差旅、禮物、和顧客的合作任務、外部專案、顧問諮詢關係，或像在家工作那種安排，既會讓某人得利，同時又違背公司或部門利益？有的話就可能構成利益衝突。

七、詐欺

詐欺是指資訊不實。Theranos創辦人伊莉莎白・霍姆斯被控，明知內部醫療設備做不到，卻告訴投資人、醫生和病人，公司設備有能力提供準確的診斷資料。[6]安隆企業則是用一連串令人頭昏眼花的會計數字，將收入金額膨脹好幾倍。福斯故意在車上安裝可以通過排放量測試的軟體，但其實那些車輛的排放量已經超過聯邦規定量。這些情境都符合故意並刻意詐欺（deliberate and intentional fraud）的定義。

企業內個人犯下的詐欺有很多不同情境。你應徵工作時不實呈報教育程度、工作經驗或偽造推薦信都是詐欺。更嚴重的詐欺，包括在開發研究室中偽造研究或測試結果，或在報告中故意不實陳述某單位的財務狀況，好撐過獲利慘澹的一季。某人把其他人做的事說成自己做的，也是種詐欺。

幫朋友開假發票，並在他們沒付錢的情況下寄送產品給他們，也是種詐欺。我還看過某位客服人員企圖將顧客的錢轉入自己帳戶。他假設這個「錯誤」無法追溯到他身上，結果賭錯了，工作也沒了。

詐欺行為會和其他倫理難題重疊。故意核銷你明知沒發生過的費用，或是故意核銷你知道並非因工作而發生的費用，也都算詐欺。幫忙偽造應徵用的證書，或誇大某應徵者推薦人的厲害程度，而那位應徵者剛好是你女友，那上述行為都同時構成詐欺和利益衝突。

詐欺幾乎同時牽扯其他刑事犯罪，商業上的詐欺則通常屬於「電信詐欺」，也就是透過公共溝通網絡傳送謊言，獲得財務上或其他類型的利益。在聯邦大學入學弊案醜聞、或在大學入學考的集體舞弊醜聞中，有些家長付錢取得專業槍手服務，這名槍手會幫他們小孩訂正美國大學能力測試SAT入學考試的考卷答案，改好再交卷，有時候甚至直接代替學生考完整場試。[7] 由於這些安排是透過電子郵件或電話完成，很多家長因此被「電信詐欺」罪名起訴。發現一樁詐欺可能要很多年，但對詐欺行為人而言，壞消息是詐欺罪起訴效期是從發現時起算，而不是從犯罪時起算。

你的倫理守則一定要明文規範詐欺行為，不要太輕忽大意。規則模糊不清會造成混淆，不必然產生詐欺。詐欺是種故意而為，有時甚至不正派的犯罪行為。

我遇過數一數二有趣的詐欺案發生在我任職eBay期間。有位賣家在網站上販售一幅類似著名畫家理查・迪本科恩（Richard Diebenkorn）的畫作。賣家還寫了詳細的故事，交代他如何在二手拍賣會中發現這幅作品，而且他的小孩還騎三輪車碾過畫作。後來發現這名賣家是詐欺犯，他經常出入跳蚤市場和二手拍賣會買便宜作品，然後試著將作品假冒成知名藝術家的作品轉賣出去。

他在網路上拍賣那幅畫作時，從未提過知名畫家迪本科恩的名字，但他在畫作上偽造了一個很像那位畫家筆跡的簽名。那位賣家還找了兩名同夥在網站上競相出價，製造出收藏家「發現」名畫，出價逐漸提高的樣子。後來賣家告訴《連線》（*Wired*）雜誌：「我對迪本科恩仿畫的敘述完全是假的，我是刻意裝成什麼都不懂的鄉巴佬賣家。」[8]

後來真的有那位畫家的粉絲上鉤，出價超過十三萬五千美元買下那幅畫，才發現是假的。聯邦調查局（FBI）介入調查該案，查出那位賣家是一名律師，最後他被註銷律師執照，並承認犯下虛假出價的重罪。我不認為倫理守則或社群準則文件，對這種精心策畫詐欺的人來說有任何效果。但這個案例還是很好的前車之鑑，讓企業知道他們必須投資技術或其他流程控管，儘早發現特定行為，讓有誠信的人及時介入處理。否則這種行為和後續的媒體報導會傷害企業的價值主張。

八、洩漏保密資訊和營業祕密

所有倫理守則都應該包含，禁止員工洩漏保密資訊及智慧財產的條款。聽起來很簡單，但對多數企業而言都很難實現。如今科技工具和媒體選項之多，員工要違反這項規則簡直易如反掌。在資訊透明的年代，保密資訊絕對不能透過群組郵件發送，也不能在紙本上印著「僅供內部使用」就了事。這種做法不會發生洩密的機率非常低。

在知名度高、經常上報的企業工作的員工，保密難題是他們幾乎天天都會遇到的挑戰。記者（從領英之類網站找線人）、家族成員、朋友、廠商、客戶和顧客都會一直問他們各種內情。因此有必要不斷提醒員工、廠商及承包商要保護公司的智慧財產和保密資訊。此外要明訂政策，任何要取得公司保密資訊以執行工作的外部人士，都須和公司簽訂保密同意書。你還要明確告知對方，如果對方違反保密約定，你一定會要求對方履行違約責任。

會洩漏出去的保密資訊包括，惡意揭露公司內不當行為或糾紛的不堪祕密，但還有很多其他主題和種類的資訊。舉凡招募計畫、產品和行銷策略、獨家演算法、資料分析、專利申請，以及公司依法不得揭露的員工資料或數據，都是可能外洩的資訊。保護保密資訊與智慧財產，和保護顧客資料隱私屬於不同規定，但一件倫理違規案可能會含括前述兩種違規情形。

我看過最發人省思的保密資訊外洩案，是來自二〇一一年《紐約時報》一則報導：史丹佛醫院急診室高達兩萬名病人的病歷資料外洩。源起於史丹佛醫院先是寄了一份請款單給合作數年的收款顧問公司，❾該顧問公司為了改善現有收款策略，要求史丹佛提供前述資料表單，雙方也簽署了保密協議。這件事本來沒錯，病人當初入院時，都同意醫院將個人資料用於收款流程。

然而收款顧問公司裡，一位有權閱覽那份醫院資料的顧問剛好在招募新的資料分析師，於是他下載了那份資料，將檔案寄給某位他正在考慮雇用的應徵者，想了解這位人選將資料轉化為表格和圖表的能力如何。儘管沒有惡意，但他的行為嚴重濫用保密資訊，同時也落入典型的誠信陷阱：這位顧問想要找能力最優秀的人來處理這類資料，於是合理化自己揭露兩萬名病人就醫紀錄的行為。

故事還沒結束。那位應徵者後來表示，她沒發現表單裡是真實病人的真實資料，當時她不知道怎麼做這份工作，就上一個資源網站求援。很多學生會上那個網站上，付費解決寫程式和資料分析遇到的難題。她將整份資料上傳到網站求助，那份含有將近兩萬名病人醫療資訊的表單，就這樣躺在未加密的專案資料夾裡超過一年。❿數位時代想外洩甚至散布敏感資料，就是這麼簡單。

別忘了，很多保密資訊外洩的方式都經由類比，不是數位訊號。舉個極端例子，假設你遇到經濟間諜，也就是競爭者付錢給你的員工要求揭露公司諸多祕密，包括對競爭對手恐懼點及弱點的深入分析，這種資訊外洩行為就已經構成犯罪。沒那麼極端的例子則是，像員工在酒吧聊和公司有關的話題，不小心講話太大聲，或在派對講故事時說溜嘴，這些都可能讓公司造成損害。另外，印有保密資訊的紙本資料，沒用碎紙機處理而是直接丟進垃圾桶，也會有資訊外洩問題。

你在發展倫理守則時，就保密資訊政策而言，要思考三種不同的員工（以及廠商和外部顧問）類型。

首先要考量目前在職的員工。不論哪家企業，一般而言所有人都必須保密的資訊有這些：產品發布時程、多數人都可以讀取的潛在客戶紀錄和資料庫，以及所有新產品設計。還有一些特定狀況下須保密的資訊，例如公司什麼時候要提出某案訴訟，或宣布收回某項產品。

有個常見的好做法是，針對媒體詢問以及與公司相關的採訪要求，規定員工一律交由溝通部門處理。這涉及的不只是員工要先取得同意才能讓媒體引用言論，而是員工同意除非先和溝通部門討論過，否則一律要拒絕和媒體交談，具名或不具名受訪皆然。儘管依法公司不得干預或對有正當理由的吹哨者採取報復，一旦員工將保密資訊外洩給媒體，會對公司造成很大傷害。

第二，要考慮到即將離開公司的員工。離職員工的資遣流程中，包括要簽署保密協議，這份保密協議可以事後修改，以囊括當下洩漏出去會對公司造成損害的具體資訊。知曉公司目前計畫的員工，理所當然會成為競爭對手和媒體的探問對象。因此你一定要清楚告知，揭露營業祕密或保密資訊，會違反員工和公司的雇傭合約與離職協議，甚至可能導致民事訴訟。

第三，要考慮到新進員工。刻意誠信會要求你的主管們不得向新員工詢問，任何他們依法不得分享的競爭對手營業祕密或保密資訊。他們也不應根據這類資訊決定是否要雇用應徵者。這算是某種「金科玉律」。你不會希望競爭對手這樣對你，所以也不要這樣對人家。這種行為擺明違反倫理，更不要說偷竊營業祕密根本違法。對某些主管來說，這種行為誘惑很大，他們會想出（自以為）聰明的方法取得資訊。像是試探問：如果你還在某某公司做 X 專案，這時間你可以開始規劃七月去哪度假了嗎？不要玩把戲。如果新進員工被你煩到或是哄騙說出這類資訊，而你又根據這些資訊做出某些行動，你的公司和那名員工都要負嚴重法律責任。

九、賄賂與禮物

賄賂和禮物有很重要的分野。我先前討論禮物時已經提過一些細節，所以這邊我會簡短一點。員工會問我很多有關禮物的問題。我強烈建議每家企業都訂一套有關收受禮物的政策，避免員工對應該收受哪些禮物的認知有任何模糊地帶。

另一方面賄賂則毫無疑問，一旦發生就可能對公司品牌造成災難性傷害。在美國，不論是對建築檢驗員、市長或參議員，只要是給付公務員有價物，企圖使官員用法定方式以外的其他方式圖利公司，都構成刑事犯罪。真的不要賄賂，還是找合法管道讓事業成功或加快事業速度吧。

但全球規模的企業也必須面對事實，「賄賂官員」就是盛行於某些國家，被當成在當地做生意的代價。有位曾經在亞馬遜工作過的同事告訴我，他曾經在印度事業體正式營運前，和當地超過一百名的員工開會。當時他再三強調：「我們現在不會，以後也不會行使賄賂。」有位女性員工聽了面露不悅，站起來當眾告訴他：「這政策不可能執行的，在印度你連把卡車從一個州開到另一個州，都必須付錢給邊界警衛。他們有權可以要求你回轉，不讓你過境。」她覺得亞馬遜好像在故意設局給她，讓她一開始就註定失敗：如果公司堅守這項政策，她很快就做不下去了。

我的同事很能體會她的難處，但還是堅持立場：「我們不會那樣做事。告訴所有卡車司機，如果他們被邊界警衛要求付賄賂錢，就把車停到路邊，將當下警衛要求賄賂的情況拍照存證。我們會帶著證據找印度政府，要求政府採取行動。是印度政府希望亞馬遜來這裡的，他們就應該讓事情順利進行。」後來邊境警衛收到消息，亞馬遜卡車不會付錢賄賂他們，所以他們也不再要求司機付錢，事情就這樣結束了。當然，很少企業能有這種影響力，而且除非你刻意訓練員工，讓他們了解這是禁止行為，否則派駐當地的員工，很可能會忍不住賄賂行事。

不過，你確實也該刻意訓練員工。〈海外反腐敗行為法〉（*Foreign Corrupt Practices Act*）明示禁止賄賂，這是聯邦政府最積極執行、用以起訴企業的法律條文之一。企業違反相關法律，會被判處上億美元計算的鉅額罰款。任何拓展到海外的企業都必須嚴肅看待這部法律，並且確保所有廠商都了解違法嚴重性。一旦違法，你的企業很可能因此倒閉，員工還要坐牢。儘管有些國家人民對賄賂看法不同，也絕對不能冒險。離職員工或當地競爭對手一旦發現，可能會開開心心地舉報你。

十、員工對社群軟體的使用

大家超嗨的，我們薪水超級高，期待我十萬美元的年終獎金。倫理去死吧，有錢才是老大。——自稱在臉書擔任工程師的匿名者，於職場話題匿名討論軟體 Blind 的發文。⑪

這則貼文讓我看得臉都綠了。

二〇一九年一月，網路媒體 Mashable 報導臉書最新麻煩：蘋果宣布暫停發放認證給臉書在 iTunes 商店上的某些軟體，因為蘋果發現臉書用以蒐集用戶資料的軟體，本身違反相關規定。該媒體記者在職場話題討論軟體 Blind 中搜尋，看看是否有臉書員工對該事件發表言論，結果找到的不是謙虛自省，而是傲慢自大。

我無意對臉書落井下石。很多企業員工都會在這類討論區上張貼令人沮喪、鬱悶、用詞尖酸等各種負面評論。但「倫理去死吧」這句話對我的衝擊特別大，因為內容顯示了當今的商業現實：資訊就是可以如此透明。透明面向很多，先不理會文章是否匿名，你的員工就是可以上社群管道發言，還不用管發言內容是多數意見或少數意見，或單純是某人咖啡因攝取過量導致爆衝，他們說的一切都對企業品牌造成嚴重影響。

單單只有政策無法防止這類事件發生。公開強調這項政策，以及持續提倡你的價值觀，是你唯一能做的事。你一定要利用這種案件做機會教育，確保員工了解含義，在社群媒體上好好思考過再發文。由自稱內部員工發布的傲慢、有攻擊性的文章，足以引發爆炸性影響。這種文章會引來其他員工譁眾取寵的仿效，扭曲企業內部真正的情緒。這種文章還可能惹怒諸多利害關係人社群和夥伴，甚至變成管制部門或政客引入限縮性法案的證據。最糟糕的是，可能會變成真的喜歡臉書某些優點，但也受夠臉書傲慢態度的某位使用者，刪除帳戶的最後一根稻草。我們都有過心情不好、說出讓自己事後懊悔話語的時候。任何企業都可能有一小群員工完全不在意公司倫理。但身為領導人，須持續對內強化我們很珍惜企業名聲，以及全世界都在看我們的訊息。打字前好好想想吧。

社群媒體對在乎刻意誠信的人來說是地雷區。比方說 Instagram 和臉書，或 Blind 這種大家會寫在某企業工作的「真人真事」，又要透過使用者所任職公司的信箱確認帳戶可信度，而且還是匿名發文的平台，實在會引發太多不同議題。

當今所有企業都應該針對員工使用社群媒體的行為制訂政策。企業制定這方面的規則時，一定會有人提出疑問，或甚至表示厭惡。「這是我的私人帳號耶！你怎麼可以限制我的言論？」嗯，我們對私人言論沒興趣，但「社群媒體」光看名稱就知道這不是私人或個人空間。如果你同意用行動強化公司品牌，卻又在社群媒體上做相反的事，就會對公司造成麻煩。從一個人看似私人、個人網頁或帳戶，找出他們工作地點非常容易，通常看領英就知道了。Airbnb 員工對於和公司無關的爭議話題，可能會有熱情澎湃的觀點，但他們在社群媒體上發表的任何言論都可以連結到 Airbnb。

還記得我在上一章說的，有名經理在球賽上對某名球員或裁判大聲辱罵的故事嗎？那名經理在公開場合，就不應該對隱私有任何的合理期待。如果現場剛好有其他員工，或利害關係人如投資人、Airbnb 房東，這名冒犯他人的經理可能就被呈報了，而且 Airbnb 會非常嚴肅看待這種行為。

面對社群媒體也是同樣的道理。Airbnb 倫理守則也提到，如果有任何員工、廠商、承包商或 Airbnb 社群其他成員，「在你個人的社群媒體頻道上，你和前述人等的互動就等同在工作場合互動。針對法律上保護的個人特質的任何貶損、霸凌、侮辱或傳達偏見的評論或發文，都會破壞該名員工有效代表我們品牌、管理工作、和他人合作的能力。」違規後果可能就是被解雇。

考驗時刻 5

遊戲開始，好氣氛結束

某家企業執行長很鼓勵部門組隊去野外踏青和其他戶外活動，好促進員工溝通和團隊合作。大部分員工很喜歡這些活動，覺得的確能提振公司士氣。旅行時發生的趣事，也促成很多內部玩笑、同事的詭異綽號以及同儕友誼。

你是一名營運主管，有天收到某位下兩級員工來信：「上週末我終於報名參加優勝美地國家公園的部門旅行，前幾次我刻意不去，但這次大家熱烈討論兩週，我就決定去了。我們一共十人，白天健行很開心，但到了營火時段，大家喝幾杯酒後，有人提議我們『來玩那個吧。』他說我們應該圍成一圈，每個人依序講自己第一次性行為的經驗，以及我們從中學到什麼。我快嚇死了。我不覺得有必要要和同事分享這麼私人的事。於是我說：『我覺得不太舒服』。然後主管說：『我們可以從其他人開始，然後你再決定要不要加入，其實還滿好玩的。』我回去帳篷裡，然後聽到他們在偷笑。隔天早上我覺得自己被孤立、被羞辱了。到底什麼時候開始連這種事也變成工作一部分了？我想要和主管談談，調去其他部門工作。」

是這位員工太敏感，還是真的遇到「考驗時刻」？

1. 這件事有兩個層次要認真思考：聽起來主管和部門其他人對這位員工並不尊重，

她應該得到道歉。而且你也該重新思考團隊凝聚活動的意義了。

2. 立刻開除那位主管。再這樣下去我們會被指控為敵意工作環境，要吃上官司了。而且這個「遊戲」是怎麼回事，聽起來已經進行好一陣子了？

3. 這位員工政治正確過頭了。她是自願去旅行的，而且她已經是大人了。聽起來這個人不太適合我們公司。等會打給那位主管問問，看她在公司表現如何。如果績效很好，那她可能只須上職涯教練課，然後多鼓勵她融入團隊。如果績效不好，就叫她走人吧。

【遊戲開始，好氣氛結束】情境討論

根據範例情境，我想選項一是最好的做法。你做完初步調查後，至少要找當時提議玩遊戲的員工和那位主管一起談談，釐清到底哪個環節出問題，以及提議要玩遊戲的那位員工當時扮演了什麼角色。你可能會決定要給那位主管重一點的懲戒，但我想你須先知道更多細節再做決定。是主管自己提議玩這遊戲的，還是別人？他當時有察覺到那位員工的不適嗎？他有沒有用任何方法使她安心？還是他也在偷笑？

基本上，凝聚團隊當然是好事，但事前要深思熟慮，進行方式也要夠周到，讓大家都感覺受到尊重。工作團隊通常都很愛一起到外地開會，但法務部門就沒那麼樂見了。某個部門週末去外地開會的行程後來衍生法律問題、同事彼此厭惡等等狀況時有耳聞。部門同事週末一起踏青的優點同時也是缺點：你會更了解你的同事。也許他們比你原先認識的更勇敢或幽默，或是他們很愛大自然，你和其他人因此更加喜歡這些同事。等你們回到工作崗位，對彼此信任度會增加，同事情誼也更深刻。然而，當你模糊了「工作生活」和「私人生活」的界線，大家摘除掉專業態度的同時，平時的專業判斷也會跟著消失。那種平時和朋友或幾對伴侶一起露營時可以玩的遊戲，並不適合在部門活動和同事一起玩。而且這類活動可能也會不小心揭露某人有飲酒過量的問題，或政治立場與你相左。你回到工作崗位後，對那些同事的尊敬和喜愛可能會比之前少，就像範例中的那位員工。

出外開會這種場合，也是惡名昭彰的性騷擾溫床。你讓一群壓力很大的人暫時遠離家庭，又喝酒，彼此睡覺地點又相距不遠。這時提議要玩性意味過度明顯的「遊戲」，就是自找麻煩，而那位主管也要謹記自己職責是部門主管，不是部門治療師。

你身為資深主管，應該先謝謝這位員工主動提出警示，並強調你能夠同理她的不適。另外，根據她所述自己在該部門平時狀況，你必須要將她的問題看成對工作環境的正式申訴，並認真考慮將她轉調到其他部門。你也要找該部門主管好好談一談，並且要討論外出開會的意義到底是什麼。你要鼓勵其他領導人先放下對事件細節的執著，重新思考外出開會的目的究竟是什麼。這些活動的進行方式與你的價值觀及目標一致嗎？活動有沒有被過度強勢的主管或太愛玩的員工主導？

部門外出聯繫感情的活動，應該深思熟慮而後行。這種活動究竟是讓你的部門更團結，還是反而分化？

考驗時刻 6

不過是在咖啡時間改喝龍舌蘭酒嘛

最近工作壓力很大，所以你代表部門成員問主管，可不可以在辦公室角落打造一個好玩的主題吧台區。部門主管梅樂蒂很喜歡這想法，甚至願意捐出她的金快活龍舌蘭酒（Jose Cuervo）的招牌霓虹燈做裝飾。她也核可用五百美元預算買瑪格麗特調酒的材料，以及印有公司標誌的塑膠酒杯。不過她也說得很清楚，這是你的專案，你要負起管理責任。部門成員也都同意，除非有特殊場合，不然大家下午四點前都不能使用吧台。

你的誠信難題要加鹽嗎？還是原味？這算是誠信考驗嗎？

1. 不算，你的倫理守則允許成人用負責任的態度飲酒。他們怎麼詮釋條文就該怎麼負責。
2. 算，因為你自願負責整個專案，你應該寫封信給部門所有人，提醒大家這不是慶祝場合，也不是拿來喝到爛醉的。如果你要供應酒精，就應該監控每個人喝酒的狀況，如果有人明顯喝太多，別人不可以再勸酒。
3. 這算是你主管的誠信考驗，而且她被當掉了。工作團隊絕對沒必要在工作地點設立全天候酒吧，很可能會出亂子。

【不過是在咖啡時段改喝龍舌蘭酒嘛】情境討論

黃色警示燈開始閃了：這個例子可能最後會平安無事，也可能會發生誠信警戒。我們討論的不是單獨一次的派對，而是持續提供酒精給工作團隊。如果我遇到了，我會敦促主管想清楚，如果她還是堅持要做，就該對整件事負責。

我之前請 Airbnb 部屬做了一段談派對和酒精飲用的影片，在耶誕長假前寄給公司全體員工，讓各部門出去玩和開派對時可以將一些特定想法謹記在心。不過，為什麼一個工作團隊有必要設置「每天都開張」的酒吧？其他團隊會被邀請來同樂嗎？還是會變成團隊的專屬福利？這做法最不妙的是，除非全部門都很愛喝瑪格麗特調酒，否則這做法可能會引發部門分化。有些人想在下班前來一杯瑪格麗特，但可能也有人想利用下班前的半小時好好工作；或者其他人可能比較想用這段時間上伸展課，或大家聚在一起聊聊，做為凝聚團隊的方式。你現在會聽到「拜託，放鬆點好嗎？」這種評論，但如果照做，可能會引發其他人不快，甚至讓員工產生厭惡情緒。

職場上和酒精有關的問題就是這樣：情況會說變就變。你可能前一百次都玩得非常開心，一樁意外都沒有，接著某人喝太多或把藥物與酒精混著喝，或是某人喝下兩杯瑪格麗特後，決定放膽大罵他認為不在現場的主管。而這些員工的伴侶，面對每週好幾天晚下班、回家時還滿口龍舌蘭酒味的另一半，也可能很不高興。而家庭失和可是會影響員工平日工作的。

總之，注意黃燈在閃。**濫用酒精可能導致嚴重違反倫理守則的行為。你要確保活動不是為了喝酒而舉辦。**

考驗時刻 7

馬提的媒體難題

馬提在巨大這間上市公司工作五年，這家公司以生產滑雪板、單車和其他休閒設備聞名。最近他被挖角到大新公司，他和巨大公司和平分手，雙方並簽署離職協議，他同意未來兩年內不會從事與巨大公司競爭的事業，也不會洩漏該公司祕密。

大新公司有一條倫理守則規定，員工和任何媒體來往，都必須透過公司的溝通部門進行。馬提到職第一天，有位他認識已久的商業雜誌記者透過領英傳訊問候：「嘿，恭喜展開新工作，要不要一起喝杯咖啡？很想知道你近況。」馬提很敬佩這位記者的作品，被對方問候讓他感到相當開心。但兩人碰面後馬提才發現，對方其實是想問他巨大公司最近電動滑雪板被消費者怒退貨的傳聞。那位記者說，有些滑雪板功能不正常，導致使用者發生嚴重意外。「我知道你和那個部門沒關聯，但你有聽說相關的事嗎？我聽說有名青少年使用了 X model 這型號的滑雪板，結果發生意外，現在昏迷中。之後可能會打官司。」

馬提聽到記者說有人受傷時忍不住哀號出聲。他離職前確實在巨大公司內部聽說過，工程部門對滑雪板零件有些爭執，但主管執意繼續進行好衝高業績。看起來馬提知道一些內幕。

馬提該怎樣做才是對的？馬提可以告訴記者他所知道的事，又同時保持誠信嗎？

1. 不可以。他不應該和記者說話的，這樣做違反他新東家政策：接受媒體訪談卻沒事先告知溝通部門。馬提應該告訴記者他不想瞎猜，然後結束這場會議。
2. 他應該要求記者同意不得用任何形式透露他的名字，然後他想講什麼都可以。
3. 如果馬提感到良心不安，他應該告訴記者，他可以找幾位前同事來，用私下不公開談話的方式和記者聊聊。

【馬提的媒體難題】情境討論

馬提遇到倫理難題了，而且以上三個選項都可能「違反倫理」，就看用什麼角度思考。

媒體自由是民主體制的重要組成。我有生之年見到許多揭發錯誤和改變世界的事件，其中記者的調查報導功不可沒。我非常尊敬媒體，本範例中的記者所為，說不定真的可以促進公共安全。但一家企業就算有同樣想法，也不表示你會希望員工開誠布公和隨便一位主動前來的記者談話。企業對外發言應該統一聲道，上市企業尤須如此。惡質溝通可能會嚴重損及企業的法律地位和品牌形象。

通常企業會指示員工不得直接和記者談論有關公司的事務，也不得在未告知溝通部門的情況下接受媒體訪談。這樣做的原因之一，是不習慣和媒體來往的人很容易講得比自己實際理解的更多，或是洩漏機密或不準確的資訊。記者擅於奉承受訪者，藉此從對方身上挖出更多資訊，但如果真的順著記者的意思，大聲說出純屬猜測的資訊，可能會讓受訪人和所屬企業顏面掃地，傷害企業品牌。馬提對滑雪板設計的潛在問題所知並不全面，而且他僅知的一點訊息都是來自二手八卦。

事後來看，馬提也許根本不應該答應赴約，現在他很難順利下莊了。如果他拒絕再和記者談下去，他是履行離職協議中對前東家的義務沒錯，也就是保護公司機密資訊。同時，他也做到對新東家的承諾，即遵守媒體訪談政策。但馬提也知道自己的沉默可能會對消費者造成傷害。他選擇保密，讓年輕人暴露在危險之中。他應該有法律或道德義務，主動揭發這情況嗎？如果是，馬提遵守倫理義務的重要性會高於其他義務嗎？

馬提可能認為，選擇和媒體合作合乎倫理、也是正確做法。但其實也不一定。首先考慮到的問題有：如果這真的是不做會良心不安的事情，馬提當初在前東家工作時為何不試圖解決呢？難道這是種酸葡萄心理？馬提離職時有沒有把前公司股票賣光，而新東家會不會因為前東家受害而得利呢？表面上看來，會不會給人感覺新東家利用馬提這個祕密管道，刻意散布競爭對手的壞消息？這是個表面情況可能和實情完全相反的經典案例，即便當事人本意良善，還是會造成傷害。

這個範例也提醒我們，針對員工加入或離開企業時所需簽訂的協議，務必要好好讀過並思考清楚。離職員工的資遣協議內容可能包括未用完的休假如何計算成薪資、如何處理該員工所持有的公司股票或股票選擇權，以及存續的保險福利等。做為這些福利的交換，該員工可能會同意不要揭露任何在前東家工作時得知的重大資訊，抱括營業祕密、設計、產品發布時程或其他具競爭性的資訊。一旦違反協議，可能就會被前公司提起訴訟。

馬提可以選擇第一個選項，鼓勵前同事出面談論那個還不確定具體內容是什麼，但肯定和不安全產品有關的議題。根據某些吹哨者保護法案，馬提雖然已經不在該企業工作，他還是享有某程度的法律保護。但馬提規避新東家的媒體政策，主動和媒體發生關係以追求正面結果，這樣做可能依然違反新東家的倫理守則，接下來還是危險重重。

儘管潛在吹哨行為以及對公共安全的顧慮，似乎讓這個看似好懂的媒體政策多一種可思考的倫理框架，但基於諸多原因，與媒體互動最好還是交給公司溝通部門。

考驗時刻 8

請說明何謂「學術」

你是一家全球連鎖餐廳的行銷主管，你們公司最近想大幅拓展亞洲業務。你從業界打聽到一群地方大學的餐飲學院教授，他們對於如何行銷食物到亞洲不同文化，有很深入的研究，因此你主動聯繫那群教授，問他們可否碰面討論如何在泰國行銷，以及想了解他們在亞洲的工作內容。你也提到，你會考慮邀請他們擔任公司的外部顧問。

教授回覆他們對這想法樂觀其成，很期待和你見面，也聊到他們最近剛好在籌備資金去日本做一趟學術研究之旅。他們預計和日本政府相關部門官員見面，討論外國公司去日本展店有時會碰到的障礙。

你的預算頗充裕，足夠送他們去日本幾天。

處理諮詢關係通常很簡單，對吧？

【請說明何謂「學術」】情境討論

這個範例我就不列出三種情境選項，因為情境太簡單直白了。還能有什麼潛在倫理難題？但我想要強調，任何企業在外國營運或建立正式關係，都必須先了解該國的法律和規則。本案是無惡意沒錯。但問題是有些國家的大學教授也算政府官員，贊助政府官員去任何形態的旅行都可能會觸犯美國〈海外反腐敗法〉（*The U.S. Foreign Corrupt Practices Act*）如果是英國企業，則是觸犯英國的〈反賄賂法〉（*The UK Bribery Act*），以及當地其他反賄賂法律。

當然，你也可以將這趟旅行解釋成合法雇用關係，讓他們藉由這趟旅程履行對公司的服務。但泰國法律會允許政府官員以顧問身分被外國企業雇用嗎？另外，如果這趟旅行有任何一點被詮釋為奢華或豪華之旅，你可能會被指控基於其他目的行賄外國政府官員。誰會那樣指控你呢？可能是心懷嫉妒的學術同行，或揭發並呈報違法關係可能對職涯很有幫助的泰國政府稽核員。你企業的其他亞洲競爭者可能也在想辦法抓住你的小辮子，好讓你無法簽下旅館附設餐廳的合約。

當企業拓展業務到其他國家，務必事先蒐集該國現行法律和做法相關資訊，避免做出一些在美國境內毫無問題，但在該國卻成為醜聞的行為。企業須明白教育員工，進行任何財務核保或支付金錢給政府官員前，都務必取得公司內部同意，包括單純支付費用在內。而且要先查明該國「政府官員」的定義。

第6章

融合混搭，四處轟炸，重複再三：誠信訊息的溝通傳達

制訂倫理守則只是解決之道的一部分，你要將守則內容深刻融入企業文化才行。要怎麼傳達倫理很重要這個訊息呢？

你會想激發員工的思維，讓大家走上倫理正途的欲望，就算前方有困難，就算走歪沒人看見，大家仍會堅持正途。

你要讓訊息有記憶點，從不同管道強化放送。

不要用完成待辦事項的心態面對，要把自己當成教練。

來點好消息鼓勵你吧：科學研究也支持你這樣做。

如何向員工傳達你對誠信的期許，非常重要。但歷史和文學都告訴我們，即使把話說得無比清楚，現實與理想終究背道而馳。摩西試圖用〈十誡〉（*Ten Commandments*）打造這套路線圖，納旦尼爾．霍桑（Nathaniel Hawthorne）在《紅字》（*The Scarlet Letter*）裡講的，則是以當眾羞辱的方式貫徹道德。我還在維吉尼亞大學唸書時，學生無論什麼原因，只要犯下說謊、作弊、偷

竊這三項違反榮譽守則的行為，無二話立刻退學。黑道內部違反緘默法則的下場則是死亡。上述手段都不乏熱誠和嚴厲威脅，甚至有的還獲得上帝背書，但結果都……。

首先，我們要認知一件事：刻意誠信不會預設人是完美的。一個無心之過可能會讓無比堅決的領導力潰散，讓保護品牌免於醜聞的努力毀於一旦。研究也指出，多數人其實都有辦法合理化自己不誠實及違反倫理的行為。

杜克大學行為科學家丹．艾瑞耶利，數十年來都在研究為何人類會說謊和作弊。在一部關於他和個人部分研究的紀錄片《（不）誠實：謊言的真相》（*(Dis) Honesty: The Truth About Lies*）中，艾瑞耶利說不誠實其實是種「深刻的人類經驗」[1]。二〇一九年秋天，我和艾瑞耶利在他辦公室談話時，他說將人分成「好」和「壞」其實不管用。我們所有人都有不誠實的能力。艾瑞耶利的實驗中，有一個特別讓人耿耿於懷。他們給受試者們一份數學考卷，要求受試者在限定時間內完成，考試時間刻意設計成絕對無法寫完所有題目的長度。考試結束時，大家要走到房間前方將考卷放進碎紙機裡，然後告訴監考人他們寫了多少題。每完成一題可以得到一美元，他們說自己完成多少題，當場就可以拿到和題數一樣多的錢。

但受試者們並不知道，那台碎紙機只會切碎每張試紙的外邊兩側。事後，艾瑞耶利的實驗團隊可以逐一檢查試卷，確認受試者說的完成題數是否為真。總共超過四萬人參加這場實驗，結果呢？將近七〇%的人說謊，大部分人說的數字都比真正完成的題數多一點。艾瑞耶利稱這現象為「敷衍因子」（fudge factor）。多數人都有辦法撒一點小謊，同時依舊自我感覺良好。如果受試者相信，在場其他人或多或少也不誠實，他們犯下不良行為的傾向還會提高。

艾瑞耶利提到，經常敷衍和搬弄事實，會制約大腦習慣說謊，讓人更易於合理化自身違反倫理的行為。一旦你在生活某個面向說過謊，在同一面向說第二次謊就更容易了。有趣的是，研究也顯示，有創意的人說謊傾向會比沒創意的人更高。艾瑞耶利認為原因在於前者更會說故事，所以能對自己和他人合理化謊言。當人們滿腦子創意思維，會認為「沒什麼是壞點子」。當創意十足的企業家被鼓勵拋棄傳統思維、跳出框架思考，他們會試圖破壞產業現狀。好比優步、Theranos 和 Wework，所以這些企業有時會跨越倫理界線。艾瑞耶利也說，這類行為多數是不經意發生的。這些創意十足、最後卻走上歪路的企業家，通常會說服自己和周遭人，他們正在做前所未有的大事業，非要破壞一點規則才能達成目標。

其實無須訝異。杜克大學醫學院腦科學研究所的穆拉里．多雷斯瓦米（Murali Doraiswamy）教授在紀錄片中指出，腦容量越大，越有能力合理化和說謊。對任何想要引進最具創意人才的公司而言，這個發現值得深思。

不過，我們有理由相信上述傾向可以透過人為方式克服。艾瑞耶利的研究也顯示，當受試者考試之前先聽一段有關誠信的談話再開始作答，作弊現象就幾乎消失了。艾瑞耶利說，人只要被提醒誠信的重要，以及相信周遭同儕都很誠實，他們「敷衍和搬弄事實」的意願就會大幅下滑。提醒人們記得自身的道德感，可以改變他們的行為。倫理在錯誤環境下很容易敗壞，但艾瑞耶利的研究顯示，人確實有辦法藉由刻意努力，強化在家和在工作上的表現，保護並建立彼此的信任與誠信。

強化訊息，因為重要而重複再三

我從這項研究得到的心得是，很可惜，即使是重視誠信的人，在人性特質上誠信依然脆弱。撒個友善小謊和搬弄事實太容易了，人生很多這種時候，容易到回想起來我都自覺難堪。但我真心相信艾瑞耶利的研究是對的，企業內部經常刻意談論誠信和誠實，強化這些價值，就能在職場中形塑誠信與誠實的重要。如果員工相信倫理行為才是正軌，而且相信其他人也在效法，他們做出那種行為的可能性就更高。NBA總裁亞當・席佛告訴過我，NBA的倫理專案是怎麼做的：「你要再三重複，透過多方管道去散播訊息。像電視廣告一樣，要不斷重複才能讓大家聽進去。如果你真的形塑出讓這種訊息到處流通的環境，你要講的話就會在文化中生根。」

由最高層傳達這個訊息，此舉非常重要。我擔任聯邦檢察官時，艾瑞克・霍德（Eric Holder）在華府特區檢察署工作，我們當時偶爾會就藥物濫用刑責執行來往互動。後來我們還是一直保持聯絡。之後艾瑞克當上檢察總長，任內廣為人知的事蹟是親自造訪全美所有檢察署，總共有九十三個，並對數以千計的檢察官親自傳達這段訊息：「我想做的不是實踐道德規範，而是實踐人民對我們的期許。我認為這很重要，我在民間企業工作過，我知道倫理領導力是從最高層開始的。執行長或企業老闆做了什麼、怎麼做人處事、說了什麼，都非常重要。」[2]

這個觀念太重要了，但今日商業領域中，卻很少見到這種倫理和高度期許的對話，因為有些執行長認為，這種談話很像在傳教，或是擔心說了會讓員工無法專心為企業帶來獲利。「但我也可以舉出好幾間認真看待倫理的大型科技業。」聖塔克拉拉大學馬庫拉應用倫理中心（Markkula Center for Applied Ethics at Santa Clara University）的唐諾・海德（Donald Heider）最近對我說道。馬庫拉中心研究企業治理、全球商業、領導力、高層主管薪酬以及其他商業領域中發生的倫理議題，並提供民間企業相關訓練計畫。他真心相信，「你必須打造一個可以讓人放心談論倫理的環境。」

當然，過程中也會遇到令人挫敗的困境。老闆可能會忍不住和部屬談戀愛，行事罔顧相關倫理規定。也有些人會合理化自己的糟糕決定。無論你多強調這些規則，總是會有員工試圖違規。我覺得自己跟員工說的是這樣，但員工聽進去的不一定是這樣，也可能他們根本不想聽。但我還是會說，不管怎樣，大家來談談倫理吧。我會不斷挑戰自己用不同方式去講述這些主題，以免我的訊息變成背景噪音。

我們都是會犯錯的普通人

我曾在教科書租借企業 Chegg 當法務長，有次我讓一群高層主管站上面對兩百多位員工的舞台，用內部倫理守則為主題，打造一個類似機智問答比賽的表演。我會問主管一些倫理難題，讓他們回答，如果我認為答案和公司倫理守則相悖，我會發出一個「嗶茲茲茲」的聲音，如果我認為答案完整且和守則一致，就熱情洋溢地給予贊同。我問的問題多半是假設的，類似本書的「考驗時刻」。一開始我們用開玩笑的方式進行，而我們的科技長查克．蓋格（Chuck Geiger，我們曾在 eBay 共事過）會故意答錯，讓我來找碴。但問了幾個問題後，房間開始陷入一片安靜。台上主管們有時並不同意我的觀點，或是他們也不太確定答案。

這就是我想要的效果，讓大家了解到答案不一定明顯可見，有時候我們會遇到妥協和灰色地帶。但這不表示我們不該去討論。有些情境當查克刻意答錯，我發出「嗶茲茲茲」聲，並解釋不贊同的原因，這時我會發現台下觀眾也察覺到，換做他們可能也會給出一樣的錯誤答案。

後來我當眾朗讀某位男性員工提出的實際申訴案。他說女性同事最近話題都繞著雪柔．桑德伯格（Sheryl Sandberg）的新書《挺身而進》（*Lean In*）打轉，她們討論得太過投入，導致他覺得自己被排除在外，感到不太舒服。他該怎麼辦呢？應該向人資呈報這件事，還是應該「像個男子漢」一樣，自己默默忍受就好？

房間所有人靜默不語。有種老掉牙的女性困境是，辦公室男同事花了至少半個週一上午聊橄欖球或心儀的某種新車款，讓女性感覺被排除在外。然而，眼前這問題卻是相反情境。

查克在台上想了想，回答道：「我認為辦公室任何一個人都不應該感覺自己被排除在外。不管原因是什麼，如果他們覺得自己被排除了，就應該報告主管，如果想要跟人資說也很適當。」

沒有人回應。大家都在等我回答。

「我想這是正確答案。」我說道。

查克至今仍記得這場練習在當下引發的不適感，但也覺得這是一場令人難忘的討論。「問題沒有非黑即白的答案。有些是四十九對五十一，有些的答案則會引發熱烈辯論。」

Chegg 執行長丹．羅森維格（Dan Rosensweig）願意讓我舉辦這場活動，而且在氣氛開始變怪時也沒有喊停，我認為這場活動之所以成功，必須歸功於他。他一直堅定地支持我為了確實傳達價值觀而做的種種努力。丹最近回想這件事，跟我說道：「那時是有點可怕。但我覺得如果我們不願意刻意起身，讓自己進入那些日常情境，我們要怎麼讓員工知道如何實踐這些價值觀呢？我們藉這機會齊聚一堂，了解彼此原來都是可能會犯錯的普通人。」

換句話說，這是大家一同經歷的學習時刻。丹又說：「我相信我們須要展現意願，談論我們的價值觀。我們不想要因為有人犯過錯，就假定人都很壞。我們也不想害怕問別人：『嘿，為什麼你在這場合做出剛剛那個行為？』只要你不言語攻擊他人，這樣問是沒問題的。」

我辦這場活動的目的，首先是展現高層主管對討論誠信這件事的支持。其次則是讓大家了解，做出合乎倫理的決策不一定容易，也不一定像反射動作一般理所當然，每個決策都會隨著個案重要細節、脈絡而有所不同。不過我也認為有了這次經驗，大家變得更謙虛了。我確定有些員工在活動結束後會重新拿出守則，確認他們真的懂剛才台上所爭論的規則內容。查克說的答案有些甚至讓我重新思考，我究竟是透過怎樣的方式傳達這些訊息給高層主管。我後來開始花更多心思思考，怎樣的傳達方式才正確，成果就是我在這趟旅途中所得出的若干原則。

用謙虛和熱誠開啟對話

成功的溝通都是雙向的。意思是你開啟有關誠信對話時，要有顆開放、接受他人意見的心，以及謙虛的態度。法務長可以解釋在法律上得以論辯的規則是什麼，以及某些情況下，對企業品牌而言怎樣做風險最低，但如果你擺出一副「摩西症候群」姿態，彷彿你得到天啟，現在你要帶領大家走向應許之地，大家會立刻打退堂鼓。傳道者或「要不聽我的，要不就滾」的警長態度也不行。

在思考如何傳達誠信訊息時，要記得找位有熱誠的誠信支持者，這非常重要。執行長的支持當然再重要不過，但執行長通常沒空處理細節。一定要有人擔任誠信代言人，親自示範怎麼處理複雜的誠信問題，而且最好是高層主管。在Airbnb，這個角色由我擔任。我很喜歡這份挑戰，這不是說我喜歡糾正他人犯錯，而是我喜歡思考合乎倫理究竟是怎麼一回事。我喜歡思考怎樣做才是解決問題的最佳方法。我也很自豪能和別人一起思考並執行對的做法。我希望自認遇到倫理問題的員工，在行動前可以先停下來好好思考，並且先尋求他人建議。如果大家做這種決策的過程越透明，員工在尋求建議時也越深思熟慮、刻意而為的話，結果就越好。

我們的倫理顧問群也是這樣想。他們來自公司各種不同部門，有些還是在電腦科學、電機工程領域擁有過人學歷與經歷的技術人才。他們思考和解決事情的方式都和我不同。但他們往往有個共通點：他們在智性上受到這個主題吸引，也喜歡思考什麼文化才是他們想要支持的。

我們的溝通傳達計畫基本上可以分成以下四個要素。

一、從每一位新進員工開始傳達誠信的重要性，越早越好

誠信在此課程總長七十五分鐘，是 Airbnb 新進員工第一週員工訓練的課程之一，不論在愛爾蘭或舊金山辦公室都一樣。進 Airbnb 不久後，我與大家一起擬定出倫理守則，然後我開始用小型團體討論的方式，對所有員工講解規則內容，對高層主管也一樣。雖然花了不少時間和舟車勞頓，但我目前已經在二十幾個國家講了超過一百次的課。偶爾我可能剛好出差去其他地方，就會派部門其他成員親自帶新生訓練，但我有空的話還是會親自上陣。激發我這樣做的人是梅格．惠特曼，她多年來都堅持要在 eBay 新生訓練中親自對新進員工講話。梅格的行程滿到嚇人，但她知道對新進員工來說，聽到公司領導人親口說出企業重視的事物有多重要。她和艾瑞克．霍德這方面想法雷同，都知道如果要讓別人了解自己多認真看待誠信，由本人親自對 eBay 價值觀背書的效果會遠高於其他人代勞。

我上課時會先用一張貼滿科技業醜聞新聞的投影片開頭。很多新聞我也在本書中提過，都是個人或企業令人難堪、甚至荒唐失笑的判斷失誤，我談論時也不會手下留情。這有點像是我少年時期看過的血腥行車安全宣導片，他們就是故意要嚇學生，藉以抓住我們對行車安全的注意力。我播放

的頭條新聞也是為了吸引大家注意力，主題包括資料濫用、性騷擾和性攻擊、賄賂外國官員、在社群媒體上的不當行為、收買被害人要求噤聲、謊報公司政策或對自身行為說謊等等。我看過的例子多到單張投影片放不下，這滿令人難過的。我會告訴員工：「我不想看到 Airbnb 也發生這種事。」

我也會提醒他們，他們報到第一天就會收到公司倫理守則的檔案，而且都須完成線上簽署，意思是承諾要遵守這套規則。（雖然我對仔細閱讀的人數有沒有超過一半滿懷疑的。）接著我們就開始討論守則內容了。我試著讓條文生動起來。

二、用日常生活的例子說明，描繪出直覺上自相矛盾或意圖可能被誤解的實境

我在課堂上不會只顧著講課，還會注意現場員工對什麼感到擔憂、在讀什麼、在想什麼。我會講到一連串公司發生過的真實案例，並帶出與案例相關的守則條文。我們對話進行方式和本書中「考驗時刻」的呈現方式類似，我會點出問題和解法選項，讓大家了解不一定有完美答案。我們的目標應該是，根據每個情境的獨特細節規畫道路，並且一路上都展現出願意合於倫理的意圖。

過程中我也會收到新的問題。例如我剛開始上誠信講座時，有群客服部門員工說了一件讓我腦中警鈴大作的事：Airbnb 房東如果覺得某位客服人員幫他們很多忙，偶爾會送他們禮物，像是在房源免費過週末。他們問我，能不能接受如此慷慨的邀約。警報來了！每位房東都應該享有我們的優秀服務。但我們絕對不希望客服人員對房東暗示或要求禮物，讓房東認為要送禮才有更好的服務。那次之後，倫理守則中增加條文，往後員工訓練時也會提到客服部門上述問題。就像這樣，我的講座偶爾會有實驗室的功能，我在上課時會一邊蒐集新資料，再重新融入到實際條文。

幾年前我開始這個講座時，當我談到在職場觸摸他人之前要三思，偶爾會在台下見到男性員工

翻白眼，但現在很少看到了。自從 #MeToo 運動興起，以及人數多到不可思議的執行長和大人物相繼難堪下台，這種行為再也酷不起來了。社會整體文化在這議題上有了大改變。

另一個我意外得到的洞見，則起因於某次有人問我，員工下班後有沒有哪些「不宜前往」的場所，例如脫衣舞吧。現在我開誠信講座時也會提到這個難題，因為這個例子幫我擴展了應排除行為的範圍。如果要在上班地點以外的場所開會或下班後聚會，脫衣舞吧這種地方並不適合凝聚團隊士氣和工作。沒有人會在一個和原本工作內容無關，又涉及色情的場所工作，也不應該為此產生被排擠的感受。員工有權利在他們自己的時間去自己想去的地方，而且當然可以選擇和誰共度那段時光，但他們絕對不應該安排這種會讓部分人感覺被排擠的下班活動，也不應該在上班時談論。

當初制訂倫理守則的時候，我完全沒預想到要討論脫衣舞吧。我們公司座落在舊金山，我從來沒聽過有人在職場上遇到要不要去脫衣舞吧的問題，我在矽谷工作將近二十年也從沒聽說過。但我們國家某些地區的某些企業，是真的覺得在脫衣舞吧開會或帶顧客去脫衣舞吧沒有問題。我在講座上會提到這例子，表示儘管每個人、地區、文化、觀點各有不同，我們還是要用企業價值觀為標準，看待誠信議題，而不是抽象上酷不酷、老不老土。Airbnb 重點是讓大家走到哪都有歸屬感。就算你用其他活動替代脫衣舞吧，例如打高爾夫球或參加地方上的政治抗議活動，這可能只對部門某些成員有吸引力，但同時也排除了其他人。刻意舉辦只對部門某些成員有吸引力的下班活動或工作氛圍，會和包容及歸屬感這些價值觀相衝突。

你舉的例子越貼近生活，越能和課堂成員產生互動。你可以讓員工更用心投入討論，決定正確答案。當你強迫大家思考你拋出的難題，就可以避免觀眾流於被動傾聽。你還可以談談當初擬定規則的背景，例如，我會談到為什麼允許兩百美元的禮物金額上限，但沃爾瑪則完全禁止收禮。

我舉出的問題和例子，會刻意提供一些脈絡，但保有模稜兩可和動機不明之處。我會刻意強調自己也知道這些狀況不一定有非黑即白的答案，但還是有些直覺上會注意到的地方。這過程會讓我覺得自己有點像我的法律英雄：聯邦最高法院大法官波特．史都華（Potter Stewart）。

史都華大法官在一個有關淫穢影片案件的意見書中提到，儘管難以定義何謂硬蕊（hard core）色情，「我看到就知道了。（I know it when I see it.）」❸這句話後來成為最高法院經典名言之一。他所描述的感覺，和我經驗中許多性相關的事物有關聯，例如性騷擾、正常的彼此吸引、調情、愛撫以及讚美。有時候很難去定義是否構成前述行為的界線。但重點不只是用字，脈絡也是重點，意圖也是，語氣變化也是。例如：

- 你可以用像是發現牧場上長出新東西的語氣說「嘿」。
- 你可以用像是發現有人占用你停車位的語氣說「嘿」。
- 你也可以用像是上了《鑽石求千金》（*The Bachelor*）實境節目徵婚的語氣說「嘿」。（節目主打二十五名女性競爭，以獲得一名富有男性的青睞，內容型態奢華拜金，雖然一直遭受抨擊，但仍是美國受歡迎的節目之一。）

我上課時會討論到性騷擾以及有敵意的工作環境。以往女性認為要默默忍受的虐待，現在她們會更主動呈報。男性對此的看法不一，有些人樂見討厭鬼得到報應，也有人反應歇斯底里，覺得再也無法像以前那樣四處鬧著玩。

我在倫理課堂上還會再問一個問題：「那讚美呢？讚美可以嗎？」

「有些可以。」通常會有人這樣回答。

「好，」我說道。「哪種讚美？」

「和性無關的。」

「如果像這樣呢？『那件』毛衣很好看！」我說。

「對。」

「那如果是，『寶貝，那件毛衣『很好看喔』！」（我用在酒吧泡妞的口氣說這句話。）

大部分人會笑出聲，有些人搖了搖頭。

「嗯，所以同一句話用不同方式說，就不行了？」我問道。

台下有人開始皺眉頭了。有人的腳動來動去。噢噢，有狀況了。答案是不行……對吧？

我面向前排某位觀眾，說：「靴子很好看喔。」對方不安地動了一下。我又說：「真的，我很喜歡。你在哪買的？」接著我抬起頭。「我剛那樣做可以嗎？」

「是。」

「靴子可以，但毛衣就不行嗎？」

「靴子和性無關。」有人會這樣回答。

「對你來說可能無關。」我說道。

我在課堂上會盡量幽默一點，沒必要讓大家感覺像去洗牙。我試著讓大家理解意圖確實是重點，不管多含糊或隱晦都一樣。總的來說，我要大家留意的是那種聽起來好像在暗示性吸引力的讚美。不過，你說話的「方式」和你說了「什麼」一樣重要，這不是主觀到令人喪氣嗎？嗯，可以這樣說，但要做到尊重，你就要先想好再說話。寧可太謹慎也不要太魯莽。想想看你的笑話、評論或對他人外表的描述，對方聽到之後會怎樣反應。戴上你的倫理濾鏡，看看難題的正反兩面，以及難題背後更宏大的問題，以及一個不知道你個人觀點或意圖的人，會怎麼看待你表面上的作為。

有種迷思則認為，一直強調誠信會促成某種緊張、僵硬、帶有警察國家風格的文化。當然有些人是比較敏感，但常識和禮貌都是簡單又方便的行事準則。如果你穿了件花俏又有燈泡一閃一閃的的節慶毛衣去上班，像我以前穿去拍公司影片的那種，有人看到了，對你大笑說道：「這件毛衣真好看。」我們就會一起大笑。我們彼此都很喜歡這個笑話。但如果你問一位女同事，她是不是把褲子畫在腿上就出門，說完才告訴對方「只是開玩笑的」。抱歉，那不是玩笑，那要不是侮辱就是在試探別人底線。

意圖一向很重要。我共事過的某位曾擔任過上市企業法務長的女性高層主管，她在那家企業遇過以下狀況：某次開會之前，一位高層主管向前傾靠到她身旁，說：「我可以讚美妳一下嗎？」她有點困惑，說：「好啊？」對方接著說道：「妳今天穿的胸罩很有魅力。」

哇，噁！等一下，她可沒有允許這樣做吧！

她當然沒有允許他說不適當的話，但她怎麼會知道對方要說什麼？他也有可能說：「上次開完會，妳寄給大家的筆記寫得很好。」不過，上述只是那位主管對她和其他人發表的諸多不當言論的其中一句而已。這件事發生不久後，主管就被公司送走了。

我討論到不當使用顧客資料等議題時，也會設計類似情境。「這邊有多少人的家人會把你／妳當成 Airbnb 專屬客服人員來用？」我問道。

很多人舉手。我會接著說，儘管幫你朋友解決問題這件事很誘人，但這並不是你的工作，而且你有利益衝突。與其自行登入資料庫釐清問題，對的做法應該是幫你朋友找位客服人員，這是客服的工作。我們不希望有人對 Airbnb 對待顧客、對待顧客資料的方式產生誤會。

三、透過內部電子報、布告欄、海報、電郵，還有非常重要一點，有娛樂效果的短片，種種不同溝通管道播送具體議題

我在 Airbnb 遇到的奇事之一，就是我們低成本、快製作、沒什麼技巧，主題從「理性飲酒」到「國外遇到賄賂」無所不包的宣導短片，竟然大獲好評。影片絕非大師之作，我們都是用 iPhone 和十美元一支的桌上型腳架拍的。我們拍完後用電子郵件寄給員工，然後得到不可思議的正面迴響。我們會收到粉絲來信感謝我們釐清某些規則，還有員工要求在下一部影片露臉，還有人建議我們之後可以拍的其他主題。我們影片甚至變成工作協作平台 Slack 的群組熱門話題。我在這些影片中露臉之後，有時走在街上或在各地辦公室都會被我們同仁攔下來。

這些影片儘管很短又搞笑，卻似乎引起觀眾的深刻反思，這點振奮了我。還有一位中國辦公室的工程師看完誠信影片後來信：「我喜歡閱讀有關華倫巴菲特的東西，他一再提到能力和誠信。我一直在思考這些事情，能力那部分我有了，但要怎麼拿到誠信呢？」這樣的回應給了我做下去的動力。這也是為什麼我深深認為，提倡誠信的企業所能影響的世界，絕對不只是自家牆內員工。

有天我在辦公室吃午餐，一位女士走過來，先表示不好意思打擾我用餐，接著說她非常想知道我們其中一部影片的背後真相。「當然可以。」我說道。

「最近那部影片，節慶派對那部，有一幕是你坐在一個螢幕前講話，螢幕上有個假的壁爐。」

「對啊。」我說道，暗自困惑她究竟注意到什麼。

「你是不是想要當『火烤栗子』？」（作者姓氏「切斯納」原文「Chestnut」栗子的意思。）

我們最成功的其中一部影片是，拍一位經理正在面試，我演那位被面試的人。面試我的經理很友善積極。他問我結婚了沒，有沒有小孩。我準備入坐時，他問：「你走路有點跛？你的背還好嗎？」我們在片中簡單點出他的問話有哪些問題。例如問對方的家庭和照顧小孩的情況，可能會讓人感覺 Airbnb 不歡迎父母應徵。這點可不行。

他在影片中問道：「你的履歷很豐富，你是哪一年大學畢業的？」他繼續問我的背景：「你在哪長大的？切斯納是什麼怪姓氏啊？你是維吉尼亞州人，你該不會支持共和黨吧？」我後來得知，很多員工看完影片才驚覺面試時和對方這樣閒聊，事後可能會被詮釋為年齡歧視，或想要刺探對方醫療或其他資訊。根據聯邦以及州反歧視法律，要求這些資訊都是非法的，因此不適合用於招募程序。

另一部影片中，我穿著醜到遠近馳名的耶誕毛衣，走進部門預定要開耶誕派對的房間，大家正在裡面布置場地。他們試圖讓我了解，他們很期待在派對上喝到醉。我看了看四周，然後問些問題，像是如果我不想喝醉的話，大家還會歡迎我來嗎？在這個情境我們想強調，辦公室派對重點應該放在社交及享受彼此的陪伴，而不是過度飲酒。派對以及其他節慶活動都須準備無酒精飲料、食物以及友善態度。

辛苦工作的人偶爾找點樂子一起大笑，這是和他人連結的方式。我覺得我們的影片就有做到這點。在這裡，我要把功勞頒給我就讀大二的女兒碧安卡，她讓我了解到其他教導誠信的方法效果有多糟。

碧安卡應徵上餐廳工作之後，餐廳要求她要先看完反制性騷擾的線上課程。她說那場教學糟透了。投影片每一頁字都很多，她在筆記型電腦上看，必須看完一頁點一下螢幕才能再看下一頁。她在機場把影片看完，留下最深的印象只有看投影片幫她打發了等待時間。後來她和其他也應徵上暑期工作，須觀看類似課程的朋友討論到這件事，大家都說自己就是坐著把整部影片一頁頁點完，大家都嘲笑影片做得很爛，以及自己看完什麼都沒學到。

我的女兒也上過卡內基梅隆大學（Carnegie Mellon University）暑期課程，但該校宣導防治性騷擾的手法就給了她截然不同的感受。「差別在哪？」我問道。這場宣導也是用影片呈現，名稱叫《同意：和喝茶一樣簡單》（*Consent; it's as simple as tea*），在YouTube上可以找到，瀏覽數已經達到七百六十萬次。影片對於觀眾的定位很清楚：年輕族群。畫面沒有滿滿的文字，而是以火柴人為主角的動畫，配上愉快又有點嘲諷意味的男性嗓音。影片主旨是：如果男生把性行為合意想成問女生要不要喝茶，就可以避開很多麻煩。影片口白說，如果你用「來杯茶」取代「做愛」，而女生回答「我想喝杯茶」，那你當然可以倒杯茶給她。但如果她說她覺得想來杯茶，而你幫她泡好一杯茶之後，她又改變心意不喝，她是真的沒有義務要喝。所以不要逼她喝！如果她不省人事，更不要把茶倒進她嘴裡。「不省人事的人並不想喝茶。」另外，她上週六想喝茶，也不代表接下來每天都想喝茶，甚至想不想再喝茶都很難講。

主題本身很嚴肅，但沒必要做得嚴厲又枯燥。用點幽默，目標觀眾才會覺得這段訊息有吸引力，而且看完印象深刻。製作《同意喝茶》（*Tea Consent*）影片的Blue Sea工作室還做了另一部專門講職場性騷擾的影片，由拉辛妲．瓊斯（Rashida Jones，美國知名演員及社會運動者）導演，丹尼．葛洛佛（Danny Glover，美國知名電視劇演員及饒舌歌手）配音。簡單說，這也是一部好笑但主旨清楚又令人難忘的動畫。職場上有些人沒有惡意動機，就是喜歡擁抱、讚美或觸摸別人，其實別人是有權拒絕這些行為的，這部影片回應了#MeToo運動興起後，公眾對這種行為的困惑和擔憂。

如果你要做宣導倫理守則的影片，越短越好，而且要有幽默感。要讓影片內容貼近生活，還要加點出乎意料的情節。如果大家對第一部片有好評，不管接下來要拍什麼主題，他們都會期待看到續集。多用點創意，傳達訊息的過程就不會失之陳腐。我也喜歡找很多員工一起參與製作影片，越多越好。當大家覺得這訊息切身相關，就會更願意推廣出去。

四、指派並訓練一支倫理顧問團隊，他們會是公司裡最容易接近的誠信代言人。

儘管我對誠信熱誠十足，可是 Airbnb 有超過六千名員工，而且我要協助處理的問題橫跨費用核銷、禮物、潛在利益衝突等等。這是 Airbnb 後來成立倫理顧問團隊的理由之一。

我和倫理顧問合作的經驗是，從任職 eBay 期間開始，當時我親眼見證這種同儕諮詢方式多有效。在 Airbnb，二〇一六年制訂倫理守則之後找了三位倫理顧問，現在我們在全球各地一共有超過三十位顧問。如果你還在編寫或更新倫理守則的階段，我建議直接從委員會中找人擔任第一屆倫理顧問，因為這群人對這個專案的目標掌握得更清楚。在 Airbnb，我們定期會收到員工詢問可否擔任倫理顧問。這份工作須要上四小時的課程訓練，每年還要飛到舊金山總部一次參加年會，了解公司有哪些新政策。唯一的報酬就是一件印有倫理標誌，看起來非常酷的夾克，很多人都覺得穿著很光榮。

倫理顧問的主要工作有兩種。首先，寄信到 Airbnb 倫理信箱時，會副本給所有倫理顧問，顧問應該要看完所有信件。這個機制對有疑問的員工而言是項寶貴資源，而對倫理團隊而言，也是保持參與並思考與員工切身相關問題的好辦法。有時候我會親自回覆員工問題，有時候則是等團隊回答。來信主題非常多樣，從瑣碎到重大都有：

「有廠商想送我音樂劇《漢彌爾頓》（*Hamilton*）的票，可以嗎？」

「我可以在辦公室賣包裝紙幫小孩的學校募款嗎？」（美國學校社團經常舉辦義賣等活動，以籌措社團營運經費）

「你們須要找馬克經理談談他那種針鋒相對的態度。他根本是惡霸。」

倫理顧問另一個主要工作是與當事人面對面談話。我們會確保每個不同地區、不同部門都有倫理顧問。我們希望這些人能成為員工容易親近、態度友善但又富有知識的資源，能夠幫助員工了解我們的倫理守則，以及員工可以怎樣去思考難題。我們希望倫理顧問可以傾聽，並且給出與我們守則一致的回饋意見。

重點在於鼓勵員工自己找答案。比方說，有時候員工會問倫理顧問可不可以去其他公司兼差。在回答這個問題之前，倫理顧問要先提出更多問題：那家公司是競爭者嗎？未來可能會變成競爭者？這份的工時是否只占用到員工的週末或私人時間？那家公司會如何詮釋 Airbnb 員工的參與行為呢？比方說，他們會不會暗示和這位員工合作，等於和 Airbnb 合作？

倫理顧問最重要的功能，應該是傳達教育意義和分享資訊，像倫理教練一樣。便衣特務不在他們的任務範圍。另外，我也會提醒倫理顧問，以及所有啟動倫理顧問專案的人，記得不要自以為是或表現得像保密顧問。員工和倫理顧問之間對話所享有的特殊保護和保密程度，與高層主管向法務長諮詢個人行為的對話無異。但如果法務長發現高層主管的行為有損害企業或品牌之虞，主管就不能期待這段對話會保密了。法務長是企業雇用的律師，客戶利益必須優先於任何他人的利益。不過就我經驗而言，一般不會有太大的問題。來找倫理顧問尋求建議的人通常是積極求助，而不是想坦承已犯錯誤。但我們還是要把話說清楚：如果倫理顧問發現員工提供的資訊涉及違法行為，或可能會產生法律責任，顧問就必須向上呈報。接著就是我們調查部門的事了，我到下一章再談。

總的來說，好的倫理溝通傳達專案應該有以下元素：

- 領導人和顧問都應該抱有熱誠，真心對主題感興趣。談論倫理的主管層級越高，對員工影響越大。當新進員工首次接觸企業倫理，帶領入門的人員年資越高，越能顯示企業對倫理的重視程度。
- 你是教練，不是傳教士。
- 用真實生活的例子，並主動去談灰色地帶。
- 要用多種不同管道傳達，要有幽默感，要用影片，把訊息混搭在一起，以免流於陳腐，但記得要再三重複。
- 藉由顧問群將倫理訊息傳達到公司各個角落。
- 要強調目標並非死背條文，而是賦予員工自主權，讓他們對企業文化感到自豪。

考驗時刻 9

托莉和十張複印紙

托莉在運動公司從事資料分析，這家電商企業將運動隊伍的標誌印在背包和馬克杯等物品上，並在網站上販售。她很愛這份工作，主管對她評價也很好。托莉根據運動公司顧客資料庫的資料，剛完成一份冬季服飾採購模式分析，內容包括以天氣偏冷的州為範圍，消費金額最高的前一千名客戶名單，還附上他們的地址和電郵信箱。行銷部門打算寄電郵給他們促銷印有隊伍標誌的大衣、手套和帽子。

托莉的姐妹凱蒂住在明尼納波利州自行創業，她賣美麗的手織厚毛衣，上面織有非官方授權的各大橄欖球隊標誌。凱蒂的事業不太順利，常常在虧損邊緣。

托莉將報告寄給行銷部門後，印出一份紙本，三天之後凱蒂就收到這份報告。托莉在報告首頁上寫著：「這應該有幫助，你可以寄電子郵件向這些人推銷毛衣。」凱蒂打給托莉，說道：「這太棒了，但你寄這個不會惹麻煩吧？」

「當然不會。我本來就要做這份報告，而且沒人會在意十張複印紙的，我上週還看到我老闆用公司列印機印自己的撲克牌派對邀請函呢！」

托莉踏進警報區了嗎？

1. 托莉的姐妹不算運動公司的競爭對手，這情境裡大家都是贏家，沒有倫理問題。
2. 托莉完全有權基於私人目的使用公司設備，像她老闆那樣。公司讓她列印那份報告不會增加成本，所以沒問題。
3. 托莉的行為產生利益衝突、不當分享公司機密資訊，而且侵犯顧客隱私。

【托莉和十張複印紙】情境討論

托莉的行為完全不適當，答案是選項三。托莉的問題是她錯把重點放在瑣事上（複印紙的成本），而忽視她其實已經盜用並傳播公司智慧財產的事實，包括顧客消費模式和顧客身分。她的動機並不邪惡，但她的行為無異於外國駭客駭進運動公司資料庫、盜竊資料，將資料賣給運動公司的競爭對手。如果托莉的姐妹真的聯繫運動公司顧客，顧客得知她是怎麼取得聯絡資料後，可能會對運動公司非常生氣。

我把這個例子放在討論溝通的章節，是因為我相信運動公司這家企業一定沒有好好對員工說明資料隱私和智慧財產的真正意義。托莉的姐妹是多大的競爭對手並非重點。而托莉似乎沒有惡意，只是以誤解和糟糕判斷來正當化自己行為。但在其他類似企業，因為顧客資料隱私攸關顧客對該企業的信任，她的行為可能會導致嚴重懲戒後果，甚至會被開除。另外還有個更大的問題，那就是運動公司之前沒有花費心力，對員工闡明顧客資料隱私的重要性，現在非做不可了。這對公司所有人來說都是深富教育意義的一刻。

本範例衍生的第二個議題，是企業確實須要建立一套政策，清楚規範員工何時可以基於個人目的使用公司資產，以及應該如何使用。如果不制訂這種政策，員工可能會產生誤解和合理化自己行為，像範例一樣。那為什麼不乾脆一律禁止基於個人目的使用公司財產就好？再次提醒，現在私人生活和工作界線越來越模糊，這種規定說了容易做了難。如果員工用公司提供的筆電發私人郵件，因此某程度耗損了電腦鍵盤，還占用了一點公司無線網路的頻寬，這算違反誠信嗎？如果我從辦公室拿了一支筆，忘在家中，我算是盜竊公司財產嗎？你的規則必須明確，但不能失之荒謬。你須要一套有彈性的計畫，絕對禁止員工基於個人目的而使用公司機密資訊，但允許員工在對公司財務影響「最低限度」（相當於幾塊美元或更低的成本）的情況下，基於個人目的使用公司設備或資源。如果要訂更嚴格的規範也無不可，重點是規範要清楚、刻意而為，明確列出哪些行為受允許或不受允許。

濫用顧客資訊和資料隱私，常常是引發誠信警戒事件的前奏。企業務必要制訂資料隱私策略，並花大量心力確保員工了解，一旦資料隱私被破壞，企業品牌也會受影響。

考驗時刻 10

三贏局面？還是做大事就不要怕手髒？

你是一家中型規模銀行董事長，在所住的社區裡頗為活躍。你的朋友兼鄰居想在家裡裝設新的影音設備和網路，問你認不認識好的人手。「我剛好認識一個完全符合你需求的。」你告訴他。

「我公司有位非常棒的資訊支援人才，我問問看她什麼時候方便來做。」

「太棒了！」你的鄰居說道。「我很樂意付她工資，能找到有技術的人來幫我就很好了。」

「免費，很高興能幫到你。」你說。其實你打算自己付工資給那位資訊人員。

這是老闆介紹的兼差，哪會有問題啊？這種安排可以嗎？

1. 如果員工是用自己私人時間，而且用顧客提供的設備來做這件工作，就沒問題。
2. 身為主管，你不能在工作以外的場合另外付錢給員工，這不合倫理。
3. 你這樣會讓員工很為難，你是打算當影音設備仲介嗎？

【三贏局面？還是做大事就不要怕手髒？】情境討論

以上三個選項都很值得深思，但說不定後來進行得很順利，什麼事都沒有。我稱這種為須要謹慎以對的「黃燈」情況。對員工宣導倫理顧問等等內部資源時，很適合引用這個例子，讓員工知道可以先找這些管道諮詢潛在問題和解法，討論完再採取行動。

同事之間透過兼差、買車、看家等等交易，或多或少與彼此生活圈交集，其實並非罕見，尤其是規模較小的社群。儘管雙方動機絕非惡意，如果你戴上倫理濾鏡看這一切，會發現情況比想像複雜，而且利益衝突確實存在。

我們就假設這情境的事實完全如以上所述，別無其他，你會請這位資訊人員接這份工作，純粹是因為她工作能力非常好。你也完全有能力、有意願依照行情給付工資，你只是想幫鄰居忙，也希望這位員工珍惜賺外快的機會。你認為這是個三贏局面。但你想想看，這個專案日後會不會引發什麼期待或人際關係，造成你的麻煩？

1. 如果你直接請這位資訊專家接受這份工作，她可能迫於壓力必須同意，或是她迫於壓力不好意思收太多錢，甚至不好意思收半毛錢。事後如果你沒給她升遷，或不派給她某份她想要的工作，她告訴大家你當年逼她接這份額外差事，大家會怎麼看待？
2. 你直接管理她所屬部門嗎？那個部門有多少資訊人員？其他人如果知道你找她，不找其他人，他們會怎麼想？
3. 如果那份兼差出了問題，例如，假設她約好了又取消赴約三次，導致你的鄰居因為影音設備還沒裝好，無法如期舉辦超級盃賽事派對。你的鄰居很生氣，你也很生氣。你能保證未來不會因為這起惱人風波，影響對她工作表現的判斷嗎？如果你加薪沒有加夠，或是不派某個她想要的工作給她，她會不會對別人提起當初這份兼差，宣稱你對她當時表現不滿，因而藉機報復？

有個辦法可以讓你免於上述部分地雷，就是在公司內部布告欄或其他內部溝通管道公布這份兼差機會，說你認識的人需要幫忙安裝影音設備，而且對方願意按照行情付工資，有沒有人想在週末或下班後接這份案子？公開張貼這份職缺的另一個優點，是破除祕密性，以防未來有人指控你偏袒員工或你背後動機不純。

主管在上班時間以外與較低階員工進行財務往來，可能會生出很多倫理問題。要謹慎以對。

第 7 章

歡迎申訴：清楚安全的呈報流程

呈報他人違反誠信，這件事讓人感覺危機重重。企業必須營造信任感，讓員工知道如果他們呈報違反倫理的行為，公司會尊重相待，管理層也會展開公正調查，而非將案子壓下不管。員工都會擔心呈報後遭到報復，但企業必須清楚表明不允許報復行徑，並鼓勵員工如果他們感到即將遭到報復或已經發生，要主動通知倫理部門。

我剛到 Airbnb 任職不久，某次營運長貝琳達．強森（Belinda Johnson）和我開會討論倫理違規行為，以及鼓勵員工主動呈報的重要性。開完會後我先離開，她則打開筆電連進公司內網，搜尋可供員工使用的相關途徑，呈報他們所遇到或見到疑似違反倫理的行為。她知道我們有提供線上資源，但她找了十五分鐘還是找不到看起來符合的選項或連結。於是她打給我，請我回去剛才開會地點，並對我說：「羅伯，如果連我都找不呈報違反倫理行為的管道，我們又怎麼能期待員工主動呈報呢？」

貝琳達說的沒錯。我們的確有上傳相關資源，也提供了一個呈報路徑，但這些資訊被埋沒在人資部門的其他資料裡，使用者很難馬上找到。我們立刻修正，改在公司內網首頁上放一個字體很大的圖示，這樣一來員工絕對找得到。

這裡有個簡單練習，可以讓領導人和員工更深入思考本章標題。翻回前幾章，看看最常見的違反誠信行為有哪些，然後問自己：如果我遇到這種違規行為，或見到這種行為，我該如何呈報？我該找誰？我有哪些資源可用？

放大呈報途徑與多元管道

以上問題，你的員工應該要能立刻回答。所有關於誠信的問題，都應該提到呈報違規行為有哪些途徑。

實際來看，員工的呈報途徑會隨著企業的規模、創立年數、是否上市有所不同。如果是新創公司，可能連法務或正式的人資部門都沒有。但就算你們是傳說中的「車庫」創業，員工少到看一眼就能算出來，還是可能遇到不當甚至違法的議題或行為，萬一發生了，事業還沒起步反而離成功更遠。詐欺、對投資人不實陳述公司現有科技、規避法規、性騷擾，以及其他潛在問題，不論公司發展到哪個階段都可能發生。

加入新創團隊之所以令人興奮，部分原因是大家往往會有「不管怎樣都要做到」的衝勁思維。如果這種情感表現方式是拉長工時、支援自己狹義工作範圍外的任務與專案，以及用少少資源做大事，當然很棒了。我對於思想進取、行動快速，進而改變世界的企業向來抱有極高敬意。但在新創工作的風險之一，就是要評估執行長和其他創辦人面對倫理難題時，有沒有足夠的成熟度與誠信去貫徹「不管怎樣都要做到」的思維。如果危機爆發，他們會像你一樣優先保護公司與員工利益嗎？

說到這裡，不禁感嘆又要提起 Theranos 這家公司，他們是建立不信任的代表人物。他們對提出問題的員工一向採取「射殺傳訊人」的態度。《惡血》作者在書中提到，該公司氣氛歇斯底里又疑雲重重，員工對誰都不信任，也無法對人訴說擔憂，直到記者開始探聽內部消息為止。Theranos 長期容許欺騙行為，導致錯過及時發現和處理問題的機會。這個例子說明，重點不是「會有人被抓嗎？」和「會不會有外人發現公司內部誠信問題？」而已，而是你一手打造的企業文化出了問題。高度誠信的員工發現高層主管犯下不良行為，結果卻是自己被趕走或自行離職，很多 Theranos 員工就是如此。「很多人都提出問題過，但公司沒有任何改變。這些人反而被忽略、被壓制或甚至被解雇。」馬庫拉中心領導人倫理資深協理安．史基特（Ann Skeete），注意到 Theranos 案透露出許多誠信問題，並投入心力研究。[1] 到底哪些條件會引發「誠信警戒」醜聞？他們的探索相當重要，也似乎開始有回報了。該中心的唐諾．海德提到：「我們現在會聽到創投家說，他們也開始檢視企業創辦人的倫理，並當成事業成功的預測因素之一。」

當企業更加成熟，會增設法務部門和人資部門，讓員工呈報違法、引人懷疑或關於工作場所健康安全的問題。但光是知道你可以向人資或法務申訴，以及公司直接鼓勵你呈報不當行為並提供具體呈報途徑，是兩件不同的事情。

回到 Airbnb。貝琳達想找員工呈報途徑卻遍尋不著，之後我花了好幾小時，和負責設計與維護內網的團隊開了數場會議，確保 Airbnb 內網首頁放上一個非常醒目的倫理資源連結。我想要把字體調到最大，而且熱線（員工能選用匿名方式呈報問題）和倫理團隊電子信箱的設計要很清楚。

接著，我也進一步和法務團隊，以及全體倫理顧問審閱細節。

這反映出我的信念，如果企業要打造誠信文化，讓員工諮詢獲得即時指引，以及呈報違規的流程一定要設計得夠簡單、直接、清楚且安全。你不能光說：「員工們，你們本來就該告訴我們發生什麼事。」然後對他們在過程中所遇到的障礙充耳不聞。

上市企業依法在這方面須制訂更多規範及流程，有些比較謹慎的非上市企業也會依循上市企業規範，採取現行最佳做法。首先，上市企業必須設置熱線，讓員工不需透過直屬主管，自己就能用保密並匿名的方式呈報不適當行為。這樣做的理由很簡單，如果員工必須透過主管才能呈報問題，而主管本人就是犯下不適當行為的人，員工就不可能呈報了。

在 Airbnb 的熱線會收到各式各樣的呈報，有些匿名，有些則具名。我先前提過，呈報議題非常多元，從控訴某人犯下利益衝突，某主管和直系部屬之間有不適當感情關係，到收受禮物會不會違規等等。每個問題我們都會認真看待。

我尊重當初設立匿名熱線的原意，但過程中有一點讓我頗感挫折：以性騷擾案件來說，我不覺得有熱線就夠用了。假如你遭遇性騷擾，匿名向公司呈報此事，而公司得知後唯一的調查方法就是，直接去找被控訴者面談，後者通常都會否認犯下性騷擾。然後呢？被控訴者大概都知道自己最近和哪些人有互動，因此可能會立刻報復被害人（績效評估打負評、調到其他比較不熱門的專案，或甚至威脅被害人）。但因為公司不知道被害人是誰，也就無法出手干預或防範報復行為。

企業也開始探索讓員工呈報不當行為的其他途徑。像在 Airbnb，我們最近開始試行一個以手機軟體為基礎的系統，名叫「躍級平台」（Vault Platform），讓員工得以在第一時間記錄不當行為。最初我們只是想讓員工記錄事件細節，員工記錄完再自行決定是否呈報騷擾行為。但這套軟體提供員工另一個選擇：他們可以等到確定自己不是第一個或唯一對加害人提出呈報的人，再將先前記錄的資料呈報給公司。這項新科技能夠「連接各點」，讓大家因為人數增加而更有力量，公司也能藉此發覺重複的有害行為模式。通常性騷擾被害人最怕的就是落入各說各話的窘境，當他們知道自己控訴的行為還有其他證據支持，他們會更願意發聲。

NBA總裁亞當・席佛為了確保內部呈報流程，不受到隊上有力人物左右，打造了全聯盟都能使用的熱線，讓各地所有員工都能呈報不當行為。申訴案件會由獨立第三方審閱，並直接對NBA的稽核委員會報告，而不是各球隊總裁或老闆。這樣設計是避免涉嫌不當行為的主管壓制案件、報復或威脅當事人，或是在調查啟動前就阻礙進行。

其他企業處理方式，則是設置申訴專員辦公室，讓員工可以致電或親自去陳述這些問題。這是一個幫助員工保密的機制，企業付費設置這項服務，根據流程設計無法得知呈報者的身分。流程保密這件事非常重要，我接下來會用一些例子說明。

首先，當企業（從任何管道）得知某個會威脅到商譽或品牌誠信的情況時，就必須調查並想辦法解決問題。法務長身為企業雇用的律師，提供法律意見給內部高層主管、中階主管乃至員工，目的是為了保護企業利益以及避免企業承擔違法或違約責任。先釐清一點，法務長並非員工的代理律師，如果法務長和任何員工進行「私下」談話，提供後續行動建議給自認工作上受害的員工，這樣的行為不僅破壞職業道德，也不尊重自身專業。

我的職涯期間，多次遇到同事來詢問我意見的情形，並希望我對談話本身保密。身為法務長，我有道德義務阻止他們說下去，並提醒他們，我身為公司雇用的律師，不能對任何員工保證雙方談話能維持保密。理論上，當我從任何員工，甚至是執行長本人的談話中，發現任何對公司構成威脅的情況時，就有義務保護公司利益不受侵害。

有些人回答是：「噢，別擔心，這和公司或我自己的工作無關，純粹個人問題而已。」但我答案還是一樣：「我可以和你談談，但不能保證對話保密，也不能保證我不會根據你告訴我的事情採取進一步行動。」我有義務對保護公司利益一事做廣義詮釋。任何令人難堪的事，或者會對任一高層、企業相關者的誠信或判斷力產生質疑的事，都可能衝擊到企業品牌。我可能會有義務建議執行長或董事會採取嚴厲措施，包括終止雇傭合約，以及公開澄清企業對某個行為或舉動事前並不知情。

令人惋惜的是，我確實可以舉出許多非關工作的行為對企業品牌造成重大衝擊的例子。還記得賽百威（Subway）前任代言人，那位總是面帶微笑，向大眾保證吃賽百威三明治可以減肥的傑瑞·佛格（Jared Fogle）嗎？我寫本書時，他因為散布兒童色情物品，以及與未成年人發生性行為獲罪在監獄服刑。這位知名賽百威品牌代言人的「私下」犯行，導致賽百威落入「誠信警報」。

第三方申訴管道的優點

剛才提到的議題就當成討論背景吧。現在來看一個假設例子，可以解釋為何我認為獨立第三方或申訴專員的做法值得參考。

假設行銷經理克莉絲汀和其他三位朋友，在週六晚上一起去酒吧。她剛進店裡就看到公司一位男同事凱文正在和其他幾位男性射飛鏢。克莉絲汀相信整個團隊裡自己的主管最喜歡的就是凱文。

凱文這時也看到她了，醉茫茫地走過來，一把將她摟在懷裡，而且摟得很緊。「小克，來跟我朋友見～一下～」克莉絲汀往後退一步：「啊，謝謝，小凱，但我剛好跟朋友一起，見到你很開心，好好玩喔。」凱文皺眉：「你看～看～我之前才跟比爾（他們的主管）講到妳這點。我本來想約妳出來的，但，嗯，妳有點太自以為了。掰～啦～」說完，他就轉身回去玩飛鏢了。

克莉絲汀聽了備受冒犯，相當生氣。凱文不單是出言侮辱和肢體行為不當而已，他提到兩人主管比爾的方式，聽起來像他們私下聊天聊到她。她該呈報嗎？呈報那位把她當朋友的主管？她陷入天人交戰，很擔心一旦採取行動，日後績效評估或工作分配會遇到麻煩。還是她該假裝沒事？

週日早上，她收到凱文的信：「克莉絲汀，我昨晚喝太多了，表現有點過頭。我完全不該那樣和妳說話的。我道歉。」凱文是真心的，或只是在撇清責任？他已經和比爾討論過這件事了？下一步該怎麼做？於是克莉絲汀開始逐一列出可行選項。

1. 什麼都不做。
2. 上班時直接和凱文對質，告訴他當晚他很冒犯人，如果他敢再做一次，她會舉報他。
3. 跟主管比爾說那晚凱文在酒吧裡的行徑。
4. 打給倫理顧問請求支援。
5. 對人資或法務提出正式申訴，確切描述當晚酒吧內發生的一切。
6. 透過內部熱線匿名呈報凱文，說他「言語不尊重人，而且對同事有不當觸摸。」

對性騷擾被害人來說，性騷擾本身不只帶來強烈情緒和羞辱感，更棘手的是，該在混亂情況下該做出什麼回應。克莉絲汀有權接受凱文的道歉，然後不再提起這件事，或直接告訴凱文她很受冒犯，或乾脆向公司舉報凱文。找主管談談很適當，但如果她認為主管和凱文是朋友，內心當然會害怕。而且主管聽完有義務向人資呈報案件，她擔憂後續發展也是正常的。她該怎麼做？該找誰尋求建議呢？

這時如果企業有設置一個中性第三方呈報機制，像申訴專員那樣，既了解內部倫理守則和法律，又能對她的遭遇感同身受，而且不用像企業一樣，聽完她的遭遇後認為沒有義務立刻行動，克莉絲汀因此可以放心討論她手邊的選項和恐懼。他們也許可以一起擬定計畫，讓她更深入思考每個選項帶來哪些後果。這項機制可以幫助她了解自己有哪些權利，以及正式提出申訴會發生哪些事。由於公司並非正式得知這事件，因此在流程上呈報人有喘息和思考空間。如果她最後不想採取進一步行動也沒問題。而如果她決定繼續走下去，至少知道自己面對的是什麼。

雷德．霍夫曼（Reid Hoffman）的創投公司 Greylock Partners，就是採用第三方呈報機制處理性騷擾案。雷德告訴我，他早年在第三方支付平台 Paypal 擔任高層主管時遇到一件事，讓他從此對性騷擾議題都很敏感。故事是這樣的，當時有位女同事問可否和他討論某件事，但要他先親口答應，聽完不會採取任何行動。於是他答應了。她說，公司裡有位同事被自己的直屬主管性騷擾，那位主管會傳非常露骨的簡訊給對方，邀請對方裸體去他家。她還給雷德看簡訊內容，雷德看完既擔心又憤怒。但他那時已經答應同事不會採取任何行動，所以感到很無力。他最後決定在那位主管的人事檔案上加註，補充說明他和這位主管互動經驗很不好，決定不讓這位主管升職。「事後來看我完全做錯了。我後來領悟到，絕對不能像當初那樣，答應對某件事完全保密，而且現在回想這件事，我很希望自己當時可以違背約定，直接解雇那位主管。」

目前 Greylock 和獨立機構合作，後者負責接聽員工對性騷擾的求助來電、受理性騷擾申訴案，以及員工透過熱線提出的其他倫理議題。員工不須透露自己名字，而 Greylock 收到第三方提交的呈報細節後，有義務主動調查案件，並向第三方回報調查結果。過了一段特定時間，如果第三方認為Greylock做的調查或採取的行動不夠適當，他們可以向大眾公開他們手上握有的呈報內容。雷德說道：「我們是自願拿火燒自己的腳。」

我很欽佩雷德承諾挺身而進，尋找方法解決這些艱難情境。二〇一七年雷德更進一步號召創投業響應他所提的「正直承諾」（Decency Pledge）。❷ 響應這份承諾的創投企業，必須遵守公司高層所遵守的規範，例如創投和與某公司進行商業往來期間，創投一方不得與該企業家發生性關係。這個提案也引來爭議，有些創投家認為現行法律已經有足夠規範，而且用條文規範人性這層面根本不可能。不過，只要是能夠激發大家努力討論這類艱難議題，我都很支持。

從今以後，我們應該會見到更多有創意的點子，讓員工用更輕鬆且風險更低的方法呈報職場上各種不當行為。這樣做是對的，而且我們本來就該在問題變大、變嚴重之前就試著解決。說到這個，我們來談談「沒有」打造良好呈報流程的後果之一：吹哨行為。

吹哨行為

打造受人敬重與信任的呈報機制還有一個重要原因，就是避免公司發生「吹哨行為」。吹哨者傾向將他們對企業的擔憂往外呈報，例如對管制機關、民事訴訟中揭露，或直接公諸於媒體。刻意規避內部正常流程，或試過呈報但對公司回應失望的吹哨者，可能引發企業的「誠信警報」。

社會大眾鼓勵特定吹哨行為，是因為共同利益。如果你在一家飛航廠商工作，發現公司刻意規避引擎零件的安全標準，或是在特定檢測造假，公開這些資訊就符合公眾利益。儘管你可能和公司簽署過保密協議，但我們都是社會一分子，如果有對公眾安全造成立即、嚴重風險的事務，我們希望鼓勵主動呈報的風氣。現在資安領域也逐漸出現吹哨者，例如員工呈報雇主不當使用顧客資料。

二〇一九年七月，跨國零售業集團利潔時（RB Group）用十四億美元，和美國司法部達成民事和解以及不起訴協議。六名吹哨者舉報該集團以違法手段，推銷處方藥舒倍生錠（Soboxone），包括成立「在此支援」（Here to Help）熱線，將撥打該專線求助的成癮患者，轉介給違反聯邦法律規定的用藥人數上限、超開舒倍生錠處方藥給病人的醫生診治。該集團否認所有不法行為指控，而負責部門也已被拆分成另一間公司，二〇二〇年該公司正式遭到刑事起訴。❸

我支持有道德的吹哨行為。對心術不正且危險的行為而言，吹哨是個重要的檢查管道。但我的重點會放在鼓勵企業以更合於倫理的方式行事，讓員工能夠合理提出議題，在員工不得不吹哨之前就介入並解決問題。吹哨者經常提到的惋嘆，就是他們試過內部呈報，但被上層壓制、被調離工作、被報復、被羞辱，甚至因為呈報行為而被驅逐。

就像倫理顧問不可能十全十美，吹哨者也不會完美無缺。有些吹哨者呈報特定行為，背後其實有複雜動機，或他們掌握的資訊不盡完全，或控訴本身不確定是否正確。例如，舒倍生錠案的吹哨者，每人都有權拿到利潔時支付的和解金，金額比例從一五％到二十五％不等。❹ 有些企業在法律上的抗辯策略，就是主張吹哨者別有意圖，意思是，他們不用內部管道解決問題的目的，是要藉此獲取個人利益。這就是為何單單設立呈報管道還不夠，你必須搭配一個完整公正的調查機制。二者相乘，引人質疑的行為被公正檢視的機率就會提高，抱有合理擔憂的員工公開申訴內容，以激發適當作為的機率也就下降了。

當員工點出違反倫理的行為，企業基本價值觀就會受到考驗。但把心力花在貶低吹哨者通常不是正途。記住，即使是不完美的人，也可能剛好發現一個應該解決或未經深思的正當問題或議題。該怎麼做才是對的呢？你可以抗拒想要「射殺傳信人」的念頭，將心力放在解決問題本身嗎？在我看來，有誠信的企業會尋求真相，而不是掩蓋問題。而且這種企業會找機會表揚，以良善意圖提出倫理和法律議題的員工。

怎麼調查？

好了，有人向你呈報違反倫理行為，該怎麼做呢？

對大多數人而言，不管是呈報不當行為的人，或是被指控犯行的人，職場正式調查這件事光想就夠可怕了。他們會想到各種壓力極大的情境，上次他們用公司手機傳給情人的親密玩笑或拍的照片，害怕其他同事會刻意誇大事實，好在職場競爭中勝出；擔心某封信件或在會議中做的某個評論會被抽出脈絡檢視。調查人會找到什麼呢？他們還有機會解釋嗎？

一旦有人提出控訴，企業就必須啟動調查。調查方式依企業規模而有不同，但我的首要原則就是，必須以誠信展開調查。如果是只有十個人的新創公司或小公司，通常是公司執行長或老闆和涉事當事人，坐下來直接討論控訴內容。這種令人心神不寧的艱難話題沒人想談，但如果你坐視不管，或還沒檢視證據就直接下判斷，你的企業文化還沒開始成長就折損了。如果是比較大的企業，特別是當控訴內容對企業品牌構成重大威脅的時候，執行長或法務長可能會雇用一個調查團隊深入檢視。我的建議是，認真看待所有控訴，盡力去找尋真相，不要妄下結論。

調查究竟要查些什麼？要怎麼進行呢？受過訓練的調查人會從不同來源找線索。像是查找網路軌跡和人事檔案，看看過去是否發生過申訴和呈報案，有的話可能是警訊，以及有沒有奇怪的公務開支或預算項目，最後才是當事人面談。上述流程具體執行方式則視個案而定。例如有人匿名舉報，某個海外辦公室的高層經理涉嫌賄賂當地官員，如果此事為真，對企業本身就是災難。但找那位經理對質之前，調查團隊可以做的，可能有查看電子郵件、經理的進度報告、經理對他／她直屬主管的意見回饋，或任何不尋常又涉及現金的預算或開支項目。接著調查團隊才可能找那位經理當面討論控訴內容，並在同一時間找該經理的直系下屬面談，以防任何人有機會串供。

其他呈報內容可能不至於違法，但是冒犯他人並違反企業政策。例如有幾位員工和某位高層是社群軟體上的好友，而他們發現那位主管經常在帳號上張貼貶低女性的玩笑和照片，例如貶低某些女性政治候選人。其中某位員工看到貼文後向公司呈報，說那些嘲笑女性候選人是騙子或很無知的圖片冒犯到她。等等，這不是言論自由的範圍嗎？

如果全體員工都必須同意遵守倫理守則，守則中也提到所有員工都理解公司不允許有人性別歧視，同時在公眾場合用不尊重人的方式說話也違反守則，這位高層主管就違反守則規定。如果公司無法獲准檢視帳號內容，就應該找那位高層面談，確認控訴內容是否為真。如果那位主管否認，卻又拒絕別人檢視自己的社群帳號，這對他的信譽就不太好了。另一方面，如果公司非常確定控訴不實，則應該反過來調查控訴人，了解他／她背後意圖。不實控訴也是違反誠信的表現。不過，如果那位主管同意讓人檢視帳號，然後公司發現控訴內容是真的，當事人就要面對嚴重後果。

上述例子的情境很單純，但如果我說所有調查都這麼簡單就是騙人了。有時控訴的犯行很嚴重，但所控訴的行為本身有點難界定，或者唯一證據是和涉嫌加害人特別要好的人或競爭對手的證詞。有些匿名控訴則是幾乎沒提供證據，只留一段語音訊息：「運輸部的朗諾有收燃料廠商的回扣。」簡單來說，遇到艱難的案子要保持心態開放，但調查手法不能失衡。

假如有家企業接獲呈報，得知某位主管霸凌下屬：他會嘲笑員工、在會議上出言侮辱員工的才智、盤問個別員工關於部門其他人的忠誠度和工作習慣，藉以分化部門成員。該部門有位員工最近績效評估不佳，但他稱自己是被害人之一，向公司呈報這位主管霸凌下屬，說這位主管刻意用種種方法打擊他的信心，逼他自行離職。

大多數倫理守則都會強調要工作上要相互尊重。霸凌就是不尊重他人的行為，還涉及公眾羞辱、批判、將個人驅逐於團體活動之外，甚至意圖毀壞他人。但難題在於，當員工在高壓職場下表現不如預期，建設性批評和霸凌的界線該怎麼畫呢？某人覺得是霸凌的言行，另一個人可能覺得是「高標準檢視」或「意見直白」。此外，被害人對霸凌的認知也和涉嫌加害人所屬種族及性別有關。此外，個人對侮辱的認知可能會摻雜文化因素，讓霸凌的認定更加複雜。

近年來校園霸凌獲得媒體高度關注。但職場不是來玩的，如果團隊表現和原先計畫有落差，由於主管有責任產出成果，這時說話可能會不加修飾、語帶批判，或甚至發火。單就這些反應都不算違反誠信。此外，由於霸凌依主觀感受而定，自始都有些模稜兩可之處，並引發出更多不良行為。例如，同事間可能已經選邊站了。他們與調查人面談時，可能會誇大事實，或是在證據不足的情況驟下結論。在面談時他們也可能刻意說些迎合部門主管的話，或藉機扯他們不喜歡的同事後腿。

這個議題很艱難，每個具體個案都應該經過完整公正的調查，但即便如此也不一定能得出足夠支持後續行動的證據。說不定那位主管只是需要教練引導，學習怎麼激發和創造有生產力、相互支持的環境，這和違反誠信是兩回事。

另一方面，有時候情況反而是過度僵化，你須要重新找回人性思維。我們從科技業接連爆發的醜聞可以看到，有些員工深信公司使命，非常認真幫公司打拚，但面對倫理問題時彷彿戴上眼罩。他們想要相信提出控訴的人「不合群」，懷疑對方另有動機，或是低估一位受人看重且信任的同事，公司可能帶來的損失。他們還會認為媒體在「找麻煩」。這些反應導致調查程序變得繁複冗長，目的變成幫被控訴人開脫，而非釐清事實，或是反過來，輕率認定整件事沒問題。不管是操作法律達成你想要的結果，或是輕輕放過你其實很欣賞的被控訴人，都會破壞員工對領導力的信任和信心。

一旦牽涉到調查，所有參與的人都會覺得嚴肅且充滿壓力，而且有時要立刻執行。大型企業可能會雇用調查員，由法務部門管理或直屬指導人員調查。即便是規模較小的公司，也要事先想好，遇到緊急情況誰該進行調查，有哪些資源可用。就算只是單純找到或聘用一位律師，讓律師根據個案情況推薦合適、受過訓練的調查員，對公司而言也是好事。你不會想要隨便找一名員工做調查的，因為對方欠缺經驗，過程中可能帶有偏見、笨手笨腳，或做得不完整。

如果有外人控訴你的企業犯下違背倫理或不妥當的行為，你可能也須要啟動調查。不久前，我和連鎖速食品牌溫蒂漢堡（Wendy's）的某前高層談到申訴調查，這是蠻有趣的對話。溫蒂漢堡在二〇〇五年三月發生「誠信警報」事件：北加州分店有位顧客宣稱，她打開辣肉醬湯的杯蓋，開始喝湯的時候，從湯杯裡撈出一根人的手指。

這麼嚴重的食品安全管理過失，對溫蒂漢堡的品牌造成災難性傷害。當他們確認該顧客在辣肉醬湯中發現的，真的是一截手指，溫蒂漢堡的銷售量開始大幅下滑。接下來那個月，據稱溫蒂漢堡每天損失一百萬美元的銷售額，而北加州分店損失的額度更達二〇%到五〇%不等。[5]

然而，對溫蒂漢堡的營運主管而言，那位顧客描述的情境幾乎不可能發生。他們公開懸賞五萬美元給任何能證明斷指從哪來的人，後來還將獎金加倍。但同時，他們也指派一群調查員，仔細檢視將辣肉醬湯送至分店的供應鏈，從食材廠商開始，一路到運輸廠商、包裝廠商、主廚和分店員工。該調查團隊往回檢查所有可能的步驟，甚至還對員工進行測謊。

經過一番嚴密調查，溫蒂漢堡很有信心地提出結論：整條供應鏈中沒有任何溫蒂員工或廠商員工失去部分手指，這不可能是工作或食物處理流程相關的污染事件。在此同時，點用辣肉醬湯的那位顧客也聘請了律師，後來追究此案的媒體發現控訴者本人有興訟紀錄，而且還曾對另一家連鎖速食店主張食物不潔並提起訴訟。最後警方調查員發現，儘管顧客宣稱在湯中發現斷指，但那截手指是該顧客所認識的某人，在一次工作意外中被貨車後車蓋壓斷的。原來一切都是這位顧客和她丈夫的計謀，後來兩人都承認犯下詐欺罪和加重偷竊未遂，並入獄服刑。

沒有企業會真的準備好，隨時迎戰詐欺或員工過失的結果，這起辣肉醬湯詐欺案讓我們知道，哪天你說不定也要在短時間內執行完整公正的調查，不過早點開始思考問題總是好事。

考驗時刻11

廁所八卦可信嗎？

你負責管理公司的倫理顧問團隊。某個週一早上，有位顧問進來你辦公室，隨後將門關上。她說自己在洗手間偷聽到兩位女同事對話，她剛好在廁所裡，無法辨認說話的人是誰。其中一人說：「我今天去印東西，在影印機玻璃板上看到一份崔佛．瓊斯（高層主管）和露薏絲．克勞佛（他的行政助理）的借貸合約，他要貸款十萬美元給她，而且還款『雙方同意於未來五年內給付』。」另一位說：「真的假的？露薏絲每天早上都遲到，崔佛都不在意，但其他人一遲到他就有意見。崔佛真是王八蛋。我跟你賭二十元他們有一腿。」

嗯，聽起來不妙，你該怎麼辦呢？

1. 這件事並不是透過內部正式呈報管道得知的，屬於傳聞，而且僅有的事證侵犯了〈憲法第四修正案〉（*Fourth Amendment to the United States Constitution*，保障人民的人身安全及財產有免於無理搜查的權利）保障崔佛和露薏絲的權利，你只能忽視這件事了。
2. 雖然沒有明文禁止主管和部屬之間簽訂借貸契約，這段關係還是須要加以調查。
3. 這案子你幫不了什麼忙。但你可以建議正在擬定新版倫理守則的團隊從這個版本開始，明文規範員工之間的交易事宜。像貸款或禮物這種高價值事物，可能會引發利益衝突，因此須要事前通知倫理部門。

【廁所八卦】情境討論

我們先來看選項一，這是錯誤答案。很多人看太多影集《法網遊龍》（*Law & Order*）和其他談刑事犯罪的節目，學會一些刑事術語，就以為米蘭達權利（Miranda rights，就是「你有保持緘默的權利」）或蒐集傳聞證據的規定（傳聞陳述，secondhand recounting）不論什麼場合都適用。這些年來我不時會聽到員工試圖抗辯他們下班後的言行「沒有證據能力」。

我們要清楚了解一點：身為私人企業受雇律師，我並不受以上規則拘束，這是用來規範檢察官和政府的規則。我不須要煩惱刑法怎麼規定證據能力。「不小心聽到他人傳述」的對話就足以讓企業正式受理這個問題，而企業也的確須要採取行動。如果我聽到有人不小心將自己貸款給部屬的相關文件留在影印機上，而當我找他們面談時，他們卻實行緘默權，那好啊，你就把東西收一收，離開公司吧。但如果你說有人陷害你，這筆借貸並不存在，那就是另一回事了。這就是為什麼要啟動調查。

我們回來看崔佛的借貸案吧。正確做法是選項二和三的綜合體，而本範例正是我希望員工能好好思考的情境。

當然了，借錢給同事或直屬部屬買三明治，或節慶期間捐二十美元給食物銀行募款活動，這都不是問題。但十萬美元是怎麼回事？主管借這麼一大筆錢給直屬部屬很不尋常，警戒紅旗就在眼前。我以前看過類似的借貸，有些變成收買員工的不當手段，包括要員工對性利益或不當花費噤聲。此外，主管與部屬發生這類關係，往往會破壞整個部門的和諧，這是須要解決的問題。

初步調查可能包括檢查當事人電腦上的郵件往來紀錄，調查完畢後，須要讓崔佛知道有人在影印機上發現那張借貸合約。如果他承認那是他不小心留下的，後續要採取什麼行動則根據他的解釋而定。但如果他否認這筆借貸存在，說是有人陷害他，那行動方向又不一樣了。這時崔佛要好好思考他和助理之間的關係，以及其他人是怎麼看待他們的。

調查過程的心態要保持開放，並且要詢問崔佛和露薏絲各自的同事，這兩人的關係有沒有給職場上其他人帶來問題。我的直覺和經驗都認為主管貸一筆這麼高的金額給部屬很不尋常，除非他們有感情關係，而如果他們感情到了這種程度，通常足以破壞部門氣氛，並讓同事感到壓力。露薏絲表示忠誠的第一順位應該是公司，而不是她的主管。然而當雙方做了一筆這麼大的交易，要維持上述忠誠順位就很難了。退萬步言，就算崔佛是出於某種高尚仁慈而貸款，例如露薏絲子女的醫藥費，崔佛答應借錢依然是很糟的判斷。

主管必須和直屬部屬保持某程度的專業距離。你要保持親切、仁慈，並關心部屬，但借這麼多錢給部屬，或把部屬當成家人一樣融入對方生活，就不適當了。

考驗時刻 12

要怪就怪里約熱內盧吧！

艾略特在一家總部位於邁阿密的藥廠管理國際營運，經常出差。原來艾略特有兩個家庭：老婆和雙胞胎女兒住在邁阿密，情人和他們所生的兒子住在巴西。巴西情人知道他的老婆在邁阿密，但邁阿密老婆對巴西情人一無所知。

儘管艾略特有正當的公務理由往返巴西，最近卻積極提議公司進一步拓展巴西的營運，他說自己想要一半的工作時間都待在巴西。他提出的商業理由頗為充分，而且巴西工廠的生產力和效率也非常好。

艾略特多年競爭對手史都華得知消息，原來艾略特在巴西還有一個家庭，而且美國家人對此毫不知情。史都華還得知艾略特部門有少數幾位員工知情，甚至幫艾略特隱瞞這件事。於是史都華約法務長開會，說艾略特其實是想取得公務名義，用公司成本去巴西照顧第二個家庭，而且明明有比巴西更適合拓展營運的地點。

去嘉年華比解決這問題好玩多了。現在要怎麼辦？

1. 艾略特的感情生活是他家的事。法務長應該和執行長討論這件事，如果艾略特的績效夠好，也真的用公司最佳利益的角度提議這方案，就別管太多吧。
2. 法務長必須找艾略特當面對質。這件事的潛在利益衝突，就是會讓艾略特的商業判斷看起來像被私人感情生活左右。此外，艾略特祕密經營兩個家庭也可能會引發醜聞，或受到黑函威脅。
3. 艾略特私下騙人到這種程度，顯示他欠缺誠信和品格，光這理由就足夠開除他了。

【要怪就怪里約熱內盧吧！】情境討論

大部分人以為這種情況很罕見，其實不會。我職涯過程中至少遇過六位經常出差、在其他城市或國家經營第二家庭，人生過得很複雜的男性，而且原本家庭的配偶及子女通常不知情。每個案子都是過了好幾年才曝光。

職場倫理守則並不是用來處理員工複雜的婚姻問題。重婚、多角戀、外遇和其他種種生活方式，通常不在職場考量範圍。但我們也知道事情通常沒那麼簡單。隨著「私生活」和「工作生活」的界線越來越模糊，員工私底下的祕密、濫用或施虐行為一旦曝光，會讓他們所任職的企業蒙羞，企業品牌也受到傷害。比方說，國家美式足球聯盟（NFL）就因為多起球員對配偶施加暴力的行為而焦頭爛額。球員在球場以外的行為原本和他們的運動表現無關，但當高知名度的員工犯了讓評價暴跌的惡行，企業如果不將這位員工停職或懲處，反而會讓人以為企業也贊同該員工的不良行為。最妥適的做法是選項二，但要根據調查到的事實而定，也不排除開除的可能。

但世界在改變。消費者想要從企業這端得到更多，而顧客也想要信任與他們生意來往的企業領導人。如果一間家庭導向的企業執行長被揭發另有「祕密感情」，顧客對該企業品牌的信任可能會被破壞，而董事會也會因此不得不採取行動。

本範例還有另一個面向可談。由於艾略特的巴西伴侶並非員工、廠商、顧客或任何商業夥伴，在這層次沒有利益衝突。但艾略特本來就會定期以出差名義去巴西，現在還想花更多時間住在巴西，此舉無異於挖洞給自己跳，讓別人有理由指控他利益衝突。儘管巴西可能真的有事業前景，這時也不是重點了。艾略特待在巴西的時間變長，對他私人生活有好處，因此大概無法客觀判斷公司在巴西拓展事業的利弊。即使他真的能夠客觀判斷，他外遇的消息已經在公司內傳開了，同事再也不會完全相信他的觀點客觀無私。領導人須要信任才能有效領導，現在他已經不受信任了，而且其他眼紅艾略特表現的同事，日後也會一再質疑他動機不純。

法務長須要和艾略特面談，並仔細檢查艾略特過往的公差費用。如果證據顯示艾略特太常去巴西，或用公帑資助他的第二家庭，他就完蛋了。但就算沒有證據顯示艾略特詐領公差費用，去巴西拓展事業這個提議也無法令人信服。他的所作所為很可能會破壞公司對他商業判斷的信任，因此傷害自己的職涯。最後，艾略特在這家企業的職涯也可能就此畫下句點。

這個主題還有變化版。我在不同企業任職時都曾遇過已婚、各自有家庭的員工，藉機一起出差，行幽會之實。周圍同事可能會發現異狀，並對他們的伴侶感到愧疚。後來某位同事可能會匿名通報其中一方當事人的伴侶，或分別通報雙方伴侶，然後這些伴侶就會怒氣沖沖地來到辦公室。有時則是部門主管或法務長收到通報，提醒他們檢查這些員工的出差紀錄，因為他們根本是找理由出差，和他們工作本身毫無關係。而即使這兩人表面上不是一起出差，甚至分屬不同部門，常見做法是他們會一再設法讓行程在某地交集，例如同時待在波士頓、亞特蘭大或西雅圖兩三天，而且都住同一家飯店，這種行程有時甚至維持多年。你須要啟動調查，並釐清其中一方當事人是否對另一方具有職權掌控關係。還有其他問題：雙方當事人各自的主管是不是太常答應員工出差，其實有些差旅並非必要？當事人有沒有不當利用公司資源？最後，對這段感情知情的其他同事，有沒有形成藉機獲得利益或其他好處的「內圈」？

在工作上隱瞞潛在利益衝突，最後一定會害到自己。

第8章

該來的早晚會來：違反誠信的行為，要有適當懲戒

違反倫理的行為，必須用思慮縝密且刻意而為的流程處理，員工才會覺得過程公平。

當企業看重的員工犯錯，主管卻「充耳不聞」，或提出光說不做的「零容忍」政策，都會破壞企業誠信。

我的法律人生涯始於二十二歲，第一份工作是擔任維吉尼亞州亞力山卓市理查．L．威廉斯（Richard L. Williams）法官的助理。已故的威廉斯法官任職於聯邦審判法院，他的審理特色是沙啞的嗓音、拉長母音的南方腔調，和趣味十足、風格強烈的言行。他會這樣警告律師：「你別想用又臭又長的演講來懲罰我的陪審團。」假如有律師提出重複問題，他會立刻打斷對方：「本題已回答，陪審團已經聽過了。」如果檢方或被告律師想針對他的某項裁決抗辯，他會告訴對方：「你走出去，往左轉。」意思是要對方沿著法院外的大馬路走去瑞奇蒙市的第四巡迴法院提出上訴。威廉斯法官很聰明，我非常敬佩他對審判法院的深厚理解，以及他維護正義的決心。

但這不表示我全盤同意他的作為。通常週五早上我們會針對刑案動議進行裁決，其中包括一些案件的宣判程序。宣判對所有人的壓力都很大，被害人、訴訟代理人和被告家人都會前來聽審。這時檢察官通常會重新陳述案件本身令人不快的細節、犯行帶來的後果，而且聲請判刑期間有時會達十年或二十年不等。被告律師則通常強調被告犯罪紀錄不多及做過哪些善事。當法官宣判時，法庭上會陷入一片沉重寂靜：「我在此宣判你須服有期徒刑，期間為……。」宣判結束後，神情肅穆的法警會將被告帶走，而被告家人聽完有時會大哭，或受到打擊太大癱倒在彼此身上無法起身。

我擔任法官助理快滿年時，某個週五我們準備宣判一件白領犯罪案，（至少我認為）這名被告犯下攸關國安的嚴重罪行。然而，威廉斯法官只宣判被告緩刑，當下我傻住了。我看到檢察官咬緊牙根，而被告律師則轉頭對當事人挑了挑眉毛。被告律師沒想到法官會判這麼輕，我也沒想到。

我們走回辦公室時，我故作輕鬆問法官：「你為什麼只判他緩刑？」

「因為我不是那種嚴厲苛刻的爛人。」他不太愉快地高聲回答。我們關係非常好，但這時他的肢體語言顯示出他不想再談這話題了。

那天，我深切敬佩的威廉斯法官做出讓我完全無法理解的事。他沒跟我說到底基於什麼原因做出這項判決，以及為什麼那樣回答我的問題。我完全理解法官會根據許多合理因素而對判決有不同考量，兩名犯下一樣罪行的被告可能動機大不同，心智能力和犯罪紀錄也不同。但身為一名懷抱理想的年輕律師，想到司法系統可能這麼變幻莫測讓我心生不安。

威廉斯法官不是唯一讓人認為判得過輕或過重的法官。我的助理生涯結束後不久，國會就通過聯邦法院判決指引。他們針對犯罪嚴重度列出高低，限制法官只能在一定範圍內選擇裁罰。我認為這觀念很合理，是為了確保從調查、訊問、證據開示、法院程序、法官和陪審團中立性等審理流程，都能維持公平和誠信。

這套指引有沒有修正不正義的情況呢？有些有。但後來我擔任聯邦檢察官時，看到許多人因為這套指引太僵化而吃苦。這種失望是讓我投身企業的其中一個原因，而至今我仍在這個世界裡，面對嚴格規則、緩解局面、保護企業品牌、維護讓所有人都感到自豪的刻意誠信文化，並從這些事物中尋找正確平衡，做起來並不容易。

階段式懲戒

懲戒違反守則的員工，是企業樹立誠信的必要過程。說實在，這部分是我最不喜歡的。儘管編寫倫理守則本身生動有趣，彷彿你正在形塑一家讓員工以工作為豪的公司，但真的發生違規行為時，處理起來仍會讓人憤怒、沮喪甚至傷心。人基於各式各樣的原因，有時會犯下重大錯誤，導致他們失去工作、讓家庭財務失衡，甚至在自身名譽留下污點。不只他們，企業名聲也因此蒙塵。但就算這樣，你還是要有所回應，否則倫理守則就沒有公信力了。失去公信力，你的領導就會失敗，遵守規則的人也受苦。

企業往往比聯邦法官有更多考量。通常人資建議的懲戒是階段漸進式的：口頭警告、書面警告、停職、降職，最後是終止雇用。但企業沒有義務得從某種懲戒起跳，有時候甚至不須做出任何懲戒，除非行為違法。企業苦思如何處理違規行為時，偶而甚至會判定某項政策過時，不再適用於此刻的事業、文化氛圍或成長階段，決定改變政策或乾脆刪除那條規則。

話雖如此，當有人違反誠信，如果相應的懲戒行為無法讓人感受到基本的誠信與公平，整體制度就會遭到破壞。如果你無法解釋兩名犯下一樣錯誤的員工，為什麼得到完全不一樣的懲戒，員工會失望透頂，最後你可能還會吃上官司。

事件背後的不同脈絡

刑事審判制度和企業執行內部規定的方式有很大差異。首先，美國刑事審判通常都是公開制；所有有興趣的人都可以旁觀審判，包括媒體在內。

企業則相反，大多數內部案件調查和懲戒宣告都是私下進行。企業公布的倫理守則，通常只會提到規則和政策。企業內部調查案件時，被訊問的員工通常隱約知道公司要調查什麼，但就連事件證人也不一定知道全貌，可能永遠也不會知道。企業調查過程中的面談與證詞筆錄，通常也不會公開。

案件事實釐清後，法務或人資部門通常要找當事員工的主管商討下一步。守則本身常常只是語焉不詳的抽象規定，例如「違規者須受懲戒，包括但不限於終止雇用。」負責做懲戒決定的人，也不太可能像經驗老道的法官一樣有智慧。他們應該會盡量公平，但不可能完全公正。如果被控訴人的部門主管認為，該部門成敗繫於這位員工，可能會請求從寬處分。但我們先前也提過，法務長等特定主管必須將企業利益置於所有人利益之前。在一家實踐刻意誠信的企業，遵守公司基本價值永遠都是對的，因為行事有倫理且誠實的企業文化，才能孕育出長期利益。至於思考時間軸較短的企業通常不會這樣想。

無論如何，領導人最後都必須做出決定。可能只是口頭懲戒，但也可能必須終止雇用，也可能是把涉案員工轉調到其他地點或職位。但也有可能是被控訴人毫無罪責，安然回到原本工作崗位。整體流程沒有正式的上訴程序，懲戒決策也會衍生其他後果。例如性騷擾被害人可能會不滿內部調查結果，直接對公司提起訴訟或聲請仲裁。假如某人因違反倫理守則而被解雇，對公司懲戒忿忿不平，同時他／她握有公司其他人犯一樣錯誤卻只被警告或停職的證據，這時他／她可能會向平等就業機會委員會（Equal Employment Opportunity Commission，EEOC）正式提起申訴。又假如雙方進入仲裁程序，很多狀況下是不能對外討論仲裁細節的。也就是，被控訴違反守則的人可能會照常進公司上班，而且無法對其他人說明原由。這也意味著，心術不正的加害人一旦處於這個程序中，可能會用「個人因素」為由離職，找下一份工作，而新東家對之前這一切毫不知情。

我不會把這個過程說得太美好。一路上可能會很艱難，也會遇到很多複雜的法律問題。有些企業會利用簽訂保密條款來規避過程中的諸多難題，我認為這是違背倫理的做法。如果你是小企業主，公司連人資部門都沒有的話，對你就更困難了。你要身兼調查人、法官和陪審團，公司又小，大家都在看。

此外，加害人和不正行為人也會用保密因素以及現行法律做掩護，讓企業陷入難題。要如何在這段流程放入更多誠信，我之後會談一些個人想法。現在我們先來看看違反企業內規的例子。

找出倫理制高點

對身陷此情境，又要給出適當懲戒的人，我能提供的最重要建議是：戴上倫理護目鏡看事情，刻意而為。參與過程中每個階段的領導人，不但要做得公平和誠實，也要盡量理解其他人怎麼看待你們做的決策，這裡指的不只涉事員工，也包括其他員工的看法。不要只停在法律最低要求，也不要為了開除難搞的員工而操弄技術細節。做事要有標準，而且要對所有人清楚傳達那套標準。我們接下來會用一些虛構例子，說明這個觀念要怎麼落實。

米洛去年開始在一間家族經營、員工達一百五十人的家具公司擔任物流經理。這家公司倫理守則規定收禮不得超過一百美元上限。米洛的行政助理是老闆侄子，這位助理告訴他的老闆叔叔，米洛收了某家物流廠商的史丹利盃季後賽票兩張，價值五百美元。這下米洛違反公司規定了。

老闆叫米洛主管過去，得知米洛工作表現優秀，從來沒有被申訴或抱怨過。接著老闆親自找米洛談話，米洛說他知道自己應該要熟讀倫理守則，但一直沒去讀。他又說，前東家並沒有收禮上限的規定，所以他收到球賽門票時沒想太多。他向老闆道歉，看起來為此真心懊惱不已。米洛不僅真心悔過，他還主動提議要打給送他門票的廠商，返還與門票等值的金錢給對方。另一方面，老闆的助理侄子也承認自己看到物流包裹和門票一起送來時，沒有特別提醒米洛公司有這項政策。侄子承認自己也是冰上曲棍球迷，看到門票很嫉妒。他還說，他從來沒看過米洛收受其他高單價禮物過。

米洛當然做錯事了，他很粗心。但在我看來，他並沒有意圖不軌。根據上述事實，我大概會建議老闆給個嚴厲的口頭警告就好。要是我的話，會告訴他如果再發生一次這種事，後果會很嚴重。我也會強烈要求他去讀倫理守則。另外，我會提醒米洛不可以用任何方式報復他的助理，因為助理有權利，甚至有義務呈報這項違規行為。如果米洛已經用掉門票，就應該補償物流廠商，並向廠商說明自己搞錯情況了，這樣廠商就不會把米洛公司當成應該或適合送高單價禮物的商業夥伴。

上述做法可能會被說太寬大。公司完全有權「重懲」米洛，但他看起來是個很好的員工，不小心犯錯而已。記住，他不是違法，只是違反公司內規，雇主要自己決定。雖然對守則內容無知不能當藉口，但米洛看起來真心感到抱歉，我也認為他應該有改過機會。

本案對老闆來說，展現慈悲心和深思熟慮反而能創造一個教育員工的機會，他可以提醒大家要重新讀過倫理守則，以防止更多人犯錯。另外，開口頭警告不須要強制保密，所以米洛和他的助理可以討論這件事，其他人有疑問的話也可以提出討論。

以上我們稱為「情境一」，現在我們更動一些事實看看。

如果老闆一問起門票的事，米洛就怒氣沖沖地辯駁呢？如果助理說米洛已經收過三、四次同一位廠商送的球賽或演唱會門票，而且他警告過米洛好幾次，收受門票是違反公司規定的行為呢？如果米洛的主管說，米洛最近建議公司日後多和這位廠商下訂單，時間點剛好在廠商送票的數天後呢？

在第二個情境中，調查結果顯示米洛和這位物流廠商之間，有構成利益衝突的關係。面對同樣違規行為，第二個情境的細節讓嚴重程度大為提高。這可能表示物流廠商的員工在刻意賄賂，而且情節可能重大到足以立刻解雇米洛。

哇，好嚴厲。解雇員工不只對那名員工來說是災難，也會害原本的工作團隊運作困難。解雇絕不可隨便，但因為性騷擾、詐欺或賄賂等犯行非常嚴重，一旦你確認有這件事就應該當機立斷，讓大家知道這是不可接受的行為。

我曾經親身經歷過這種狀況。我待過的企業，曾發生員工利用職位圖利自己的行為，例如將原本要發給顧客的折價券，拿來自用或送給朋友家人，甚至擅自修改折價券的折扣額度，從小額折扣變成「五折」，甚至更高折扣。這些員工不像「情境一」的米洛是「忘記」去讀倫理守則，他們是刻意、意圖不正地利用，以原本要鼓勵顧客消費的專案圖利自己。這背叛了公司對他的信任，也腐蝕公司信奉的價值觀，因此懲戒會很嚴厲。發生這種案件之後，企業也開始強化內部控制，並加強對員工的相關溝通，以免類似濫用情況重演。

點出個案背後的宏旨

從米洛的例子可以看出，個案事實和細節有決定性影響。當事人意圖也是重點，而過失犯錯和刻意犯行不同。內部調查必須公平、完整、客觀。我們再來看一個例子，了解違規行為和懲戒確定之後，適當調整其他員工對整件事的認知有多重要。

喬在一家大型電子設備商的成品倉庫工作。某天晚上他忘記鎖門，結果倉庫被偷了。你是人資，負責調查本案。喬有發生過這種事嗎？沒有。有證據顯示他和小偷共謀，故意不鎖門嗎？也沒有。原來他那週發高燒，頭痛欲裂，完全是出於對工作的責任感來上班。週五他累壞了，提早下班，忘記交代其他人幫他鎖門。不過，他的行為還是違反公司的安全規定，而且對公司造成重大負面後果。

喬的主管有權因為他忘記鎖門，而將他停職、降職，甚至解雇。但這種情況下，主管認為這些懲戒都太重了。喬當時在生病，而且被偷算是意外事件，沒道理這麼嚴厲處罰喬。所以喬最後只被口頭警告，告誡下次要更小心。

很公平的做法。但主管做的每個懲戒都是同種案件的先例。

一個月後，換凱蒂忘記鎖門。倉庫沒有遭竊，是主管準備回家時發現倉庫沒鎖。這次主管勃然大怒，停職凱蒂一天，扣全天薪資。對主管來說，這次懲戒這麼重，是因為他要讓大家都記住下班前一定要鎖門。但對凱蒂來說，這次懲戒並不公平，其他人可能也有一樣想法。喬上次忘記鎖門「只是被輕輕打一下手背」而已。凱蒂可能覺得，長期以來這個環境的男性員工待遇都比較好、犯錯受到的懲戒也比較輕，因此停職一事成為壓垮她的最後一根稻草。她可能會向政府申訴職場性別歧視，而另一位員工可能也剛好向ＥＥＯＣ提出申訴，主張某主管性別歧視，並宣稱公司長期以來對女性比較苛刻。本案原告的律師可能會要求公司出示所有懲戒的資料，讓他們調查有無證據顯示，公司對不同性別的標準不一致。

我不斷強調，包容是職場的重要價值觀，原因之一是，我相信包容可以創造出健康、自主的職場。多元化會產生更寬闊的思維與經驗，讓我們做出更好的決策，對各種機遇也能做出心態更開放的評估。但當員工受到不同對待，或覺得被排除在「圈內」的人氣員工之外，或認為自己和他人犯了同樣錯誤，自己受到的對待卻不一樣，這時他們可能會覺得自己是歧視性決策和待遇下的受害者。

這就是為什麼做警告或懲戒等重大人事決定之前，應該要戴上倫理護目鏡看事情，想像這些決策對利害關係人、當事員工、主管、部門同事、其他員工、企業夥伴，甚至顧客是什麼樣子。當你逐一想像過這些人的認知，接著自問：我們以前怎麼處理這種案件的？我們的調查和分析夠完整、夠公平嗎？我們會不會有偏見？我們對員工的期許適當嗎，還是企業也要為這項錯誤負責任？你這樣做的時候，我相信你也建立起高誠信、高信任度的職場。但如果你忽視這些因素，可能導致負面後果，甚至被提起訴訟。

我們回來看倉庫的例子。構成違反安全的原因，是有人員負責鎖門和設定警報器卻沒做。但在我看來，一間放有高價值物品的廠房，做這種安全規畫本身就是失誤。在喬犯錯之後，主管可以召集部門成員開會，請大家一起思考有什麼更好的「鎖門方案」。例如實際負責安全的部門，應該在每天公司關門後十五分鐘內，再次檢查門是否真的上鎖。如果無法這樣做，就應該找另一個人，與原本負責鎖門的人，覆核確認門是否真的上鎖了，再通知安全部門。又或者，倉庫應該安裝自動系統，事先設定鎖門的時間，時間到門就自動上鎖。

不論是哪種解法，由於廠房安全遭破壞的可能性還是存在，主管也要在喬犯錯之後告訴所有成員：「各位，我們這次是給警告而已，下次再有人忘記鎖門，懲戒就會比這次更嚴重了。」如果主管當初做到這件事，員工對後來不平等的處罰，就沒那麼難理解了。因為這次不論是誰忘記鎖門，受到的懲戒都會比上次更嚴重。懲戒就算只基於某些原因表面上看來不一致，也會讓員工產生不信任、歇斯底里，甚至可能覺得公司內規變成針對員工的武器。

好吧，但那個誰為什麼就可以？

上述米洛和喬的違規案例都很淺顯易懂，這兩個艱難議題都是企業利益同時互相衝突的情況。當企業遇到這種問題，就是一場有沒有決心貫徹誠信的考驗，太多企業在這方面不及格了。

我在第三章談過，如果企業不打算將某條倫理守則用在最看重的員工身上，一開始就不應該將那條文編入倫理守則。你在設定企業價值觀階段就要納入這觀念，而且適用範圍不只是編寫條文而已，日後員工犯錯時，你的處理方式也要貫徹這個觀念。我在第三章也談過「金童玉女」現象。高層主管特別喜愛的某些員工，往往批評不得，有時甚至犯了錯也不用受懲戒。企業面臨的誠信難題中，數一數二難解的，就是這類員工公然耍特權的情況。他們敢這樣做，就是認定部門主管和其他主管不會說什麼，會放任他們不良行為破壞倫理守則。

我們用節儉企業這個虛構例子，來說明前述議題。當年還在草創階段時，公司規定包括執行長在內的所有員工，國內出差時只能坐經濟艙。十年後，節儉企業規模擴及全球，員工超過兩千人，其中一位業務主管珍的銷售成績是全企業最高的。珍常常在國內外出差，從一個機場趕到另一個機場，飛往各地做銷售展示。珍出差通常一次會去好幾個不同城市，有時同一趟旅程遍及國內外不同地點，因此她會盡量把握能休息的時間好好休息，下機後立刻前往目的地開會。另外，珍身高約一百八十公分。以珍的身材坐經濟艙真的痛苦難耐，因此她在公司做滿一年後就開始忽視出差須坐經濟艙的規定。她會用公司名義買商務艙座位，她的部門主管則對此視而不見，畢竟珍是王牌業務。

有天，某位業務對珍的行徑提出申訴。部門主管只好打給珍，說道：「珍，這天終於來了，我一直假裝沒看到，但現在真的有人申訴你。你之後要改買經濟艙了，如果要升級座艙的話就自己付費。」珍簡直不敢相信主管竟然拿這件事找她麻煩。她回道：「是喔，我們對手的業務出差都坐商務艙，我看我換去那邊上班好了。」

珍的主管擔心的是，執行長至今仍常常告訴媒體和華爾街人士，企業員工節儉至今，出差都還是坐經濟艙。因此珍的行為破壞了企業品牌形象。但這位主管應該早點討論這個問題，而不是假裝沒看到。理論上這時主管堅持遵守規則，要求珍以後改坐經濟艙，才是最有倫理的做法，但走上這座倫理制高點只是死路一條。如果你身高很高，相信我，在經濟艙睡覺不只不舒服，是痛苦得要命。如果主管為了幾千美元的差旅費用逼走王牌業務，只為了讓老闆可以繼續在媒體前談老掉牙的企業軼聞，整間企業都要一起受苦。

但另一方面，如果違反這條規則卻沒有懲戒，珍可能也會為了自身利益而違反其他規則。而且公司其他員工也會有樣學樣。在我來看，這位業務是企業的珍貴資產，而她的要求也不過分。我認為這是企業發揮彈性的時刻，可以將這條文從守則中刪除，讓主管有權限核准升等座艙，或有創意一點，將升等座艙設定為業績誘因。如果有員工業績達標，出差時就可以坐商務艙當獎勵。如此一來，珍搭商務艙就不再是破壞公司誠信的行為，而是業績達標的獎勵，同時也能激勵其他業務拉升業績。如果其他業務為了獲得獎勵拚業績，整體生產力的增幅，也會超過升等而增加的差旅費用。

執行長可能因為不能再提坐經濟艙的事而不太開心，但他應該從善如流，以免失去王牌業務。在某種時空和情況下設定的規則可能會過時，改變規則也不等於你沒誠信，畢竟這項不分條件都套用的規則已不適合公司當前事業目標。所以公司要做的是承認現況，好好想一想，而不是虛偽地視而不見。

十倍力員工的困境

我們再來深入討論一個與上述情況類似的難題。

在矽谷有時會聽到別人這樣形容他人：「他是個十倍力人才（10Xer）喔。」或是：「他要多少你付就對了，他就是萬中取一的十倍力人才啦。」賈伯斯曾經說過，普通水準的程式工程師和最厲害的程式工程師，差距大概是五〇比一、甚至可能到一〇〇比一。他意思是，最厲害的程式工程師所具備的生產力，相當於十名、五十名甚至一百名普通的程式工程師。這不是指工作負不負責的倫理而已，確實有一小群工程師具備的獨特才智、專注力、（有時候）偏執、解決問題能力、創意和決心，能創造出極高價值。這些和獨角獸一樣稀有的人，會要求天文數字級的薪資，也會真的拿到。

我有位朋友的工作，就是管理和逆轉表現不好的科技公司，做得很出色。他好幾次被引介去幫表現不如預期的新創公司「處理」團隊問題。他不只一次發現，這種公司的主管一直在掩飾特定員工因不當言行所引發的申訴，甚至是性騷擾，這種特定員工剛好就是十倍力人。

為什麼？他解釋：「十倍力人之所以是十倍力人，就是他們通常智商很高但情商很低；他們不擅社交到不可思議的地步。大部分都是男的。他們不是愛跑趴的人，也不是刻意當混帳，他們通常只是不知道怎麼和女性相處。他們會說和做不適當的事情，例如對某人著迷然後一直騷擾她。」在他來看，成為這種注意力焦點的女性，完全有權利呈報「騷擾」行為和涉及性的不當言論。如果真的發生性攻擊，他也絕對會解雇加害人。但在沒那麼嚴重的申訴情形，他要解決的問題就變成「公司有個十倍力人，為了這個人他們會標準不一致。」

這麼直白的洞見，大部分企業不會公開說明。我朋友也承認，有時候他要非常努力才能找出解決方法，讓被害員工受到支持和保護之餘，十倍力員工也可以繼續留下來完成工作。「如果你公司有十倍力人，情況會很不穩定，但他們的價值太高了，你非得想辦法留下他們，同時讓公司正常運作。你處在求生存模式時就要面對這般現實。」

很多企業會當做沒這回事，或盡可能不去面對問題。但如果企業管理層剛好有刻意誠信的觀念，這樣的情況完全是個惡夢。任何行事有倫理的人讀到這種情況，都會覺得：「那個人如果繼續不尊重同事，就該直接被解雇才對。」

但真實生活常常就是這樣：法律規定企業不得容忍性騷擾或發展有敵意的工作環境，但沒規定企業必須解雇被他人指控不當性言行的人。對某些新創公司而言，有沒有這位十倍力人才就是事業成功和失敗的區別，如果要解雇那個人，公司也可以順便收了。到時大家都會失業，包括騷擾行為人的目標對象在內。不過，如果騷擾行為人對被害員工持續帶來不快和騷擾，公司面臨的風險是，被害人可能會向EEOC申訴或提起訴訟。

你該怎麼做呢？我認為你要刻意而為，而且要和所有當事人合作。你要和被騷擾的人談談，如果調查顯示確實有騷擾行為，你應該嚴正警告加害人，要求對方必須停止騷擾行為，否則會解雇對方（雖然這選項做起來很難）。同時你也要認可被害人的經驗，要告訴對方：「現在情況是這樣，他的行為錯了，你不須要忍受，我們不會為此傷害你的職涯，也不會讓你換位子或換辦公室造成你不便。我們會把騷擾你的人搬走，這個做法和安排夠合理嗎？如果我們答應嚴格監控他，注意他有沒有做出任何嚴重行為的跡象，這樣可以嗎？我們是很看重他沒錯，但我們也很看重你，你有權利安全且不受騷擾地工作。」這樣做，你可能會被批評對最厲害的員工太過寬大，但你也做了承諾，如果他再犯，你一定會有所作為。不管你怎樣做都有風險，但你至少要畫出界線，明確表示如果這位騷擾行為人越界了，就非走不可。

我沒處理過會攸關公司成敗的十倍力人才問題，但告訴我這故事的朋友說，根據他的經驗，被害人通常不會要求騷擾人非被解雇不可，她只想要騷擾停止而已。她也不想讓公司事業失敗。不過，就算你把那位十倍力人員工搬得再遠，被害人也不想在休息室、停車場甚至走廊上遇到他，這會是不舒服又令人尷尬的互動。我的顧問朋友說，有時他會承諾加害人未來發放紅利、限制員工權利股票或提供其他薪酬，條件是必須停止不當言行。他說這招很多時候有用，但如果連這方法都無效，而公司又完全依賴這位十倍力人，這家公司不管怎樣都會做不下去。

遇到這種狀況沒人開心得起來。但如果公司的重要人力資產狀態不穩又難以預測，整體情況一定也跟著不穩又難以預測。

與十倍力人才相關的難題不限於性騷擾，我在其他企業工作的朋友說，他們有位名符其實的十倍力天才程式設計師，他上班時會做很多讓別人分心的怪異言行。例如他非常怕火，怕到他在所處的二樓辦公室走動時，脖子上隨時套著一綑二十五呎長的繩索。他會告訴所有有興趣駐足聽他說話的人，如果真的發生火災，他要用這條綑繩索爬出窗外，下降到地面，而且大家都別想跟他共用這條繩子。

如果是在百貨公司或銀行，做出上述行為的員工可能會被鼓勵尋求諮商，但最終一定要停止這種讓同事分心又不快的行為，不然只好另謀高就。然而，軟體公司的未來完全寄託於十倍力人才的聰明才智，所以他們會盡量容忍這種行為或做出種種調整。我能理解，但想想看，如果其他不是十倍力的員工也說，她太怕辦公室窗戶外的鳥，要求搬到其他辦公室或改成在家工作。如果你答應員工提出的種種工作調整，就永無寧日了。萬一有人控訴你行事不公，你的團隊更可能因此四分五裂。

上述情況中，你可以帶著誠信解決問題嗎？很不容易，但股東會期許你試看看。最合於倫理的做法，是先思考這群天才日後可能在你公司的哪些層面引發倫理難題。然後積極行動，刻意找這群天才聊聊倫理和規定。事前防範雖然只能做一點點，但杜克大學行為科學家丹．艾瑞耶利的研究也顯示，再三強調遵守規則和行事合於倫理的重要性，員工守則的行為機率會隨之增加。企業主動將員工描述成好人，對推動員工誠信行為真的非常重要。

光是在胸口畫十字祈禱，就能萬事順利？你一定不想只靠這種方法防身。

零容忍不是口號

談到懲戒，有個溝通策略我絕對不建議。有時候當企業發生醜聞，會趕緊做一個誇張的公開承諾，表明對違反誠信的行為「零容忍」，這個現象在 #MeToo 時代特別常見。當企業想要塑造出反對某種不當行為的形象，希望公眾認可，會忍不住想採用這種陳述，我能理解。但我還是要提醒，使用這種語言要很小心，因為徹底執行有其難度，特別是情況比較微妙複雜的時候。很多企業往往會做這種強烈宣示，而不是採取嚴肅立即的行動解決問題。

二〇一八年九月，數百名麥當勞員工在繁忙的午餐時段罷工，抗議內容根據一群 #MeToo 人士所言，是該企業對直營店、加盟店和辦公室，無處不在的性騷擾過度容忍。儘管麥當勞的倫理守則規定公司「不會容忍」性騷擾，發言人也重申同樣內容，女性員工還是向 EEOC 提出申訴。她們提出許多附上圖片的細節，證明員工被言語性騷擾、工作時被男性員工亂摸，而且店經理常常在現場旁觀或發表議論。還有些人說她們在洗手間被堵，並且被強迫性交。她們曾經內部申訴，但騷擾人完全沒事，反而提申訴的員工遭到報復、被迫減少工時，甚至被虐待。後來該企業員工又向 EEOC 提出其他二十五件宣稱遭到類似虐待的申訴。❶

麥當勞電郵回應《國家》雜誌（*The Nation*），「麥當勞不會容忍內部發生任何種類的騷擾和歧視。」

這樣說到底是什麼意思呢？企業發言人說，麥當勞準備做更多員工訓練、正在設立新申訴熱線、對經理強調不應容忍上述行為，以及發送反騷擾海報給該企業所有工作場所。美國公民自由聯盟（American Civil Liberties Union）正幫助麥當勞受害員工進行申訴，並抨擊該企業過於消極。貼海報聽起來符合「不容忍性騷擾」或堅定承諾「不會容忍內部發生」這種行為嗎？麥當勞員工說，公司說開始實施新員工訓練的時間點，就是她們所呈報虐待發生的時間，而且當時她們從來沒聽過什麼性騷擾防治訓練。所以「不容忍」到底是什麼意思？除非麥當勞開始認真懲處當事店經理，否則看起來根本沒有決心杜絕性騷擾行為。

當然，可能加盟店設立的複雜度和其他細節，讓麥當勞受到法律拘束，無法立刻回應這些呈報。但我是這樣認為：不管你的公司員工都是十倍力人才，還是一群領法定最低薪資的勞工，員工都有權利期待一個安全、免於被騷擾的工作環境。

企業認同「零容忍」的口號其實沒有意義，必須立刻展開適當的調查，並且對犯規人做出有實益的懲戒。在我看來，你必須先承認這問題很艱難，並承諾解決它。接著你要開始具體調查並保護員工。如果你不解決問題，只會持續有很多憤怒員工罷工，並將議題訴諸媒體。這不只是形而上的討論，而是攸關企業實際獲利的生存威脅。發生麥當勞員工罷工的城市中，支持員工 #MeToo 訴求的顧客可能會發現，其實漢堡王的華堡跟麥當勞的大麥克一樣好吃，從此以後就不再光顧麥當勞。

眼光要放遠，追求長期職場良善

針對職場上不良行為的處理方式，如果企業可以主動改變，提出更有遠見的做法，就能贏得員工信任。舉個顯而易見的例子，雇傭合約的爭端解決條款。過去很多企業都堅持員工必須同意，一旦他們受雇，發生爭端時不會對公司提出訴訟，而是同意進行有拘束力的仲裁。我工作過的每家企業，包含 Airbnb 在內，都堅持用強制仲裁做為雇傭條件。

仲裁是成本較低的紛爭解決方法，和動輒多人共處的法院制度相比，仲裁程序沒那麼正式，因此能比較快達成決定。而且仲裁是非公開的。仲裁流程不會公開在大眾面前，這種保密性通常適合企業和提出申訴的員工。企業不希望他們的內部決策被放在法庭上鉅細彌遺地剖析，導致內部人士才知道的難堪故事，受到眾人流傳和嘲笑。此外，根據申訴議題而定，員工可能會感謝仲裁流程讓他們不需在公開法庭上討論私密或難堪的事件。

不過，#MeToo 運動也揭露強制仲裁的另一面，那就是性騷擾案件會因此「不能見光」，而且仲裁法規也禁止被害人、被控訴人和當事企業公開討論案件事實。即使加害人被解雇，當事人還是要對幾乎所有案件細節保密。聽起來很耳熟嗎？這種三方保密情況，讓加害者得以重回勞動市場找新工作，可能順便找新的被害人，然後循環又開始了。

二〇一九年年初，Airbnb 宣布就性騷擾和歧視案件，不會再強制員工用仲裁方式解決。該企業只會要求提出這方面申訴的員工盡良善努力，透過內部管道解決問題，但如果他們對公司解決方式不滿意，仍有權利選擇進入仲裁或提起訴訟。幾個月後，加州通過新法，禁止強制仲裁條款。儘管很多人認為這條新法和偏好仲裁的聯邦法律相抵觸，因此構成違法，我們還是能清楚看見局勢正在改變。

促成這方面認知改變的動因有幾個。首先，天主教會和美國童子軍等機構，長期以來一直有個嚴重問題，就是針對內部人士違法及不當行為的控訴，不僅被擱置和消音，加害人還享有保密條款保護，得以繼續從事其他工作或角色，藉此獲得新的機會去傷害他人。我們終於發現，原來祕密性讓很多被控不當性行為者，能夠去其他新地點工作，繼續做壞事。

其次，人須要對自己的行為負責，企業也須要為他們所採取的行動負責。如果我們和被害員工達成和解，被害人有權公開討論這件事。儘管公開講述騷擾案件，一定會令公司氣氛不佳，可能還很難堪，但行事透明總有好處。我個人相信，這樣做可以防範未來類似騷擾事件重演。

最後，有些事雖然短期內看不到利益，卻能建立信任，我認為這很重要。儘管企業因此可能要上法庭抗辯，甚至因為員工不良行為曝光而讓企業自身受害。我還是認為，長遠而言，你會讓員工了解他們每個人都很重要，而且公司在如此重要的議題上不會濫用自身優勢，強迫當事人妥協。

為了公眾利益，改善老舊的雇傭關係

我提倡商業界做的另一個懲戒改變是，花更多心思注意雇傭合約和董事委任協議內的個人行為條款。

有影響力的高價值員工、有權有勢的律師，有時會在他們的雇傭合約中要求增加不尋常的條款，種類很多，從底薪、績效獎金、停車位到要求公司幫他們雇用個人教練等等，各類特殊要求都有。然而，增加上述條款和刪除原本契約常見條文，這種做法有時會反咬企業一口。

比方說，多年來員工簽雇傭合約時，都須同意「在某些情況下，企業有正當理由終止合約」，這時員工會拿不到資遣費。解雇理由包括員工犯下暴力行為、在公眾場合濫用藥物和酒精、對他人性騷擾，或做出讓企業品牌蒙羞的行為。近年最戲劇化的「正當理由終止合約」事件，就是二〇一八年哥倫比亞廣播電視台，前任執行長萊斯．莫文維斯一案。哥倫比亞廣播電視台宣布內部調查顯示，萊斯．莫文維斯多年來持續違反該企業的反性騷擾規定，構成解雇正當理由，因此拒絕付給他至少一億美元的資遣費。❷

然而，如果好不容易爭取來的員工或顧問，因為「正當理由解雇」條款而拒絕簽署合約，企業可能會將條款強度刻意淡化，或甚至移除整個條款。企業會這樣做，有部分原因是某些男性認為，這種「道德條款」讓他們容易受女性黑函威脅。過去二十年來，我看過不少創投家接受董事委任時，拒絕簽署含有道德條款的合約。創投家不同意這種條款，結果就是他們可以為所欲為。如果將他們種種不當行為攤開給大眾檢視，讓這些人當董事的企業可能也會無地自容。但由於雙方已簽訂合約，企業沒辦法因不當行為直接解除委任董事。除非董事本人自行離職，否則企業必須繼續忍受這段委任關係。我擔心排除道德條款的結果，並非保護人免受不實控訴，而是賦予更大的權力，讓受委任人可以任意妄為，卻不用面對嚴厲後果。

我們已經看過不少企業高層被解雇或被控不當行為後離職，卻拿了公司一大筆補償金，讓其他員工覺得這些被控訴人不只沒受到懲戒，還得到更多報酬。從董事會角度來看，如果董事自己都不同意遵守與倫理守則一致的道德條款，公司要怎麼履行那些，理論上最終須由董事會來執行的倫理守則？創投家利用企業家尋求資金或滿足某些需求，趁機犯下不當行為，這種例子太多了。在〈正直承諾〉（*The Rights of Women Entrepreneurs*）一文中，雷德．霍夫曼提到：「從創投結構來看，很可惜，沒有人資部門來防止創投家做出不當、侵略性的行為，而他們也會（錯誤地）將自己的行為詮釋成不帶惡意的調情或玩笑。」[3] 此外，根據創投公司的結構，如果要解雇或移除厲害的合夥人，整間公司勢必重整結構不可。

我可以理解有些人拒絕上述條款，是擔心要負過多法律責任，但創投家和其他董事一樣都是領導人，想要企業主管和員工展現怎樣的誠信，自己就要先承諾做到一樣的誠信。

下一章我會談 Airbnb 為了強化執行倫理守則、透明度和違規懲戒，正在推行的新措施。

考驗時刻 13

盜用密碼

泰利是厲害公司資安部門的新員工。有天技術長蒂娜請他去會議室一趟。蒂娜交給泰利一張卡，上面印有厲害公司競爭對手的顧客資料庫伺服器位址清單，還有使用者名稱和密碼。

蒂娜冷笑道：「我們在 Blind 軟體上看到一些貼文，看起來這些人想駭進我們公司。我們有業務在路上撿到這張卡，他不是偷的，不是買來的，也沒有主動和別人要這東西。這樣玩很公平。」她將桌上一台筆電推到泰利面前。「我要你去離公司遠一點的地方，找間有網路的餐廳或咖啡店，用這台筆電試看看能不能登入他們的顧客資料庫，再讓我知道你有什麼收穫。把所有可能和公司有關的資料下載好，所有你找得到的資料夾也都複製起來。除此之外不要拿這台電腦做別的事，做完還給我。」

泰利結巴問道：「我們有通知聯邦調查局嗎？」

「之後會，現在我們需要證據。我們要搶在他們登入之前拿到所有資料。」蒂娜說完起身，又說：「別讓我失望，泰利。你的未來一片光明呢。不要跟任何人提到這件事，這是高機密任務。也不能對你主管說，懂嗎？」

保護公司資料很不容易，但泰利該怎麼處理這個任務呢？

1. 泰利應該直接去法務長辦公室，要求單獨談話。他應該趕快更新履歷，做好心理準備，如果法務長也要求他照蒂娜的話去做，他就自請離職。
2. 泰利應該去找他的直屬主管討論他和蒂娜的對話。他會希望有主管作證，他只是聽蒂娜的命令行事。如果他的主管也叫他照蒂娜的話去做，那就是另一個命令，他不用為此負責了。不過他應該寫工作日誌，記錄過程中發生的每件事，日後可以為自己辯駁。
3. 如果公司在 Blind 上發現自家網站被駭的證據，傳聞大概就是真的；這場戰爭是競爭對手先開始的，他們被報復也是活該。

【盜用密碼】情境討論

蒂娜向泰利提議的情境，可能會讓泰利犯下經濟間諜罪，這是刑事犯罪的一種。使用不屬於你的帳號，明知且故意登入私人資料庫，就像在一台保時捷旁邊地上撿到一把車鑰匙，拿鑰匙去試那台保時捷，然後把車開走。你認為這台保時捷的車主兩週前偷了你的豐田 Civic，但這和你的犯行有關聯嗎？並沒有。登入一個你知道你不該有權限登入的資料庫亂翻一通，你刻意使用不實認證，通常被起訴的罪名是通訊詐欺。本案中還會再加一個盜用營業祕密的罪名。

Blind 上面的資訊可能真的是內部流傳出來的資訊，但也可能是捏造的。由於 Blind 上面都是匿名貼文，上面任何資訊都不構成證據，不能當成前述行為的理由。

泰利面對一個棘手又壓力重重的難題。如果要實踐誠信，他要先想好長遠規畫再行動，因為這次他的回應將對職涯產生決定性影響。泰利當初進公司時簽的雇傭合約內容，包括他會遵守法律，而這項承諾是所有倫理守則的效力基礎。不論何時何地，只要是明顯違法的要求，就算是技術長提出的，被要求的員工都要謹記華盛頓砍倒櫻桃樹的故事：「不，我知道這樣做違法，如果你要我犯法的話我就不幹了。」

效忠主管不能當成上述行為的藉口，對盜竊祕密的競爭對手以牙還牙也不能當藉口，單純服從命令也不行。而且，我們會覺得一個品格良好，願意拒絕這種事的人，在其他地方會很難找到工作嗎？我個人並不這樣覺得，本題答案是選項一。

承諾遵守法律，是所有倫理守則的正當基礎。

第 9 章

金絲雀還活著嗎?：密切監控企業文化內的問題徵兆

刻意誠信可不是自動導航模式。

企業領導人必須全心支持這套持續進行的流程，確保刻意誠信被確實執行，並且用原本的立法精神去詮釋規則。領導人也要密切監控申訴案，並積極調查企業內可能的倫理「熱點」。

企業也應該考慮讓員工加入意見回饋群組，一起討論倫理難題和解決方法。

「礦坑裡的金絲雀」（canary in the coal mine）法源自二十世紀初期，當時英國煤礦工人每天都會用小籠子拎著金絲雀，進到礦坑深處工作。為什麼是金絲雀呢？因為這種鳥在高緯度地區飛行時需要特別多氧氣，牠們演化出特殊氣囊，讓呼吸氧氣的容量增加。也就是說，如果空氣有毒，金絲雀就會吸進雙倍分量的毒氣。另外，據說礦工也喜歡工作時有金絲雀在他們身旁嘰嘰喳喳。如果金絲雀音調改變或昏過去，則代表安全警訊，表示礦坑內二氧化碳或甲烷濃度正在升高，礦工們這時就該立刻逃命。❶

聰明的企業總是在找類似金絲雀的警訊，好儘早解決倫理問題，以免問題嚴重到產生毒氣。其他企聰明的企業總是在找類似金絲雀的警訊，好儘早解決倫理問題，以免問題嚴重到產生毒氣。其他企業用的具體方法我已經談過一些了，例如：

- 匿名電話熱線，讓員工可以不具名呈報倫理問題。
- 內部電郵信箱，讓企業可以收到員工詢問、議題呈報，以及其他關於規定的溝通交流。
- 一群由員工自願組成的倫理顧問，擔任全體員工的資訊管道，以及對公司機制提供意見回饋，讓企業了解還有哪些規則須要投注更多心力做員工教育。
- 資安部門和調查部門使用的軟體，當員工不當使用顧客資料、連上公司禁止的網站，或從事其他涉及公司平台和系統等行為時，可以做出標記。
- 還有，最基本的，讓員工向人資部門提出申訴。

上述方法綜合使用，你就可以從各管道中蒐集到的資料評估企業內部的誠信氣候如何。如果有天公司熱線收到匿名通報，說某工廠內部員工在交易毒品，你的企業品牌就面臨大麻煩了，不只這樣，其他遵守規則的員工和被指控做毒品交易的特定員工，也都可能面臨傷害。如果某部門好幾人分別來詢問能不能接受某位特定廠商的禮物，你就應該盡快查看這個「熱點」，避免真的有員工懶得諮詢公司意見就收下廠商禮物，然後開始祕密圖利廠商。如果有分別好幾位員工呈報同一位主管，說遭到或見證那位主管不適當的性騷擾行為……嗯，看來金絲雀快昏過去了。

較輕微的違規行為次數上升，也代表誠信氣候出現變化。例如我先前提到，不要忽視將私人郵件拿去公司郵資機打印之類的小動作。這種員工的藉口是：「我工時太長了，至少公司能幫我省下去郵局買郵票的半小時吧。」用長期觀點來看，這種外加成本可能微不足道，而有時「主管」的確也有權根據某種商業理由，就個案暫停適用某項規定。然而，當一個人決定用個人算計去抵銷工作現況的挫敗或不快樂，企業的精神和文化成本就會上升。這種行為一旦開始就是滑坡過程，而且後果可能比那個人的個人不適當行為還嚴重，那就是其他人也開始有樣學樣。接下來你就會發現他／她和其他同事說：「你已經連續第五天上班十四小時了，要我是你，我會找女朋友一起到外面好好吃頓飯，然後用招募員工的名義叫公司付飯錢。」

只要有一個人或一個部門開始合理化這種違反倫理的行徑，麻煩就開始了。專案投入程度、薪酬、工作環境條件，這些都是可以拿來和主管協商的正當議題，但如果用私下顛覆的行為可就不行。這種行為不僅破壞倫理守則條文，也違背守則精神。另外，這可不是基層員工才有的問題，我知道某家前景看好的企業，最近開除他們的執行長，原因之一包括他用公司名義雇用「特別助理」，而公司發現那位助理其中一項工作竟然是幫他家裡採購藝術品。執行長的理由是：企業沒他就運作不下去，因此他本人的快樂是企業必須保護的既得利益。嗯，猜猜看他們公司怎麼回應吧：付你薪水不就是讓你去追求快樂嗎？你可以拿「自己的」薪水去買對你有益的東西。

優步的慘痛經驗

要蒐集與誠信有關的資料不難，但當蒐集來的資料奏出不祥旋律，採取行動就須要勇氣。聽起來很理所當然吧？但對很多企業來說並非如此。

二〇一七年，一位名叫蘇珊．佛勒（Susan Fowler）的離職工程師所寫的網誌，加上其他原因，讓優步過了幾個月愁雲慘霧的日子，頻頻登上媒體頭版。她那篇網誌〈回想我在優步那非常、非常詭異的一年〉（*Reflecting on one very, very strange year at Uber*），提到她進優步上班第一天，直屬主管就傳給她一長串與工作毫無關聯的訊息。主管說他和女友目前處於開放關係，他女友很容易就能找到發生關係的對象，但他都沒有。他還說，他盡量不要在公司惹麻煩，但他就是忍不住，因為他一直在找能夠上床的女人。「很明顯他是想說服我和他上床。」佛勒寫道。她認為這番言論很不適當。於是將對話截圖，將主管的行為呈報給公司人資。

「優步當時算是規模滿大的企業，所以我以為他們會用一般大企業的方式處理這問題。我以為向人資呈報主管的言行，他們就會用適當方法解決，然後我繼續照常工作。可惜，事情走向和我想的不一樣。我提出呈報之後，人資和另一位更高層主管都告訴我，雖然這很明顯是性騷擾，主管確實對我提出不軌要求，但他只是初犯，如果要做出比口頭警告及申誡更嚴重的處罰，他們覺得不太舒服。那位更高層主管說，我的直屬主管有「高績效」（意思是他的主管們對他績效評價非常好），如果因為我主管的無心之過處罰他，他們會覺得不太舒服。」

佛勒說，後來他們建議她調去其他部門，假如她決定要留在原本單位，她自己要知道主管很可能會施以報復，將她的績效打得很差。不然，「他們也沒辦法做什麼。」[2]

佛勒接著寫道，她呈報主管的數週乃至數月之後，遇到一些女性同事，她們早在佛勒進公司前就向公司申訴這位主管了。綜合下來，佛勒判定人資不論對誰都說那位主管是初犯，然後對被害人說「公司不能做什麼」。在佛勒發表網誌，宣稱優步內部性騷擾相當普遍之後，優步人資最高主管據說「相當震驚」。❸不久後一家外部公司受託調查優步內部情況，根據該公司表示，總共有兩百一十五件性騷擾控訴，而且其中有二十人被開除。

另一方面，前任檢察總長艾瑞克・霍德也受託調查優步的企業文化，他發布的公開報告中有一個建議是，「高層主管應該要有能力追查特定機構或主管引發多起申訴的情況，而在這種情況下，介入那位主管的作為有其必要。」❹

很明顯，高層主管都有能力可以追查那些申訴。但要展現這能力，首先高層要有意願追查申訴才行。最高領導層對誠信的態度非常重要，優步就是個例子。

盲飛

網誌和社群媒體貼文，是企業面臨的另一個挑戰，當員工覺得自己擔憂不受重視，便會上網一吐怨氣。當優步發現原來佛勒不是唯一有這經驗的人，而是代表背後有更廣泛的行為模式，牽涉到更多女性時，優步剛開始對此表示驚嚇及不可置信（儘管他們明明知道），但他們也開始了解，原來真相終究會浮出水面。

佛勒在文章中相當仔細記錄她的經驗，而且用作者本名發表，算是少見的網路貼文。她沒有具名提到其他相關人，但我相信很多她當時互動過的對象在看這篇文章時都能認出自己。我認為佛勒勇敢得令人驚嘆，因為某程度上，員工都會害怕說出真相之後，未來找工作會很困難，或被業界列為黑名單。

至於其他網路平台，則逐漸變成員工評論職場議題的集散地。這些評論與其說是金絲雀的歌聲，不如說是一群吵死人的喜鵲在電話中朝對方呱呱叫。我指的是像 Blind 和 Glassdoor 這種用使用者只聲稱任職的企業來當成識別帳號，很少看到網友以真實姓名發文的職場討論社群平台。

這種網站設立目的，是讓大家能夠提供不受審查的真實資訊，並讓各企業員工互相交流，以達成 Blind 所說的：「有意義且彼此信任的對話」。所有使用者都可以在上面閱讀關於科技、社群媒體、人際關係、職場女性等等各種議題。不過，如果要註冊 Blind 帳號並在上面發表貼文，你須要提供一個企業信箱地址，供該網站認證，Blind 解釋道：「我們受專利保護的基礎設施，可以確保所有用戶帳號和在網站上所從事的活動，與郵件信箱確認流程完全分開進行。也就是說，光是從你在 Blind 上的活動，並無法追溯到你用來申請 Blind 帳號的信箱，就連我們自己也做不到。受專利保護的基礎設施會確保你的信箱資訊永久加密、上鎖。你在 Blind 上的活動紀錄則是儲存在另外不同的伺服器上。因此要將你在網站上的活動，與你註冊帳號時提供的任何檔案或電郵資訊相配對，是不可能的事。」[5]

好，來看看這段話是什麼意思：首先你要用乍看真實的任職企業名稱，以及該企業的郵件信箱來申請帳號認證。然後你就可以匿名做掩護，說任何你想說的話，而不用負任何責任。

就連網站營運者都不知道你是誰。在保證匿名的環境下，使用者可以發表那些具名就不能發表的各式資訊：薪資和紅利資訊、企業福利比較（健身房很棒，但員工餐廳很爛！）、面試建議、某企業會不會上市的猜測，以及對老闆口臭的侮辱言論。

這種平台有價值嗎？絕對有。未修飾的資訊可能非常有用。企業招募員工時總是會展現最好一面，不太會提起企業當下所面臨的負面因素，比方說某些部門被控訴種族歧視，或某間辦公室地點離有毒廢棄物處理區很近，或有傳聞說執行長快離開了。而且客觀來看，如果員工對自己公司有疑問，但又怕被當成笨蛋而不敢直接發問，他們就可以上這種網站問問題。

例如某位新進員工可能發現，執行長新公布的新策略方案，好像和部門主管最近提出的路徑圖互相矛盾。這位員工可以上來問些問題：我應該感到憂心嗎？該不會我的主管已經被邊緣化了？其他企業會常改變指示嗎？我真的懂那個新方案的意思嗎？對一名完全沒有不良意圖的員工而言，透過與網友交流，尋求更多脈絡和他人歷史經驗，可能獲益良多。

同時，員工也可以來發洩沮喪情緒而不用擔心遭報復，這種做法也滿健康的。當你知道自己不是唯一，覺得公司人資的雲端資料區很難用的人，或是連續五天上班沒有冷氣真的讓人無法接受等等，網友的認同可以讓你情緒得到釋放。而且誰知道，說不定你公司某位有職權做出改變的人剛好看到你的文章，就真的做出改變了。

然而，有時匿名性會召喚出人性最醜惡的一面。我在那些網站上看過別人對公司其他員工非常惡意、帶有種族歧視的言論攻擊。我也看過有人對特定群體發表鄙視言論，例如特定民族、某特定部門，和某些特定大學校友。有些人則會「洩漏」他人不正常感情關係的傳聞、討論企業專有資訊、把內部文件拍照上傳，甚至連擴張營運或公司訴訟等營業祕密都有人討論。有些言論則相當粗魯幼稚，例如我最近讀到這篇：「我是個酒鬼，身價五百萬美元。」有些人會在上面討論他們聽說某X企業的副總裁快要走路了。有了匿名身分的狩獵掩護，使用者有時會故意破壞他人名聲，攻擊同事的誠實性、工作能力、意圖，偶爾甚至會指名道姓。他們說的是真的？假的？是事實嗎？誰知道呢？如果你是被攻擊的對象，你做何感想？

雖然談這個已經超出本書主題範圍，我還是要說，我認為這種模式有很嚴重的瑕疵。你當初註冊Blind帳號時，可能還在電郵信箱所屬的企業任職，但Blind本身不會去追蹤你的職涯發展。你可能後來帶著怨懟離職，但還是保有原本帳號，就可以用原本帳號在網站上猛烈批判你的老東家。或者你可能把帳號給了某位記者，讓記者追蹤你所屬企業的某件「真人真事」。我有位執行長朋友曾經說過他的看法：「這種網站根本沒有倫理可言。如果你想解決問題，你就具名發表，然後公司就可以深入調查，做出改變。上面很多人都是因為沒有升官加薪而懷恨在心的。我就看過完全不符事實的控訴。」

我能理解他的沮喪。毫無疑問，有些貼文真的會傷害員工個人和企業整體名聲。我曾經和一些被惡意匿名言論攻擊的人談過話，陷入這種情況的人都相當痛苦。一則充滿不實資訊的貼文，可能在我和高層主管根本不知道的情況下，幾小時內就變成熱門文章，還被發表在推特上供數以千計的讀者和同事瀏覽。有些貼文還會引發主流媒體對該企業的調查報導；有些貼文則讓人整體形象變差，對當事人可能完全不公平，而且會引發讓當事人沮喪難受的八卦議論。

儘管如此，我們還是不能忽視這些網站的存在。他們所提供的資訊可以讓我一窺企業必須處理的問題或誤解。有些言論當然只是出於酸葡萄心理或人身攻擊，但也有些言論提供許多細節，而且很明顯是出於挫敗感，讓我不禁認為作者可能已經試過內部其他途徑，但公司都視而不見。我看過很多員工發表的文章，都是對職場上他人違反倫理的行為感到沮喪。他們不相信公司收到呈報問題後會用心解決。而有時候視而不見，會引發當事人想報仇的惡意欲望。我來說一個例子。

二〇一九年七月中旬，我在 Blind 上逛到一篇文章，吸引了我的注意。標題簡單寫著：「倫理申訴」。乍看這位員工是某家非常大型的國防產業上市企業員工。作者寫道：

因為和某位協理級員工發生了一些重大問題，

> 以及我內部導師與某位大家都很敬重的資深部門同事相繼離職，離職方式都很可疑，有點像被逼走，所以我現在也準備離開這家公司。我有幾位同事就上述人員離職一事提起倫理案件申訴，下場都不太好，讓我決定也要提出申訴。申訴案件越多，公司就會被迫認眞看待這件事，至少我是這樣想。有沒有人遇過哪家企業是眞的會處理倫理申訴的？還是只會讓原本的敵意和怨念變嚴重？
>
> 其實我本來不想花力氣申訴，因爲覺得根本不會有改變。如果我在提離職前就申訴，和在離職面談進行時再提申訴，哪個時機點公司才會比較認眞看待？❻

我看到這篇文章立刻冒出一些想法。首先來看這句：「有沒有人遇過哪家企業是真的會處理倫理申訴的？還是只會讓原本的敵意和怨念變嚴重？」作者竟然需要問「有沒有人」看過哪家企業會認真回應倫理申訴，這件事本身就非常引人深思。美國商業界，我們有麻煩了。每家上市企業都必須制訂倫理守則，而且必須提供清楚的呈報流程，但這位在大型上市企業工作的員工似乎對流程充滿疑惑，而且不太信任公司會有任何回應。

不過，這篇文章看得出來作者是真心且理由正當地求助，希望在整個部門和公司名聲受損之前得到網友建議，並解決違背倫理的情況。我覺得作者想做對的事情，我相信大部分人也都很想！我也認同在隱匿社群成員真名的情況下，會得到比企業官方網站，甚至是比社群媒體上一般具名回應更加坦白的答案。

大部分網友回覆都還算認真，有些人催促作者呈報問題，有些則很務實地建議相反做法：「沒用的。過了就算了，找份新工作吧，別再糾結了。這產業被太多爛主管摧殘了……。」某位網友說道。

也有網友說：「寫網誌然後轉推到科技新聞媒體 TechCrunch，然後邊吃爆米花邊看後續發展吧。大企業對吧？」

另一位網友則說：「記住，人資不是來服務你的，他們是幫公司做事。我身為主管看過好幾次申訴被輕輕放下，然後往窗外一丟。你每年拿倫理訓練證書和參加其他什麼典禮，值的差不多就這些。」

第四位網友則說：「…我前任主管和當時部門內一位同事疑似有感情，這件事我在離職前面談時曾經呈報過。結果什麼都沒發生。反正部門員工沒什麼價值，當下就被面談人駁回了。我主管當初排除眾議雇用那個人，一路幫那蠢蛋說話，搞到最後整個部門都受不了。我們部門在一年內就從原本十人掉到剩三個開發工程師。我是離職面談中唯一向公司提出這件事的，但其實整個部門私下早就都在討論我們主管和那名員工的事。」

學會適度透明化，展示公司有所行動

我從這些網友回應感受到很強烈的偏激和不信任。這些人顯然不太信任、甚至完全不信任自己待的公司會力求倫理行事。有些人似乎相信，他們主管刻意忽視公司的倫理規定，以及對有問題的行為視而不見。如果這些網友真的在他們所說的企業任職，我又是其中一家企業的法務長的話，我會從整體制度的角度切入研究。我很難想像這些員工所待的企業，有認真向員工表達過公司很重視誠信這件事。不過，就算用外人角度來看，當我們的商業氣候瀰漫這種感嘆，大概可以看成國家級的誠信警報，這也促使我開始在 Airbnb 做點不一樣的事。

在 Airbnb，我們開始花更多心思強化內部呈報案件的溝通媒介，特別是發布給員工的報告。裡面會提到目前有哪些倫理問題、問題出現區域以及最重要的，我們正在用什麼方法解決問題。我也談到 Airbnb 怎麼追查有毒行為和相關申訴案、案件發生區域，以及核心問題大概是什麼。但目前為止這種報告主要是給倫理顧問看的，好讓團隊更有效地回應員工問題。

從佛勒的網誌和 Blind 網站上的評論可見，很多員工都相信，企業收到倫理違規行為的呈報後會置之不理，我認為將來企業都須要好好回應理員工這份擔憂。由於倫理調查本身會產生隱私和保密性等議題，我可以理解為什麼員工有時覺得公司只是假裝有動作，其實根本沒調查。在優步案例，以及該企業遭員工投訴後引發的內部徹查，是有可能出現這種狀況。但我也可以告訴你，我待過的企業絕對不會視而不見。我們雖然不能公開說明對倫理申訴採取了哪些行動，但絕非置之不理。

企業可以嘗試做份年度摘要，彙整員工對倫理守則提出的問題，以及內部如何處理違規行為。至少要讓董事會看到這份報告。不過，企業還是要想辦法告知員工，這方面問題公司是怎麼處理的。當然了，基於隱私因素，給一般員工的版本，無法和給董事會的版本相同，但我還是認為用刪除部分資訊的格式也無妨，重點是讓員工知道公司如何處理熱線所收到的呈報。當員工完全得不到任何相關資訊，會懷疑公司將案子壓下也就不意外了。

這種較開放的做法，和多數企業傳統做法相抵觸，通常企業都會盡可能不透露這方面資料。他們可能願意公布內部安全檢查標準或已達成的業績目標，但要他們公布呈報哪些不良行為，以及加害人得到什麼後果？這時他們可能就不太願意多說了。有些人則會擔心，如果資料外流怎麼辦？如果最後發現是誤會一場呢？如果我們發現有些指控根本不可能找到證據或解決呢？如果案件變成訴訟被告，而公司又剛好持有可以讓原告證明我們對職場問題知情的資料，該怎麼辦？

在我看來，過度聚焦這些問題也是落入誠信陷阱。我們都很清楚，違反倫理的行為會對企業品牌造成重大威脅。如果員工都很完美，都有讀倫理守則，而且從來不會犯錯，那當然非常棒。但現實生活就不是這樣。

有些產業長年以來都要公布內部敏感資訊，如何公布這些資訊也是他們一直在努力的事。餐廳通常被要求張貼內部衛生檢查的分數。他們當然不喜歡公布這些事情，但大多數有理智的人都知道，沒有餐廳會百分之百杜絕螞蟻，或冰箱時時刻刻保持在完美溫度。最優秀的大醫院通常會公布某些高風險程序的致死率。這不表示他們的醫療品質浪得虛名，而是因為其他醫院的醫生尊敬這些大醫院的技術，會將病患轉診到這些醫院治療，因此須要公布這些資訊。在如今充滿挑戰並要求透明化的時代，公開說明所遇到的特定難題，就是企業做生意必須面對的現實考驗。

有些呈報進來的倫理問題，則和地理區域或文化有關。例如有些工作團體處於市中心，四周很多酒吧和夜店，他們比較常遇到的問題可能是員工結伴到這些地方大量飲酒，導致有人做出不適當或不尊重他人的行為。員工文化多元的企業，可能會遇到員工在公司廚房煮該民族特有的食物，味道瀰漫員工共用廚房和周圍的工作區域，引起其他員工不快。後者乍看不是倫理或誠信問題，但如果你的企業基本價值觀是包容和彼此尊重，則任何會引發人際衝突的事物都是誠信問題。負責處理問題的員工想得夠不夠仔細，夠不夠尊重當事人？是不是某種弱勢群體的文化，長期被主流群體排斥或忽視了？你可以做某種用餐與工作空間安排，讓所有當事人需求都得到滿足嗎？這就是多元文化職場的代價，為此付出很值得，但身為管理層你要深思熟慮、通情達理，而且須要取得一定資料，幫助你判斷這究竟是單一個案還是更普遍的現象。當你挽起袖子，努力去了解、處理，進而解決這些紛爭，你通常會找到一些解決方法，甚至可以進一步運用在其他地區或乍看無關的問題。

永無止盡的流程

有些領導人會提出這樣的擔憂：只不過是有人呈報特定違規行為，並不代表指控為真，公開這種尚未證實的指控不適當吧？嗯，如果我們收到多起違規行為呈報，但呈報的人沒提出多少證據，或很多指控後來被證明為不實，我們面對的則是另一種也很值得去解決的問題。呈報者是不是還不理解倫理守則？我們須要澄清特定條文內容嗎？特定群體內部是不是有彼此厭惡或報復的情況？

另外，當特定違規行為的呈報次數上升或下降，或根本沒有人呈報，我們又該怎麼解讀？某部門表面上沒有呈報某種違規行為，不代表那種違規行為不存在（雖然也可能真的不存在）。再次強調，如果一開始程序就透明化，這時就有資料可以分析，看看發生了什麼事。也許我們可以將問題外包出去，讓員工集思廣益，想出比原本主管想的更好的方法。如果某個工作群體不太常找倫理顧問諮詢，甚至可能隱約被阻礙呈報違規問題，當他們在討論過程中看見其他群體都在用這些資源，可能會開始仿效，往後就能更準確地呈報問題。

我心目中理想的成功狀態，是大家對倫理守則的發問穩定增加，而嚴重違反倫理的行為件數則持續下降。我們要嘗試新方法，讓透明化機制成為助力。當我們都知道原本設定的參數解決不了問題，就別再堅持老方法了。

我們已經講完打造誠信文化須要的六C原則了。我在刻意誠信講座常收到的回饋和問題中，有兩個領域是須要更深入探討的：首先是職場性騷擾；第二個問題則須要建立更宏大的社群標準以及誠信觀念，甚至有時可能要設計一套讓顧客遵守的行為準則。接下來我們就要處理這兩個議題。

考驗時刻14

三隻盲鼠

瑞克討厭衝突。但他對很多事情都有強烈看法，所以他會去匿名網站Blind大講特講。例如：「我們的資源回收狂熱根本是狗屁，我們花一堆時間把紙類和瓶罐分開什麼的，然後我看到總務員工直接把所有東西都丟進同一堆垃圾。這都是政治正確主管在喊的沒用口號啦。」「第四棟這個月下班後很多『高層』留下來開會喔。我聽說獵戶座專案的新總經理有在種頂級大麻，而且會分享給別人。我說分享是賣的意思。」

你是瑞克所任職企業的法務長，有人透過你的倫理專線匿名通報，說那個會在網路上言論苛刻、有時會做不適當評論的人就是瑞克，他會用三個不同帳號發文。通報人自稱是某位資訊人員的同事，他說那位資訊人員之前幫瑞克設定幾個不同的假信箱，讓瑞克可以在Blind上面註冊好幾個帳號，用不同分身發文。

你要撕掉貼文作者的假面具嗎？

1. 忽視匿名通報和網路貼文。一旦你開始關注匿名網站上的文章，你的責任範圍會大到什麼程度？
2. 深呼吸，然後開始監控網路發文。從某些貼文來看，你的企業出了倫理問題。專心調查這些案件，而不是射殺傳信人。指派一位調查員，調查網路上資源回收和販售藥物的指控是否為真。
3. 指派調查員調查那位資訊部門員工和瑞克的信箱和網路使用紀錄。如果匿名通報為真，他們兩人共謀濫用公司郵件地址從事無關工作的目的，違反公司規定，都應該被開除。

【三隻盲鼠】情境討論

把頭埋入沙堆祈禱這一切自動消失，是很誘人的想法，但不可以這樣做。不論你喜不喜歡，你現在已經知道一個潛在問題了，你須要追蹤這件事的後續發展。另外，我個人不接受「你不知道的事情不會傷到你」這種想法。你知道問題、處理問題，結果會好得多。

首先，你必須查明販賣大麻的指控是否為真。不管大麻在你的州是否合法，網路貼文提到的販售管道不可能是合法授權管道（也不可能對大麻販售課以適當稅收）。這很可能是刑事犯罪。更糟的是，截至目前為止販售大麻依然違反聯邦法律，使用公司財產做為販售管道，意味如果瑞克因為這則貼文被逮捕，你的公司財產會有被聯邦政府沒收的風險。到時你會很難跟董事會開口解釋這件事，尤其如果你早就知道，但無所作為的話。現在你可以選的做法很多種，你可以在第四棟建築物安裝監視器、調查瑞克的進出門禁紀錄，或深夜突襲檢查辦公室，以釐清謠言真偽。

接著我會調查資源回收案。這情況應該不致涉及刑事犯罪（除非你所在區域的法律規定要資源回收）。但即便如此，如果同樣情況持續下去，你的「環保」專案可信度也會受到打擊，員工也會質疑起你的領導力。稍微檢查一下垃圾就可以確認這則謠言的真假了。

第三，如果資訊部門員工真的私下同意創造假電郵帳號，你的資訊部門就有麻煩了。你可能反向聯繫匿名通報人，確認那位資訊員工名字，或至少啟動獨立稽核，檢查公司電郵紀錄以確認有無假帳號存在。同一份電郵紀錄也可以幫你釐清誰在用這些假帳號，以及誰在網路上匿名發文。

如果販售毒品的謠言經確認為不實，你須要盡快處理惡意散布謠言的人。但如果謠言為真，則發文者可能享有一定程度的吹哨法律保護。不過，至少你應該和員工談談，鼓勵大家使用公司現有的內部管道呈報問題。

資訊透明的時代會產生一些很難處理的問題，但不代表你可以忽略它們。

第10章

老兄，你的問題不是「不懂把妹」而已：職場不當性行為

遭受性騷擾和其他掠奪行為的女性，長久以來都在沉默中受苦。然而企業領導人和其他旁觀者沒有採取行動制止，情況因此惡化，導致性不當行為至今仍是職場上持續存在的威脅。以往防制老招——設立熱線和罐頭式員工訓練，就是沒用。我們須要新點子。

我和太太吉莉安喜歡在晚上，沿著舊金山高低起伏的街道散步。幾年前，我們還沒結婚時，某個晚上我們在中國城的蜿蜒街道裡走著，路邊小餐館賣的湯麵正冒出白色蒸氣，有些店面展示著充滿異國風情的玉雕。忽然吉莉安的電話響了，她接起來，接下來一小時內，她只是靜靜地聽對方說話，偶爾插句：「我的天啊，不會吧。」和「啊！妳要撐住。」我永遠記得她對電話彼端輕輕說道：「自殺不會解決問題，這又不是妳的錯。」

那是我第一次聽到她接起「九一一電話」，她是這樣稱呼的。這種來電所敘述的事情，往往讓人全神貫注，聽了傷心，而且情節很可怕。

吉莉安的職涯很有趣，她在許多不同產業待過，包括金融業和媒體，日後她回憶起這兩種產業時，將之評為「好色之徒的樂園」。目前她是矽谷一家創投公司的合夥人，也是非常活躍慷慨的慈善家。此外，她也支持幫無家者蓋收容所、食物銀行和其他有影響力的非營利組織。

吉莉安少時家境良好，出社會後也從事高階工作，但她在二十幾歲時有一陣子流落街頭，因為她愛上一名會暴力相向的男人。最後對方加諸她的肉體傷害太嚴重了，她身心巨創，也不願和家人聯繫，她只想先找回自己。那一年她流浪在不同收容所，經歷重重困難後重返社會。她變得比自己原本想的更堅強，而且決心成為女性保護者。

當 #MeToo 運動爆發時，吉莉安和創投同業們就這議題談了很多，對象有男有女。本書先前提過，創投產業中有些男性會仗著自己的財富和權力，要求女性創業家、女性主管和女性董事等等，提供性利益做為回報。吉莉安和越多女性專業人才談話，就越感到沮喪。這些人有的外表堅強，內在卻因這些創傷經驗而痛苦不堪。吉莉安常常把自己的電話號碼給這些女性，敦促她們有需要隨時打來。這個做法後來就變成「九一一電話」或「SOS 專線」，遇到 #MeToo 難題或經驗的女性會打來求助。不久，有些吉莉安原本不認識的女性也開始傳簡訊來請她幫忙。

三年間，吉莉安估計自己接了將近兩千通簡訊和電話。她也曾接受採訪，談創投業界的性騷擾議題，在 Youtube 上有數百萬次點閱數。這些年來，她一再聽到各種讓人寒毛直豎的故事。有時候男性潛在投資人會要求發生性關係，並暗示對方不照做的話，不但拿不到資金，可能還會被列入黑名單。有時她也會聽到女性主管說在公司派對時或大家出遊時，被老闆或同事逼入角落、亂摸，甚至被迫性交。

「放長假時電話會變多。大家喝醉了嘛。我有次接到一名女性電話，她說某位高層主管在派對上頻頻對她說：『妳就快爬到想要的職位了，我知道妳很想。』」後來那位女性暫時結束對話去廁所，主管竟然尾隨進去，撬開她所在隔間的門板，把她壓在馬桶上強暴。事後那位主管對她說：「好啦，妳現在爬到了，妳會升官的。」

現在我已經很習慣聽到這些來電了。只要吉莉安邊聽電話邊用唇語對我說「九一一」，我就知道接下來一小時她都在占線狀態。有些女性匿名打來一次，就沒有下文了。有些人後來則和吉莉安變成朋友。吉莉安說，她接過的電話裡，大概有兩打左右的案子出自累犯之手，她也從其他女性口中聽到同一名男性的犯行。這時她會問兩邊被害人，如果她們都同意的話，可以介紹她們認識彼此。吉莉安說，當被害人發現原來還有人也遭遇同一人虐待，他們常常能產生情感連結，並鼓起勇氣正式提出呈報或申訴，讓加害人被趕走、丟掉工作或甚至面臨更嚴重後果。有次她收到ＳＯＳ電話，得知一位她自己認識的創投家逼迫某位女性創業家為他口交，做為投資回報。吉莉安親自介入此事，她主動向那名創投家的合夥人示警，而且和創投家本人對質。

「我很少真的嚇到，因為很多事我自己也經歷過。剛開始女性會責怪自己為何要和那名男性獨處，或為何讓自己落入這般田地。」吉莉安說道。「但她們開始和其他被害人談話之後，就會發現原來是加害人刻意製造這種情境的。當女性彼此連結，她們就不會覺得自己那麼骯髒。她們會了解原來自己並沒有要求這種待遇。她們當初和對方會面的那些會議，本來就只該是商業會議而已。」

吉莉安說她的目標不是做個人療癒，而是幫助遇到這些事件的女性在職場上重新找回自信。「我都說妳們一定要保持冷靜，不可以崩潰發怒。妳們一定要積極行動，不要被動。絕對不可以讓那些人看到妳在哭。」但她這樣說，並不是什麼都不做，或對這些犯行置之不聞。某次她接到電話，對方所說的男性是她認識的人，而且雙方算是朋友。她聽完後直接打給那名男性，告訴他：

「我知道你在幹嘛，你該停了。你須要幫忙。」

吉莉安對細節一概保密；她從來沒對我說過任何當事人的名字。但她說的故事感染力強烈，讓人無法忘懷。透過吉莉安的視角，我對性騷擾帶來的種種後果有了更深刻的理解。

「抽離脈絡」是吧？

當然，我對這主題並不陌生。身為科技業法務和顧問，我也經手過很多件性騷擾調查。吉莉安跟我描述過的那些行為，我也收過內部呈報。我也為此開除主管過。我也曾與被控做出不當性評論、提出性要求，甚至肢體接觸或性攻擊的男性當面對質過。我也遇過被控訴者矢口否認的情形。有時明明已經有證據，例如內容不當的電郵，或短短幾天內就幾百封手機簡訊，其中一些男性依然死不承認，堅持只是「兩人打情罵俏」，或我們看的方式「抽離脈絡」。甚至有些時候，除了被害人的說詞，什麼證據都沒有。

在我私人生活圈裡，性騷擾醜聞也不是新鮮事。我以前投資過一家公司，後來該公司因為性不當行為醜聞而垮台。我也曾經擔任某家公司顧問，後來該公司執行長，也就是我當時的同事，在節慶派對上喝醉酒，當眾從後面抱住一名女性，將他的下半身頂入對方兩股之間。他後來很不光彩地離職。

吉莉安現在還是會收到許多女性的訊息和來電，但情況變得比較複雜。例如，曾經有男性打SOS電話來，說他們受到女性威脅，如果拒絕投資她們的公司，她們就會控訴遭受性騷擾。吉莉安在 #MeToo 運動中也看到另一種對女性的傷害：「儘管這種行為表面上正在減少，有些男性

開始用擔心被 #MeToo 做理由，拒絕和女性合作。他們說他們很怕被別人不實控訴，不想要和女性私下開會，或覺得自己可能會因為隨口玩笑而被呈報。有些人是認真這樣想，但有些人只是在找藉口。」我自己也聽過類似說法，但這種意見不只是違反倫理，基於性別將女性排除在會議之外毫無疑問是違法行為。

嚇人的數字

我不知道 #MeToo 相關行為有沒有因公眾注意而減少，但我很確定這種行為不但還存在，數量也多得讓人無法接受。對女性和她們所任職的企業而言，性騷擾這個威脅依然暗潮洶湧，不知何時爆發。二〇一八年十月，全球商業顧問 FTI 公司（FTI Consulting）和女權組織 Mine the Gap 合作，對將近五千名女性專業人士和一千名男性專業人士進行調查。這些受訪者所處的產業領域為科技、金融、法律、能源和醫療照護。統計結果值得我們深思：

- 過去五年內，三八%的女性專業人才遭遇過或目擊過職場性騷擾或性不當行為。
- 超過四分之一女性專業人才（二八%）去年曾遭遇或目擊職場上非合意的肢體接觸；將近五分之一的女性專業人才曾親身遭遇過上述行為。根據產業別而定：三四%科技業女性專業人才去年曾遭遇或目擊職場上肢體接觸；能源業為二九%，法律業為二七%，醫療照護業為二六%，金融業為二五%。
- 受訪專業女性人才中，約五五%的人表示如果某企業遭指控發生 #MeToo 行為，她們進該企業工作的意願會降低，四九％的人表示購買該企業產品或股票意願會降低。

- 受訪的專業女性人才中，四三％的人過去遭遇或目擊前述行為並未呈報。受訪的專業男性人才中，三一％的人過去遇到上述情形並未呈報。兩種性別受訪者都表示，不呈報的主要原因是：害怕對職涯產生負面影響，害怕被視為「難搞」的人，以及害怕被報復。❶

不須要多少聰明才智就能知道，儘管媒體大肆報導，儘管已經很多有權有勢的男性因為性騷擾而失去工作和名聲，儘管許多企業宣布「零容忍」政策，大部分企業對性騷擾的防制做法都沒什麼效。很明顯，強制大家收看人資準備的制式課程影片，無法防止性騷擾，而大部分員工也沒興趣用匿名熱線呈報問題。很多企業的員工都不相信自己公司會認真看待呈報，反而認定呈報不會有效，只會「斷送自己職涯」。

我想要更深入探討處理職場性騷擾的複雜面向，同時對我也想對現況提倡幾個改變。我不接受將這種等級的不當行為簡化為「人性」的說詞。

我認為我們須要開始一個更宏大的對話，「我們」指的是男性、女性、主管、非營利組織、媒體，基本上每個人都納入，討論如何將性騷擾從我們的文化中徹底驅離。我們須要激勵和複製出更多世界各地的吉莉安，不論他們是促進倫理改變的運動者，或只是目擊性騷擾，但願意出聲支持被害人並制止加害人的旁觀者。商業領袖須要對此定調，表明性騷擾不僅不適當，而是完全不酷、毫無品味、令人噁心。一旦定調，商業領袖更須言出必行。

性騷擾的真實現況

我們先大致了解，一些企業處理性騷擾和性攻擊時所面對的法律現況。初入門的人要先掌握專有術語。近年來很多新聞媒體提到的案子都用「不當性行為」（sexual misconduct）籠統稱呼，這個詞彙包括性攻擊和性騷擾。但其實這兩種刑事犯罪有非常具體的差異。

性攻擊（Sexual Assault）是刑法重罪，意指刻意性接觸，特點為使用外力、威脅、恐嚇，或濫用權勢，或於被害人不同意或無法表示同意時做出犯罪行為。性攻擊包括強暴、強迫雞姦，以及其他加重、施虐的不合意猥褻接觸（例如，違背對方意願親其臉頰）。

在美國，性攻擊不論何時何地發生，都構成刑事犯罪。每位被害人都有絕對權利向執法部門舉報犯罪。有誠信的企業不會介入前述流程，並且會支持執法部門的調查。

如果做一份職場不當性行為的爛人榜，這份令人厭惡的榜單上會出現一些被指控多次重複犯下性攻擊的人。被害人提出申訴後不僅被忽視，有些案例更遭他人刻意隱瞞。我們在先前章節提過，有兩家企業是這問題最顯著的例子：永利度假村和溫斯坦影業。

永利度假村遭判罰款，該企業高層主管也被政府管制部門指控，多年來一直幫永利創始人史蒂夫．永利促成犯行、忽視被害人申訴，甚至刻意隱瞞多件申訴。❷ 這家企業二〇〇四年起就應該訂有性騷擾「零容忍」政策了。哈維．溫斯坦則基於他在種種商業名義會議中對女性做出的行為，遭檢方以強姦、犯罪性行為（criminal sex act）、掠奪性性攻擊（predatory sexual assault）罪名起訴。❸ 不僅如此，許多女演員和其他女性都站出來指控，溫斯坦也曾對她們做出不當行為，很多案例是溫斯坦刻意操縱女性，讓她們前往他所待的飯店房間私下會面，接著他便在房內威脅對方與他發生性行為。以上兩位男性都否認指控，堅稱一向都是雙方合意行為。

性攻擊的重點，是企業面對任何性攻擊指控，都必須盡可能完整、公平地調查。如果有充分證據顯示該員工犯下性攻擊，企業必須將該員工從職場移除。我會建議移除員工的決策不必等到法院判決確定有罪再做。企業採取行動的舉證義務，遠低於刑事法院陪審團。

性騷擾（Sexual Harassment）的意思比較複雜，也常常被誤解。例如很多人會很驚覺，原來實際罪名不是犯下性騷擾的人所構成，而是由允許騷擾發生的雇主所構成（他們這才了解，原來有時候雇主才是法律上的騷擾人）。根據EEOC規定，性騷擾涉及兩種具體的職場侵犯行為：**交換性騷擾（Quid pro quo harassment）**，意即要求對方提供性利益做為對價；或**敵意環境騷擾（hostile environment harassment）**，即創造出一個帶有敵意的職場環境，導致員工表現受到干擾。

媒體報導有時會搞錯性騷擾的意思。通常同儕或甚至主管提出的評論、性邀約，乃至講黃色笑話等，都不會構成犯罪，但如果雇主容忍其職場上存在前述行為，就構成犯罪了。此外，如果主管用威脅方式使用性，或用性來要求女性，做為獲得加薪、工作任務或升遷的對價，他們所任職的企業也要負法律責任。[4]

仔細想，法律這樣規定有其道理。成人開啟浪漫感情關係、性關係或互動的方式很多，從工地建物的梯子上朝路人吹口哨、在交友軟體Tinder上頭往右滑、在酒吧裡悄悄靠近某人、在火車上四目交接，到單身者限定的度假旅行都有。有人會覺得某句試探言論有侵犯性，但同一句話在他人聽來可能認為充滿性感魅力。浪漫感情關係太複雜了，法律無從對這種言論做出合理干預。此外，只要沒有「控制關係」，也就是同事一方從工作階層來看不須管理或掌控另一方，兩人因為工作而發展出一段真正雙方合意的關係，並非罕見，也不一定帶來麻煩。

因此責任落在雇主身上，因為員工上班時通常都在雇主掌控之中。人需要工作謀生，也因此需要得到保護，免得不當行為干擾他們的謀生需求。但員工無法選擇和誰一起上班，坐在誰隔壁，以及和誰有多少程度的互動。如果派對上有某個男的說他喜歡你的髮型，約你出去，你不想要的話可以直接拒絕走開，或乾脆離開派對現場。但如果你隔壁隔間的同事約你到她家晚餐，已經問了八次，現在又轉寄給你一些3P和捆縛的文章，她的行為可能會影響你專心工作的能力，並讓你感覺不安。法律同意你不應該藉由辭職或請求換位子才能找回心靈平靜，因此如果你向雇主呈報同事上述行為，雇主就必須想辦法保護你（和其他人）不受騷擾。

話雖如此，實際上從聯邦、各州到各地方司法權，對敵意工作環境的判斷基準並不一致。例如紐約判斷敵意環境的標準是「具有理智的人」是否會認為該工作環境為有敵意。聯邦法律標準則是該行為是否達到「嚴重或蔓延四處」。

如果考量以上所有因素，並且不對性攻擊或性騷擾被害人遭遇的不適、甚至創傷做最小化預測，在我看來，這種複雜度代表的就是企業無法將員工訓練到合法標準（如果在很多州都有辦公室，那就是很多套合法標準）。員工要有一套能做什麼、不能做什麼的實際具體的指引，光是法律原則還不夠好用。比方說，Airbnb和臉書都有一條「只能約一次」（ask out once）規定：如果你邀約同事出去，對方拒絕，那就沒有下次了，你不可以一直去糾纏或煩對方，否則你就是違反倫理守則。

還有一件重要事實：性攻擊和性騷擾的差異可能很細微。我們用FTI報告中提到「不合意肢體碰觸」的訪問題目來看。究竟是性攻擊或性騷擾，是根據接觸強度而定。襲擊女性胸部、強壓在牆上親吻對方，以及闖進廁所強暴他人，這些很明顯都是性攻擊。如果這類行為的指控有可信度，加害人就應該被開除，以及被檢方起訴。

然而像在人群中輕輕撫過你身體，輕碰某人手臂或背部上方，這些可能都不是合意的接觸，但這是故意而為的嗎？有性意味嗎？是只有一次還是好幾次呢？對方有沒有惡意呢？釐清每種動態狀況可能很複雜，也要看你的調查結果如何才能決定怎麼處理申訴。

你可能會問，如果激發誠信警報的風險這麼高，為什麼不在那個人初犯時就立刻開除對方？殺雞儆猴的做法不是能讓他人引以為戒嗎？理論上，也許可以。但有時候人可能剛好很笨拙，有時則是心不在焉。有時就是會發生意外碰觸。可能是某人走在別人後面，剛好空間很擠，結果雙方互相碰觸，但不一定帶有性意味。另外，被控訴人得知被呈報時的態度究竟是生氣、抱歉或羞愧，也是我的判斷重點。被碰觸而感到不適的人完全有權利呈報行為，但被控訴的人也有權得到公平且富有人性的聽證。

前述情況中，企業做出回應前要考慮的另一個元素是，如果雇主在沒有充足證據的情況下就開除被控騷擾的人，反而會被對方以違法解雇或歧視特定保護族群為由，向政府機關呈報或提起訴訟。簡單地說，就是控訴企業以防制騷擾為名，行歧視之實。

很複雜吧。企業遇到這種現實情境通常很難抽身：企業要負起所有法律責任，但加害人反而無事一身輕。我這裡用個虛構例子來呈現：假設五十九歲的哈洛迷戀他的助理茱蒂，但哈洛只有在雙方獨處時才會做出不當行為。他很聰明，不會留下軌跡。他從來沒有威脅要開除茱蒂或把她的考績打差。也沒有證人，沒有可以佐證的郵件或簡訊。茱蒂甚至無法將她和哈洛的會議內容錄音存證，因為在她所處的州，這種行為違法。茱蒂最後對人資申訴，說哈洛在自己辦公室與她獨處時企圖摸她一把，而這只是哈洛諸多不當試探的其中一樁。

人資調查後找不到證據。企業執行長自認是這方面零容忍的領導人，於是下了決定：「我相信茱蒂。把哈洛開除吧。」

這做法正確嗎？執行長如果根據合理證據做判斷，她甚至不須要外部佐證，法律上有權利開除哈洛。什麼意思呢？例如茱蒂雖然沒有證人或外部證據，但她在三次面談中敘述哈洛在兩人獨處時做過和說過什麼，說詞前後完全一致。另一方面，哈洛針對他和茱蒂互動時特定細節，則一再改變他的解釋，堅持是茱蒂「抽離脈絡來看」，或「想太多了」。對雇主而言，企業已經受充分的法律保護，可以開除哈洛。但整個案子可還沒結束。

哈洛可能已經想好一套抗辯，暗示整個案子一開始就是針對他而來。他說：「完全沒這種事。茱蒂之所以胡說八道中傷我，完全是因為她表現太差勁，又怕我把績效打差。我知道你們為什麼要開除我，其實就是年齡歧視。」

於是法務部門開始調查了。法務長發現有人把之前財務長寫的某封郵件轉寄給哈洛，信裡寫道：「我們要趕走一些光會坐著休息的老屁股，來點年輕人的新鮮能量。」哈洛威脅要對公司提出職場歧視訴訟。

壞消息是，沒有充足證據哈洛真的有騷擾茱蒂，如果你開除哈洛，哈洛反而有具體證據可以證明，公司傾向根據員工年齡多寡來做人事決定。很多類似案件中，被害人和企業本身都是輸家。或是企業最後答應付哈洛一大筆錢和解，讓哈洛對外宣佈他要退休回去陪家人。遇到這種情形，雙方通常都約定對案件細節保密，哈洛也許可以在原本公司繼續工作，或是去新東家，而新東家對他先前行為細節概不知情。最後，須要為不良行為負責的人，反而可說是受苦最輕微的人。

如果企業提倡或刻意忽視內部公然且普遍的騷擾行為，例如「兄弟會」那種文化，企業應該受到嚴厲懲罰。這種情況下，通常會有很多起可以找到目擊證人的不當性評論或性攻擊案件，甚至還有電子郵件，可以用來佐證或反證指控不實。

但更常見的狀況是，不當行為通常都在安靜角落、電梯裡或飯店走廊上等沒有證人的地方發生。宣稱是受害者的人有一套故事，被宣稱是加害者的人又有一套故事。假設雙方說詞都可信，企業就會像哈洛與茱蒂的雇主一樣，陷入難為局面。我的例子直接講明錯的是哈洛，但公司就是沒有明確證據反擊。

我們須要用政策解決上述困境。我們須要找出如何提供被害人適當支持，我也認為要讓騷擾人負起個人責任。容忍騷擾和敵意的工作環境，企業是罪有應得，然而企業一旦開始介入，面對心術不正、行事幾乎不留痕跡的騷擾人，反而會陷入既不曉得實情，又要負起所有責任的困境。就性騷擾議題，我們要怎麼做才能創造出更好、更公正的文化呢？

我認為要先開拓出三道前線——領導力、更大的法律架構，以及更廣義的文化。

一、記住第一個C：從最高層開始，高層領導力會形塑職場文化

領導人必須定調適當的職場行為。如果領導人用不適當、有性意味的語言，其他人就會有樣學樣。另外，不論領導人屬於哪個性別，如果領導人對明目張膽的性話題和相關玩笑抱持容忍態度，不良行為出現的機率就更高。領導人的定調不只是透過行動，他們容忍什麼也是一種定調。如果不良行為沒有被即時點名制止，情況就會繼續惡化。

有權有勢的男性犯下不良行為的故事層出不窮，但我也聽過其他男性，包括知名上市企業領導人，抱怨自己現在反而像被害人。「我覺得現在什麼都不能說、不能做了，可能會被錯誤解讀，我

要離女人越遠越好。」或是：「我絕對不去有女同事參加的晚餐聚會，因為我可能會被不當指控，說我做了什麼不當行為。」

這種因應方式完全錯誤，如果真的做了，反而助長歧視（而且也違法）。如果你會在晚餐聚會談生意，就不可以限制只讓男性參加，而把自己鎖在飯店房裡，啃客房服務送來的雞柳條當晚餐，這不是好主意。有些企業，比方說 Airbnb，採用的做法比較好。首先要擬出明確的限制規定，然後和董事會達成協議，或直接在倫理守則規定：最高層主管不論性別，一律不得和任何員工發生浪漫感情關係（而且要具體定義何謂浪漫感情關係，以確保不論所有涉及性意味的事物，不管是一夜情或長期關係，都包含在條文內）。再來要針對這主題，和高層主管團隊展開具體對話。將對話內容做成書面，納入企業整體政策，像 Airbnb 一樣，不可以有混淆空間。

其次，如果你要和某位部屬晚間聚餐，要找個理由和所有直屬部屬都吃一次飯。大家一起吃，或你輪流和每位直屬單獨吃飯都可以。你在飯局上還要主動講明對酒精和適當話題的立場是什麼，定調是領導人的責任。

多元能強化尊重。打擊騷擾行為另一個方法，就是確保企業所有階層的人員背景多元，包括領導階層。當權力動態不會強烈傾向某個群體，不當行為就比較不會持續發生，或比較不會被容忍。代表性不足的群體往往容易成為不良行為的目標，而性別比例較平衡的團隊比較不會遇到這類問題。

謹慎規畫最有可能發生性騷擾的場合：派對和出外會議。吉莉安說過，每次遇到假期，她的SOS專線來電次數會飆高，因為大家都在公司派對上喝太多了。那些會舉辦大型派對，過程中無限量供應酒精，還一路開到深夜才結束的企業，根本是在自找麻煩。舉辦符合企業文化的活動一樣可以玩得很開心。例如 Airbnb 去年就沒有舉辦假期派對，而是在公司大廳舉辦「體驗」活動，節目最精彩的部分是，房東上台講述他們的經驗，現場有供應食物和酒精飲料，但飲食不是活動重心，而且活動很早就結束了。我舉 Airbnb 為例，是為了和舉辦大型派對、酒類一路喝到凌晨的企業做出對比。我還在其他地方讀到，有些企業的派對甚至會雇用專業模特兒和員工一起玩樂。

不要光靠內部熱線獲取情報。上市企業必須設立熱線讓員工呈報騷擾，很多非上市企業也從善如流。但不要以為光是設立專線、不時查看信箱，你的問題就解決了。被害人通常刻意不用熱線，因為他們不信任內部流程，也深知負責處理呈報的法務和人資都代表公司，而非代表被害人。我們在第九章提過，企業必須持續密切注意所有和倫理及職場安全有關的資料，包括呈報流程的現況。不要以為呈報件數下降就代表問題解決了。員工真的信任這套流程嗎？有沒有什麼資源的效果可能更好？

例如就員工對管理層級的指控，可以考慮設立一個把申訴自動轉發給獨立第三方的熱線機制，由第三方調查指控，並直接向董事會報告結果。或用公司預算雇用獨立申訴專員，交給申訴專員和提出呈報的員工討論，並由申訴員提供建議。如果企業能和員工開放討論上述流程，就能強而有力地表達出公司不會忽視員工呈報，也不會縱容不良行為的立場。這大概是防止誠信警報醜聞發生的唯一方法。在FTI報告中，二二%的高階女性人才，以及二〇%的高階男性人才說，他們擔心所處的企業內有尚未爆發但即將爆發的 #MeToo 案件。哇！所以你要不時自問：我們做得夠了嗎？還有什麼可以做的？

重心放在防範「第一椿」不當行為。就性騷擾這件事，杜克大學的丹・艾瑞耶利跟我提過一個有趣的論點。當某人對員工做出性攻擊，或是威脅對方不配合就會丟掉工作，或要求對方用性行為交換升遷，你就已經身處危機了，很難立刻、輕易糾正這種恐怖行為。他認為，你的重心應該放在如何避免第一樁不當行為發生。對其他人清楚指出觸摸其他員工可能引發的問題，或點出職場上和酒精有關的危險狀況。不良行為通常會先在上述領域中出現，這時問題嚴重度通常也比較小，較能有效處理。反之，如果刻意忽視，加害人會開始習慣將自己的不良行為合理化，如果他們犯下第一樁不當行為後沒有被懲戒，就會將結果視為下一次違反倫理的許可。他們眼中的倫理界線變得模糊，膽子可能也大了起來，犯下的行為可能就會演變成災難。

二、時代一直在變

我在矽谷工作這些年，利特樂事務所（Littler firm）的就業法律師潔姬．柯克（Jackie Kalk）一直是我遇到就業法難題時的最佳外部顧問。她提到最近新發現一些趨勢，我聽了覺得是很健康的改變。

首先，全國各地出現好幾例法院裁決，性騷擾被害人可以對主管和其他掌控被害人謀生能力的人提起民事訴訟。以前被害人只能對雇用加害人的企業，提起就業法相關主張，現在全國很多地方依然如此。這些判決先例很重要，能向握有權力的人送出強烈信號，讓他們知道要改變自己的行為。

其次，過去防止遭遇騷擾和歧視被害人說出經歷的保密條款，立法者已經開始出手壓制。以前這種保密條款允許，加害人在不受懲戒的情況下繼續加害行為，現在紐約、加州和奧勒岡已經禁止這項約定。甚至聯邦國稅局都採取行動，規定如果和解協議中包括保密條款，該協議就必須列入雇主課稅項目。

潔姬也提到，她發現企業開始重新要求，新任高層主管在雇傭合約中簽署同意「道德條款」。這改變可大了，我非常支持。這種條款規定，如果該主管因為犯下「違反誠信」行為，如歧視、性騷擾、賄賂、偷竊等，不但會遭公司解雇，更不得向公司請求任何其他情況下，得以請求的資遣費。如果企業沒有在雇傭合約中納入一段仔細設計過的道德條款，當領導人被開除時，可能必須奉送上令人尷尬的分手禮物，而如果這位領導人在任時言行惡劣，臨走前公司還送上一份大禮，員工接受到的信號會非常糟糕。

三、旁觀者和文化轉變

我認為人們要刻意讚揚正面行為，讓騷擾加害者察覺到他們好日子不多了。我們必須在社會和文化中刻意培養更多同理心，而且不論在哪發現性騷擾或不當行為，包括職場上，都必須採取行動。我們要激發這種行為，並給予嘉獎。這對人類來說是對的事，而為了公司好以及未來事業成功，也是對的事。

我原先假設很多性騷擾事件都發生在相對隱密的地方，說不定大部分都是。我個人除了目擊過不當評論和笑話，不能說真的看過比這更嚴重的行為，畢竟大部分員工在公司律師面前，都知道要保持最佳狀態。不過，和雷德．霍夫曼談話後，我開始對「旁觀者」這個概念感到興趣。於是我開始問其他人，他們有親眼見過或聽別人說過上述情形嗎？或是他們有沒有在其他人面前經歷過上述情形？詢問的對象男女都有。旁觀者的行為究竟是怎樣？他們會傾向介入，還是假裝沒事？

結果，承認自己刻意轉過頭去的人數高得驚人。我談話的對象當中，很多人都能回想起某次自己察覺到有壞事發生，知道那時某位有權勢的男性，正在不當使用權力騷擾或霸凌女性，但他們卻還是什麼都沒做。這些人男女都有。即使是有受騷擾經驗的女性，遇到其他女性被騷擾時也選擇躲遠一點。

哈維．溫斯坦被控訴的事件爆發後，有位名為史考特．羅森堡（Scott Rosenberg）的編劇在臉書上發表一篇惡名昭彰的文章，其中他承認自己之前就知道溫斯坦做了一些不適當的事，但他選擇別過頭去。羅森堡在文章中對所有靠著和溫斯坦的關係獲利，明知有事卻又未出手干預的人開砲。「大家都他媽清楚得很。」羅森堡在他的貼文中主張道。「你知道我怎麼確定這是真的嗎？因為我就在現場。我也看到你們在現場。我甚至跟你們講過這件事。你，大製片家們，你，大導演們，你，大經紀人們，你，大金融家們……。」

「如果哈維的行為是我們想像得到最令人痛恨的一種，那相距不遠的第二種，就是現在那一陣又一陣撲打在正直之岸，用自詡正義的狗屁擺出的聖潔否認和譴責湧流。」羅森堡寫道（他那篇長文後來被移除了，但他當初發表後已經被大量引用）。「可悲卻真實的是：你是要當初的我們怎麼做？我們要跟誰說？跟有權威的人說？誰啊？」❺

這是個很正當，很值得我們好好討論的問題。企業內是該要有呈報不當行為的正式管道，但也要有個體認，就是騷擾案件其實不只發生在主管和員工之間。雷德提過創投業的狀況，由於沒有中央人資部門能夠更大範圍地監控創投家或投資人，而這些投資者有時會直接和被投資的企業員工互動。員工可能會被顧客、顧問或有權勢的合夥人騷擾或提出性邀約，並且被威脅若反對或不照做會遭到報復。還有，那些你擔憂但無法證明為真的事件、你目擊到的某種介於灰色地帶的互動、以及加害人宣稱意圖良善但你知道並非如此的行為，或是你根本看得出來那人讓別人很不舒服，這些情況該怎麼辦？你有什麼手段可以將上述行徑確立為不可接受的行為，並發揮遏止效果？

#MeToo 運動已經成功喚起大眾對職場上不當言論以及性邀約的注意，與過往相比，現在被害人比較不會讓自己默默受苦。但旁觀者還是常常轉過頭去。即使到今天，還是不能指望同事會點名

加害人，或為他們目擊的騷擾事件被害人發聲，在業務或創意領域尤其如此，因為員工彼此競爭的程度就像公司彼此競爭一樣激烈。事實上就騷擾而言，人會更傾向支持比自己階層低的員工，甚於支持自己同儕。在FTI報告中，四三%的女性專業人才曾經遭遇或目擊性騷擾，但沒有提出呈報；三一%的男性專業人才曾經遭遇或目擊性騷擾而未呈報。

培養同理心

有位在軟體企業任職的高層主管，我就稱她為「莎莉」吧，她告訴我幾年前的親身故事，那時她二十幾歲，在某家大型廣告公司的舊金山辦公室擔任圖像設計師。當時那家公司刻意擴大招募女性員工，而莎莉上任六個月後，也得到很多正面評價。

有次客戶管理部門邀請公司最佳顧客一起晚餐，公司執行長還從紐約專程飛來參加，公司也鼓勵參加的員工帶眷屬一起來。

當時客戶管理主管唐問了莎莉和她主管，他們兩人可否參加，讓晚餐聚會「有點創意活力」，主管答應了。由於當時莎莉已經訂婚，她便問能不能帶未婚夫一起去。唐說不行，只限已婚配偶。

莎莉一到活動現場，唐就直奔她而來，帶她去認識客戶們，過程中還會說些像是「當然囉，莎莉來上班後，我們辦公室就都亮起來了」，和「如果你要做個讓人耳目一新的新潮品牌，就要雇用讓人耳目一新又火辣的人才囉」這種評論。莎莉氣得牙癢癢，但表面上盡量保持愉快的樣子。「我覺得自己很像被牽著走的一塊肉。」

晚餐開始前，唐已經喝了好幾杯；他站起身向在場約莫四十位來賓說了些話，結尾提到某個很有名的球場辦的某場高爾夫球賽，是由他們公司贊助，到時會邀請大家前往觀賽。「幸運的話，我們可以讓莎莉上場。」他邊看著她邊說道。「我確定不只我一個想看她揮桿喔。」

莎莉說現場所有男性，至少二十位不是大笑，就是保持沈默。她後來想盡辦法提早離開聚會。

隔天早上，公司執行長的女性助理來到莎莉的辦公隔間。「X 先生要我和妳說，他很高興昨晚妳可以來。唐就是那樣，我們希望他沒有給妳帶來太大困擾。妳其實可以不用忍受的，所以我們真的很抱歉。」說完她就走了。

莎莉告訴她主管，老闆助理剛才來找她，主管回答：「對啊，他們也有問我妳還好嗎，我回答說不用擔心，妳會自我克制。妳看，這樣做真的很好，現在他們可都把妳放在心上了。做得好啊。」就莎莉所知，根本沒人跟唐談過他的行為，唐自己也從來沒道歉過。後來她都盡量避開唐。

聽起來好尷尬，糟透了。我在這故事中完全找不到和領導力搭得上邊的東西。這個騷擾明顯是有預謀的。唐先確保莎莉不會帶約會對象來聚餐，他就可以像炫耀獎盃一樣拉著莎莉到處走。活動現場的其他公司高層主管全是男的（女性賓客都是這些人的太太），莎莉還說他們都轉過頭去不聞不問。如果執行長當時表現出一絲不悅，他們可能還知所進退，但顯然執行長比較在意客人當晚開不開心。莎莉的主管事後甚至還誇她面對騷擾「處理得宜」，對她的職涯發展有幫助。

「我喜歡我的工作，也喜歡我的主管。」莎莉回憶道。「但某程度上我覺得辦公室裡的男性很嫉妒我得到上司注意力，所以他們的態度就是一種，好，妳很受寵嘛，那妳自己想辦法囉。」

當然，走上誠信之路不一定會帶來報酬，甚至不會出現對的結果，但不表示走這條路不值得。我們要讓支持他人享有基本人權這件事變得夠酷，變成大家的自發性反應。如果我們刻意將這想法內化成文化的一部分，實現的可能性就大得多。當同事被主管騷擾，旁觀者也面臨到誠信考驗時刻：**如果我現在什麼都不做，我說不定還能得到優勢。但如果我介入了，可能沒用，而且我也會變成針對目標**。嗯，對啊，生命有時就是不公平。但你比較想要以自己行為為榮，還是想過幾年再在臉書上發表煽情的懺悔文？

吉莉安和我討論過，我們文化有多迫切須要培養「同理心」，或是我們有多迫切須要培養出更多會主動支持被權勢打壓者的人。也許重點就在「理解彼此為人」（humanstanding）。站在對方處境去思考，因為這樣做是對的，就這樣，句點。你這樣做唯一可能得到的好處就是「陰德值」。在一個同理心導向的世界中，當你在某議題上須要支持，原本不認識的人可能也會支持你。男性旁觀者，如果你目擊類似當年莎莉遭遇的事情，是時候該出聲喊停了，不要等到事後再擺出一臉其實根本不值錢的同情。

我在Airbnb會參加一個名為「able@」的內部團體會議，也一直提倡改善我們職場環境，讓肢體有障礙的人員得到更好的體驗。你很快就會發現，除了提供特別停車位和輪椅用斜坡，這項承諾還有更多事可做。每個人健康狀態和能動性不同，因此需求也獨一無二。我逐漸相信，身為公司一分子的我們感受越敏銳，職場就會越來越有包容力，對所有人也會越來越好。Airbnb價值觀也認同：我們都有機會讓外在世界變得更好。

在我來看，為與你不同的群體發聲會帶來不可思議的強大力量。這是倫理濾鏡的概念衍伸。你開始從別人的生命經驗鏡片看世界；你開始思考他們的背景，開始聽他們的觀點，然後你開始提倡對每個人都要保持尊重。這可以是一對異性戀伴侶為同性婚姻發聲，也可以是肢體健全的人真正去理解肢體障礙者究竟經歷了什麼。

身為企業主管，我敦促大家試著用為他人發聲的方式改變人性，是不是有點越界了？這不是社會正義運動者或主日學老師，甚至父母該說的話嗎？對，這些人會提倡要拿出勇氣面對霸凌和其他有害行為。希望你別感到意外，但我確實從這件事體悟到一些基本的品牌與企業責任議題。所以我在這裡也要提出一些對企業有利／獲利理由，讓企業可以持續全力打擊職場上的性不當行為，並鼓勵旁觀者勇敢發聲：

1. 性騷擾、其他類型騷擾和歧視，會讓被害人精神衰弱並心神不專，即使騷擾行為已經結束，效應還是會持續很久。
2. 上述行為可能會對企業表現造成重大影響。充滿敵意的工作環境會降低員工生產力。當你破壞一個人的自信，就是降低他們表現能力，降低他們信任同事和對團隊貢獻的能力。你也會很難招募到高績效員工，他們不會想在允許發生這種事的企業工作。
3. 容忍這種行為的文化，最後會引來訴訟以及媒體注意（或二擇一），對企業品牌來說是重大傷害。媒體會開始關注對該企業的批判和離職員工的抱怨，最後可能趕跑顧客，並且讓你更難招募人才。
4. 以個人角度而言，當你為被害人發聲，你就是為自己、為企業，或為所屬的行業發聲。你是在告訴大家，你很重視自己名聲，不會再讓員工得到糟糕的地方工作，和這種行為共處一室會破壞你身為一個人的形象。吉莉安不僅是為女性發聲，也是為她所屬的創投業發聲，因為這個產業明明值得誠信，其中工作的人也應該被尊重對待。

5. 當你在行為發生當下就給出負面評價，或是當騷擾加害人首次犯下有問題徵兆的行為時就立刻呈報，也許就能防止後續行為強度升高，以及避免被害人甚或其他潛在被害人受害，甚至還可以避免加害人傷害自己。初次警告不管口頭或書面都好，說不定真的有用，加害人的行為強度因此不再升高，職涯也免於崩壞。想想你怎麼應對那些讓你感到不舒服的玩笑吧。你可以笑笑帶過，你也可以皺眉說：「好，但我們應該不用這樣說話吧。」這種微妙但態度堅持的回饋，會讓那些玩笑打住。

改變文化常規不容易。有些人會翻翻白眼說：「嗯，如果你覺得自己真的可以改變大家的行為，就是在做夢。」我不同意，我認為這是具體且刻意而為的志向。我們文化中也有很多習慣，在上個世紀中逐漸變成「完全不酷」的過時行為，只是大家忽略了。

你相信嗎？在我小時候，開車途中將垃圾丟出窗外是很普遍的事，普遍到一九六〇年代因此出現「讓美國繼續美麗」（Keep America Beautiful）運動，其中最著名的宣傳是一部震撼人心的電視廣告，影片中一位原住民男性眼眶含淚地看著亂丟在路邊的垃圾。後來德州正式宣告要打擊亂丟垃圾的行為，政府做了一系列讓人印象深刻的路邊告示、找歌手威利．尼爾森（Willie Nelson）等德州知名人士代言的電視廣告，以及「別對德州亂來」（Don't mess with Texas）等等警告標語。這些做為改變了大家對亂丟垃圾的思維與情感。如今，如果有路人發現你亂丟資源回收物品到一般垃圾桶，他們可能還會勸誡你。

還有，以前的人在哪裡吸菸都行，完全無視周遭旁人的不適，例如同一餐廳內的用餐者、球場內坐在附近的其他球迷，以及飛機座艙內其他乘客。但今日這種行為是無法想像的，會讓人感到厭惡、粗魯，而且在很多場合都已列為違法行為。

過去五十年，我們的職場文化從影集《廣告狂人》（*Mad Men*）那種主管把周遭女性當後宮看待的狀態，轉變到更為尊重彼此的現況。接下來，加害人須要知道自己行為不但違法，也不是文明人該有的表現。

剛好有個有趣的遭遇，讓我認為這一切正要開始，就連矽谷創投業界也正在轉變。某位創投家遭到女性企業家們指控犯下多起性不當行為，最後他因此離職。後來這位創投家接受媒體訪問，說到這些指控讓他和其他合夥人產生對立，最後導致他離開自己的公司。根據這份訪談，這位創投家似乎將自己行為看成和多位女性交往（順帶一提，他還在已婚狀態），分手沒分好才造成的不幸結果。最後記者將這位創投家論點精煉成：「我只是不擅長把妹。」

很多創投家以及我認識的人，會心照不宣地提到這句話。每當有人被控性不當行為，或某個犯下多起騷擾的人忽然辭職，他們會說：「嗯，看來他『不擅把妹』。」我認為這是很正面的跡象。這就是文化轉變的過程。我們從小在遊樂場就學到，沒什麼比同儕厭煩地翻翻白眼更能打擊霸凌者了。

考驗時刻 15

山姆，她對你沒意思啦！

技術文件寫手山姆不善社交，在女生面前通常無比彆扭。他最近做 MediumCo 公司的產品說明書專案，和一位圖像設計師艾倫合作。他們的工作之間沒有管理關係，而且兩人都單身。某天他們剛開完會，走出會議室時，山姆鼓起勇氣問艾倫週五晚上要不要一起喝點東西。艾倫笑了笑，說她那天剛好要接待來訪的朋友，但「也許下次吧。」十天後，山姆寄給艾倫一封郵件。他花了一小時改來改去，改到第六版才寄出。「灣區酒館要辦冷知識問答賽。要一起參加嗎？」過了一分鐘，他收到回信：「可惡，我剛好要去我父母家過週末，週五晚上就要出發了。你好好玩吧，祝你好運！」

山姆該再接再厲嗎？還是他也遇到考驗時刻了？

1. 艾倫沒有直接拒絕他，所以在艾倫拒絕之前，山姆可以繼續找合適時機試看看。
2. 山姆，用其他方法吧。問她同事看看她喜不喜歡你，或者你是否該後退一步。
3. 山姆，閃黃燈了，如果艾倫沒有進一步行動的話，離她遠點。如果你一直問就會對人家構成不當壓力了。

【山姆，她對你沒意思啦】情境討論

如果山姆在Airbnb工作，此刻他已經違反我們「只許一次，沒有下次」的規定了。他陷入一個亙古人性考驗：你迷戀人家，但不知道人家喜不喜歡你。太可惜了，真的。如果不是發生在職場，也許山姆可以再堅持一下。但既然發生在職場上，務必放下執念往前看。

這道難題的核心意旨，是員工有權在職場上感到安全、不受他人騷擾，這應該也是企業價值觀的一部分。因此山姆不能一直煩艾倫，直到她答應約會為止。上班不應該擔心自己今天又要面對哪個愛情喜劇橋段。艾倫一開始確實是說「也許下次吧」，但山姆問第二次時，艾倫並沒有表現出真的想和山姆出去的樣子。既然山姆試過兩次了，現在務必後退一步。堅持要同事配合演出愛情戲碼，會衍生更多問題，最後艾倫會覺得這個工作環境讓她很不開心。

我猜你們有些人會想：「她又沒說不要。」當艾倫說「也許下次吧」，你可能會覺得是「之後請再問我一次！」但其他人則覺得是「山姆，醒醒吧！會用爸媽當藉口就表示她對你沒意思啦！」單戀，就是人類亙古的無解謎題。沒有什麼具體條文可以規範人性嚮往，我個人也不會怪山姆有這種情感，但邀約到了某個程度就會變騷擾，用高中時那種一直煩別人的方式說服對方同意你，也是不專業又讓人無法接受的行為。

關於邀同事出去約會，公平合理的企業政策應該是「只許一次，沒有下次。」

考驗時刻 16

「沒問題，我懂了。」

路克被派去幫行銷部的馬可做專案技術支援。他們每週會在馬可的辦公隔間內，開二、三次會。馬可已經和葛雷格結婚了，最近才剛認養一對雙胞胎兒子。路克開會時常常觸碰馬可的手臂或肩膀，而且在週末狂傳簡訊給馬可講專案的事，連續好幾週了。馬可覺得很煩，後來把會議方式改成電話溝通。第四週的週五下午，路克經過馬可位子，問馬可下班要不要去喝一杯。馬可回道：「路克，我很尊重你的技巧，但我對社交沒興趣。另外專案問題我們盡量在開會時解決吧，回家後我想專心陪家人。」

「沒問題，我懂了。」路克說道。他離開之後，馬可聽到他在遠處大喊：「你這變態王八蛋。」馬可一聽立刻走出隔間，到走廊看發生什麼事。走廊現場還有三名員工，他們憂心忡忡地看著走遠的路克。

週一早上，馬可接到人資電話。原來路克提出申訴，說馬可一直用他向上級建議發專案獎金給路克為由，要求路克提供性利益做回報。有同事告訴馬可，路克之前在臉書上發了一則貼文，說道：「這不對啊，虐待我的人一副很愛家顧家的樣子，我就活該閉嘴把工作做好做滿？」

人資開始調查。馬可座位附近同事確實聽過路克打電話給馬可，但沒有具體證據支持路克的控訴，也沒有辦法證明馬可無辜。後來人資從倫理熱線收到一封匿名語音訊息：「我曾經和路克在其他公司工作過。我最近聽說他控訴別人要他提供性利益。其實他之前就做過兩次這種事了。」

真噁！如果是有高度誠信的人資部門，會怎麼做呢？

1. 人資檢查雙方簡訊和電郵紀錄後，還是無法解決問題。雙方各執一詞，其他公司發生什麼事也和我們無關。由於公司無法對雙方任一人做出懲處，只能將路克轉調到其他專案，不要再讓他和馬可共事。
2. 相信報案的被害人，統計上風險應該比較小。既然辦公室裡有其他員工聽到路克離開馬可隔間時出言咒罵，路克的說詞比較可信。
3. 公司應該根據匿名通報調查路克過去紀錄。但這樣做也會有問題，因為路克的推薦人和前東家可能都不願意說真話，而且（假如匿名通報不實的話）路克的名譽會受到不公傷害。儘管如此，忽視這種重複行為模式是錯的。如果企業的通報熱線可以反向聯繫匿名通報的人，進一步問那個人問題，絕對有助釐清這個情況。

【沒問題，我懂了】情境討論

真是一團亂啊。我不久前聽到一個故事，某人遭控性騷擾，這名人士面對數位被害人指控他的不當行為，回應道：「不用再調查了，都是真的。」這種誠實令人耳目一新，但真的很少見。通常這種案件錯綜複雜，企業面對兩種截然不同的說詞，只能想辦法查明真相。

選項二絕對是錯的。你不能單靠（未經證實的）統計學，認定第一個呈報人都說真話。路克的咒罵沒辦法證明什麼，你需要的是事實，也就是你要啟動調查。假如你事前已適當告知員工，公司有權檢視他們工作用的電腦和電郵（並假設在你所處領域這樣做合法），你可能會啟動一個完整公正的調查，包括檢查信件和簡訊紀錄。你也可以面談座位在馬可附近的員工，看看有沒有人注意到或聽到什麼異狀。也許從簡訊紀錄可看出路克已經好幾個週末都主動傳訊息，證實馬可這方面說詞為真。你也可以試看看追蹤那通匿名語音。如果熱線機制有雙向聯繫功能，你就可以聯絡匿名通報者，詢問對方更多細節（前東家公司名稱，或有無其他受害人），讓調查進行得更順利。你甚至可以試看看聯繫路克前東家，尋找能佐證匿名通報的證據，不過現實生活中前東家通常不會透露什麼。

上述情況很令人沮喪：被害人真的存在，但會是誰呢？兩個人說的不可能都是真話。範例中我們知道馬可是無辜的，但如果我是實際調查的人，我就不曉得了。我稱這種狀況為「半真半假」的案子。

不過關於「半真半假」案件，近來出現一些改變。#MeToo 運動通常涉及女性賦權，以及發聲對抗騷擾，但某些主動發聲的被害人可能反而面臨法律後果。由於加害人通常有既定行為模式，檢方和法官也開始將這種重複模式視為合法且有關聯的證據。假如被害人指控對象為從未犯下不當行為的人，而且被害人已多次對他人做出類似指控，現在對這種行為的判斷已經和以往不同了。

調查這種案件對我而言毫無樂趣可言。這也是為什麼我堅決防堵艱難職場案件和不當行為發生，能少一件是一件。我鼓勵所有對同事所施加壓力感到不適的員工，都來找倫理顧問、主管或人資諮詢。

如果有員工面臨可能會讓職涯終結的控訴，那人值得你盡力調查真相。

第11章

你的客戶定義你是誰：將誠信思想帶入社群

以網路客群為主的事業，現在面臨一個特殊挑戰：當他們踏上誠信旅途，一路上不僅要注意員工有沒有出現不適當行為，還要注意使用者社群有無類似行為跡象。他們必須在維護平台言論自由、容忍和包容力等價值之間做出艱難取捨。如今風險又更高了：犯下極端暴力行為或擁護仇恨的人，常常透過網路社群宣揚他們的極端論點。這時高度誠信又勇敢的網路平台領導人，可以試著更直接對社會大眾提倡正面行為，並帶頭親自示範。

網路平台剛開始發展時，美國線上（America Online，AOL）、eBay和雅虎都深知他們不只是在創造新的商業領域，更是在創造及管理社群。大家透過這些網站連結人際、分享和攝取資訊，甚至互相提供支持。貝思糖果盒的收藏家上eBay，不只是蒐集商品，更藉此認識其他同好收藏家。

這股趨勢一路延續到新世代的平台企業，如臉書、優步、來福車、Youtube、Poshmark、Pinterest 和 Airbnb。釣魚專家、汽車機修專家和投資顧問會在 Youtube 上發表免費教學影片，吸引「追隨者」（followers），藉此建立個人品牌。大家上 Airbnb 不只是為了訂住宿地點，更是查看上面有哪些房源，規畫下一趟旅行。房客評價、不同房源開放預訂情形等，會決定整個家庭度假行程的走向。

網路平台呈現爆炸式成長的原因，有部分就是這些平台提供一種前所未有的機會，讓使用者和關心相同事物的人互相連結。到了一個階段，交易平台透過使用者付費機制獲利，社群媒體則透過賣廣告欄位、賣搜索置入排序（paid placement）獲利；當然了，賣社群成員資料也是一種方式。

我們現在也看到了，一開始能激發新洞見、發展友情，以及更高效率連結人際的網路中心，後來也漸漸出現陰暗面。運作和培育出網路平台的企業中，有些開始剝削使用者在平台上建立的人際關係，以違反倫理的手段追求收益。例如，臉書就因為沒有適當監控和管制研究者，在網站上蒐集使用者資料，導致八千七百萬名使用者資料流到劍橋數據公司手中。後來臉書被判罰五十億美元，創下歷史天價。劍橋分析公司取得資料後，更設計出有破壞性的選舉造勢活動，用以影響二〇一六年的美國總統大選[1]。

雖然不論規模和產業別的所有傳統企業，也都面臨類似但更大的問題，我這邊強調的「社群」議題，對網路平台來說格外迫切。本書重點多半放在如何建立一個合乎倫理的工作環境，但網路企業還必須考慮一件事：面對不遵守企業價值觀的顧客和使用者，該如何做出回應。這個問題促使巴塔哥尼亞，拒絕為不保護地球的顧客做客製商標背心，也讓迪克體育用品（Dick’s Sporting Goods）為了防範大規模槍殺案重演，拒絕賣武器和半自動武器給未滿二十一歲的客人。

要做到刻意誠信，有時意味著企業要對特定使用者或顧客行為做出評斷，如果他們價值觀與企業不一致，就要果決斷絕彼此連結。

網路發展早年，我還是AOL用戶的時候，就開始見證這類平台社群規則的演進。二十年前，我在eBay開始親自研擬這種規則。這些年來，相同議題的重要性只增不減。情況越來越明顯，就是網路平台企業不能再迴避「顧客與社群成員在平台上所做所為」與企業價值觀之間的差異。如果企業管理社群時沒有全心支持誠信，並實踐這份價值，一旦顧客群出現細小裂痕，就可能引發對企業品牌的長久傷害。

名義上的框

企業官方網站上會有企業名稱、商標和種種品牌形象，這些資訊加總起來，對網站整體內容形成一種名義上的「框架」。企業有充足理由移除平台上的仇恨言論，包含侵犯性內容的圖像和影片。但會對「框架內事物」產生影響的，可不止使用者貼文而已。

我就從一個情節嚴重，但還算容易處理的虛構例子開始吧。假設我開設一個遛狗服務平台，而你是我的服務提供者。你通過了我的背景檢查，也同意遵守網站使用規則。流程上，養狗人會先在網站上註冊，要求找到合格的遛狗人，之後遛狗人會去他們家，用養狗人家先藏好的鑰匙或輸入大門密碼，打開家門，帶狗出去散步。這是非常須要雙方信任的模式。

你從網站上接了一個案子到顧客家裡，帶狗狗費朵去公園玩。你告訴朋友來顧客家這裡接你下班，而且你還讓朋友進來顧客家裡等待。他們在廚房等你將費朵關回狗籠，但這時他們竟然自行打開冰箱，拿出幾罐啤酒來喝。你過了一會兒才發現，但來不及了，顧客家裝設的高清攝影機已經拍下整個過程。

儘管我的網站「不過是個平台」，遛狗的你也不是我雇用的員工，我的品牌卻已經讓你和我服務的顧客產生連結。雖然違法的是你朋友，但你本人讓朋友進到顧客家裡，這個糟糕決定已經影響到我的品牌。如果我想要發展一個備受信任的平台，可不能只是聳聳肩，把事件當成幾顆沒被品檢到的爛蘋果就算了。我須要積極教育我的遛狗服務提供人，讓他們知道遛狗時該如何言行舉止，而且要再三清楚強調這些觀念，外加嚴厲的懲戒後果，例如違反政策的使用者不得再登入平台。

如果狗狗費朵的主人把監視器拍下的影片放上網，並在Yelp對我的平台發表負面評價，其他從來沒想過這種事會發生的潛在顧客，一旦看到評價，就會決定不要使用我的平台服務。我可能要另外提供免費遛狗服務給受害者，真心向對方道歉，擬個遛狗人教育計畫以免事件重演，才能弭平整件事的傷害。即使我在整件事中「只是中間人而已」，還是可能因此丟了客戶。

穿越仇恨污水池

遛狗的例子還滿好解決的，現在我們來看另一個實例。二〇一九年八月某網路平台被控過度鼓勵暴力，因此成為衝突焦點。當時德州艾爾帕索市和俄亥俄州戴頓市，接連發生大規模槍擊案，驚駭全美。兩天之內一共三十人被殺害，數十人受傷。戴頓案兇手當場被警方擊斃，而艾爾帕索案的兇手則被捕，現正羈押中。

艾爾帕索案的兇手是網路社群8chan的使用者，❷這個惡名昭彰的平台創立於二〇一三年，以不受限制的自由言論著稱。根據媒體報導，8chan 創立不久後就開始充斥各種醜惡的極端言論，包括戀童癖、暴力、種族主義和國內恐怖主義。早在艾爾帕索案發生前，8chan 創辦人就已經將網站出讓給別人了，後來甚至連創辦人自己都呼籲將網站下架。[3]

兇手從德州艾倫市出發到艾爾帕索市行兇前，在 8chan 發表了一篇宣言，說他打算大規模屠殺「入侵」美國的拉美裔，還要求他人將文章廣傳出去。本案發生不久前，紐西蘭和加州也發生過大規模殺人案，兇手犯案前也都在 8chan 上張貼過類似言論。這些事件發生後，8chan 的首頁標語就改成「擁抱惡名」（Embrace infamy）。

本來就沒人期待 8chan 管理團隊會奉行什麼倫理精神，不過在艾爾帕索案發生後，焦點開始轉移到供給 8chan 網路基礎設施和資安服務的供應商。其中最著名的，就是位於舊金山的 Cloudflare。Cloudflare 是家大型網路服務與基礎設施企業，聲稱為超過兩千萬個網站，以及為《財星》千家大企業名單中高達一成的企業服務，其中也包括 8chan，讓 8chan 免受駭客和阻斷服務（denial-of-service，DoS）攻擊。Cloudflare 標榜自身中立，不會監控顧客，只是一種網路設施。過去 Cloudflare 曾經因為賣服務給提倡反社會價值觀的網站而受輿論抨擊，其中包括某個新納粹網站。直到二〇一七年白人種族主義者，在維吉尼亞州夏洛蒂鎮舉辦遊行發生意外命案，這時 Cloudflare 才停止供應服務給該網站。

艾爾帕索槍擊案發生後，Cloudflare 的法務長接受《華盛頓郵報》訪問，提到他們沒有打算終止和 8chan 合作，並堅持認為「用法官和陪審團心態去干預這種事，會產生很多問題。管一個網站很簡單，但我們一旦開始做，就要制訂一套規則，來適用在超過兩千萬個不同的網路財產。」[4]然而，Cloudflare 執行長馬修・普林斯（Matthew Prince）卻告訴《紐約時報》專欄作家凱文·路斯（Kevin Roose），他非常厭惡 8chan 行徑，不過斷絕該平台的代價也讓他非常兩難。「禁掉 8chan 我們自己當然會好過很多。」普林斯這樣說道。「但對於執法部門，以及控制網路上仇恨言論這件事來說，公司會變得更難處理。」根據該報報導，Cloudflare 內部對言論審查這件事意見不合。❺

Cloudflare 執行長訪談刊出後不久，該企業改變原本立場，決定不再販售服務給 8chan。普林斯在一篇網誌中提到，他的決定部分是因為 8chan「一再證明他們網站就是個仇恨污水池。」❻

Cloudflare 對 8chan 的決定也波及到其他企業，引發一連串後續效應。後來 8chan 則重新開站，改名為 8kun。根據科技媒體《Geekwire》報導，亞馬遜證實他們正在調查一家西雅圖公司 Epik，這家公司使用亞馬遜雲端運算服務（Amazon Web Service，AWS）運作他們服務的若干網站。❼當 Cloudflare 撤掉對 8chan 的保護（因此 8chan 遭到駭客大量 DoS 攻擊），Epik 曾短暫幫助 8chan 重新上線，不過 Epik 也很快就停止合作。亞馬遜表示，他們要確認 8chan 有沒有間接透過 Epik，得到 AWS 雲端運算服務。《Geekwire》也在網路公開，據稱是亞馬遜發言人寄給該媒體的郵件內容：「8chan 內容是仇恨言論，根據我們『可接受使用政策』（Acceptable Use Policy）是不可接受的。儘管 8chan 沒有直接接受 AWS 服務，我們正在和他們的直接供應商 Epik 釐清這件事，確保 8chan 沒有透過我們任何一位顧客間接使用到 AWS。」當時 Epik 用的是一家 Voxility 公司的伺服器，而當 Voxility 得知 8chan 使用他們的流量時，他們也立刻關閉相關伺服器。很複雜吧？沒錯，難怪互聯網（Internet）又稱「網路」（Web）。

我不認識 Cloudflare、Epik 和 Voxility 團隊的人，但我認為這個例子很好，完全說明了一

家企業在危機爆發之前，就應該了解自己支持什麼事物，企業使命又是什麼。不論你喜不喜歡，你的客戶，你從誰那裡賺錢，就定義了你是誰。我不會小看當初 Cloudflare 法務長所面對的政策挑戰難度，沒有企業會喜歡事前審查這個做法。但如果你的企業品牌已經和三樁大屠殺發生關聯，此刻你還有一絲猶豫的話，你接下來遇到的難題，會遠大於制訂事前審查政策的技術細節。我很高興 Cloudflare 最後做了合乎倫理的決定。

你不能別過頭去

成長快速的企業，在追求市場集客力的過程中，會遇到很多誠信考驗。例如，優步某項策略，已經對使用者造成不可忽視的間接影響。《紐約時報》記者麥克．伊薩克（Mike Issac）寫過一本書《恣意橫行》（*Super Pumped: The Battle for Uber*），其中談到二〇一五年在巴西聖保羅和里約熱內盧，優步快速擴張司機和乘客人數的做法。優步將帳號註冊流程的阻力排除，藉此增加用戶，只要電郵信箱地址和電話號碼，就可完成註冊，開始使用優步。「任何人只要拿個假信箱地址註冊優步，就可以開始玩『優步版俄羅斯轉盤』。他們可以隨便從平台上叫一台車，上車作亂。優步司機交通工具有被偷的，有被燒毀的，還有司機被攻擊、被搶，甚至被殺。但即使暴力案件增加，優步還是堅持採用低阻力的註冊制度。」[8]

優步和前述遛狗服務的例子，在於優步也沒有直接犯罪，或刻意置司機於危險中，但該企業是造成負面後果的因素之一，這點毫無疑問。作者伊薩克寫道：「優步高層對新興市場司機面臨的危險，並非全然不聞不問，但他們有個很大的盲點。因為他們太執著成長，太相信用科技解決問題，以及太輕率地套用獎勵機制，後者常常會惡化當地既有的文化問題。」❾根據該著作所述，後來巴西一共發生十六起優步司機遭謀殺案。

截然不同的選擇

假裝看不到（或很想假裝看不到）平台或企業本身造成的二級或三級影響的企業不在少數。科技平台新創初期，領導人和投資人往往急著在模仿者加入前，先擴張自己的市場占有率，因此「先進者優勢」就成為他們揮之不去的執念。假如領導人做每項決策前，都要停下來思考會有哪些潛在社會及倫理影響，公司大概沒遇到問題前就先倒閉了。

另外，平心而論，監控全球性網路平台是高難度、高成本的挑戰，企業通常已投資大量的「幕後」心力從事這個工作，只是使用者未必會察覺。例如臉書就有一套非常詳細的「社群準則」（Community Standard），內容包括該網站移除文章的標準，以及使用者提出申訴的流程。看來臉書已經好好想過要怎麼處理網站上種種複雜、怪異甚至可怕的貼文內容。例如在「暴力與圖像內容」規範中，臉書警告：「加諸暴力於人或動物的圖像，含有以下任一類型標題或評論者，不得發表：對他人受苦感到愉悅；對羞辱他人感到愉悅；對受苦情境產生性欲；對該暴力行為正面評價；或作者為了感官上樂趣而散布該影像的任何跡象。」該規範繼續寫道：「含有死去中、重傷或死者的影片，包含以下任一內容者，不得發表：截肢，但屬醫療脈絡一部分者除外；可見的內部器官；燒焦或正在燃燒中的人，但屬火葬脈絡、政治言論表達脈絡，或有報導價值的自焚行為除外；遭斬首的人。」❿

當年還在 eBay 時，我們制訂了早期數一數二完整的網路社群準則。我們部門當時必須看過網站上各種具侵犯性、暴力或露骨圖像的商品，不過至少我們看的範圍只限商品。我對臉書和 Youtube 要費心規範社群裡包山包海的照片、影片、評論，可一點也不眼紅。當年我在 eBay 信任與安全部門的同事，有不少人現在就在臉書和 Youtube 工作，繼續和這些艱困議題搏鬥。

制訂規則是一回事，付諸實行又是完全另一回事。我懷疑大多數人應該不知道，臉書有這麼詳細的行為準則。我猜他們應該是假定臉書有安全部門會隨時接收用戶呈報，並調查疑似具侵犯性的文章。二〇一九年初，《浮華世界》刊登了一篇很精彩的報導，談臉書創造出的仇恨言論，以及其他侵犯言論自動偵測及下架系統，還有臉書後續會遇到的難題。過去大家以為有個真人在幕後決定，要不要移除個別文章，這個假設錯了。現在臉書和其他人氣平台，都用軟體監控平台是否出現禁止發布的言論和圖片，一旦系統偵測到，內容正式發布前就會被移除。然而報導也提到，這些平台對自動偵測系統所設變異，也反過來限制平台行動，因為他們無法阻止創意無窮的使用者，透過各種逆向工程迴避偵測。例如臉書上有段時間不許發表對「白人男性」的攻擊或侮辱，但對「拉美裔神學家」則不受限，因為工作人員沒有預料到這項具體威脅，因此沒有設定為優先偵測對象。[11]

類似的侵犯性內容也讓 Youtube 傷透腦筋。定義何謂合法或非法還算簡單，定義出好壞品味，以及描繪幽默感、消費他人行徑到殘忍的界線，則完全不能說簡單了。二〇一九年八月，《華盛頓郵報》刊出一則報導，採訪對象是負責執行 Youtube 準則和建議哪些影片該下架的調節員。由於 Youtube 和平台上一些「明星」和人「人氣網紅」，締結了商業夥伴關係，如果將某些聳動但能吸引大量觀看人次的內容下架，平台會因此喪失大量廣告收益。報導更提到 Youtube 為了保有一些絕對能刺激收益，但內容無疑人神共憤的頻道，而做出一些被人評為自打嘴巴的決策。[12]

比方說，以搞笑形象聞名的千禧世代 Youtube 人氣頻道主羅根．保羅（Logan Paul），曾在日本富士山某座森林內拍攝上吊而亡、但遺體尚未被取下的死者，影片中還嘲弄自殺的人。你覺得，以取消 Youtube「廣告偏好」（preferred advertiser）資格這種方式懲罰他，對他拍的這部和其他品味令人狐疑的影片真的夠嗎？當網路平台對人氣最高的頻道主過於寬容，合乎倫理的嗎？我的答案是否定。但這必須由每個平台的領導人，依據該平台的價值觀，做出直接且一致的處置。如果這就是 Youtube 領導層管理平台的態度，他們應該大方承認，讓使用者選擇要支持或拒絕他們的觀點。我認為最優秀的領導人，會好好解釋自己的企業在這種艱難處境中的立場，不走譁眾取寵路線，而是拿出真實呈現人性的態度，公開承認「做對的事情」確實很難。

有個組織叫「企業目的 CEO 聯盟」（Chief Executives for Corporate Purpose，CECP），參與組織的企業，市值加總起來超過六．六兆美元。這些企業領導人不定期舉行會談，討論「打造長遠企業的關鍵成功因素」。二〇一九年大會中，他們提出的重點有：用信任培養和維繫保持動態的職場；支持多元化且主動負起更多責任；傾聽重要利害關係人的聲音（員工、社群、消費者和投資人）；眼光放遠；依循企業價值觀做出行動，並做好遭受反擊的準備，但同時你也會獲得支持。最後一點剛好也是本章討論重心，而且這和商業圓桌會議的目標完全一致，都是幫助執行長們擴展對利害關係人以及議題的看法。[13]

在 CECP 會談中，迪克體育用品執行長愛德華．W．史戴克（Edward W. Stack）的一番談話，是擴大長遠思維來看待社群議題的絕佳範例。他說道：「我堅信國家最珍貴的自然資源，是我們的孩子。我們決定要下架攻擊式步槍和大容量彈匣時，就預期會遭到強烈反彈，也確實發生了。但我們沒料到竟然有那麼多人熱烈支持我們。」[14]

迪克不是網路平台企業，但是當少數潛在顧客對迪克所在意的「孩童健康安全」產生危害，執行長史戴克有勇氣承認這個問題存在，而且沒有坐視不管，他決定起身行動。迪克宣布決策後，有些獵人確實很生氣，拒絕再買他們的產品，但也有其他顧客用購買表達對該企業新槍械政策的支持。我就有朋友專程去迪克買小孩的球鞋鞋釘、網球或其他體育相關用品，而且他們還會寄電郵給店長們，感謝該企業支持合理的槍械管制政策。二〇一九年五月，迪克收益再度回漲。當初他們降低狩獵用品比例，多元開發其他長銷產品的決策，已經出現效果了。

當你戴上倫理護目鏡看待平台社群或顧客群議題時，的確須要調到「廣角」模式。不過第一步還是從你本人開始。你的價值觀是什麼？你的目的又是什麼？你想要那些與你的品牌或產品有關聯的人，有怎樣的言行舉止？有沒有什麼界線是他們一旦跨越就要負上後果的？

似曾相識

最近白人種族主義團體和仇恨言論好像又變多了。他們為什麼能夠捲土重來，為什麼還有新追隨者呢？我剛好待過兩家發現自己助長白人至上主義思想傳播的企業，前後相隔近二十年。這兩家企業的執行長在事發當下，都選擇踏上誠信之路，做出會槓上某些顧客的決定。

eBay 創辦早期，星巴克創辦人霍華．舒茲擔任過一陣子董事。有次他去二次大戰期間的集中營所在之一奧許維茲遺跡參訪，那次旅行對他產生非常深刻的影響，回來後他對美國境內興起的白人至上主義言論，和 T 恤、海報、納粹相關宣傳品感到憂心忡忡。eBay 上也有人販賣這些物品。於是舒茲在某次董事會議中，提議立刻下架所有納粹相關商品。

執行長梅格・惠特曼請我調查這件事。我這才驚訝發現，原來我們所說的買賣物品，包含兩種完全不同的類型。第一種是真的納粹時期文物。在二戰時期，很多美軍撤離歐洲戰場時，順手帶走一些物品當紀念，種類五花八門：納粹頭盔、勳章、帽子、制服、刺刀、各式宣傳海報、書籍和其他物品等等。就我們了解，大部分出售這種物品的賣家**真的沒有宣揚納粹主義的意思**，而且也有很多非納粹支持者的收藏家會收購這些物品。

有些狀況則是，物品所有人的子孫需要賺錢，他們也完全有權賣掉這些資產，這和賣郵票或賣硬幣收藏一樣。而且買家可能是像作家暨歷史學家，蘇珊娜・波頓・康諾頓（Susanna Bolten Connaughton）這一類的人，我知道她的父親二戰期間曾在納粹的波蘭戰俘營度過兩年，而且有個國際組織正在推動建立一間納粹集中營的博物館，她也是組織成員之一。她常常上 eBay 搜尋納粹時期的相片，以及納粹資料和相關文物。其實很多博物館策展人也都是 eBay 買家大戶，需要研究電影、電視劇服裝及家飾擺設的人，也常上 eBay 來找靈感。

第二種商品則是**文物的仿製品**，以及由白人至上主義者和納粹支持團體，用來宣揚納粹思想的 T 恤、海報、旗幟、仿版制服，他們製作這些商品賣給同好。以上兩種商品彼此有實質差異，銷售市場也不同。第二種商品是專門吸引認同白人至上主義的買家。

決定怎麼處置仿製品很簡單，我們立刻制定一條新規則，禁止賣家在 eBay 上販賣這類商品。歷史文物就困難多了。一開始 eBay 內部也很不想禁止這類買賣，如果我們開始對這種涉及多種歷史紛爭的商品做出立場判斷，何年何月才做得完啊？有著不同紛爭及關係錯綜複雜的文物，最後就是會出現在 eBay，來源從從愛爾蘭、以色列、烏干達到越南都有。其中也有些商品會在 eBay 社群中引發強烈情緒。儘管我可以心安理得地提議，下架攻擊特定民族或宗教團體、以及宣揚白人至上主義思想的物品，但是文物真跡這個類別還是讓我們非常頭痛。我偏向同意一旦開始「禁賣」歷史商品，就會產生埋葬和遺忘歷史的風險。

不過就像梅格在她的著作《眾人之力》（*The Power of Many*）中提到的，豪爾對這套論述並不買單。[15] 他那時提醒董事會，畫下界線很難沒錯，但領導人的工作就是畫下界線。他強調，整件事重點在於，我們允許動機和思想邪惡甚至暴力的人，在 eBay 平台上交易，我們又從中獲利。他再三詢問梅格：「你希望你的企業是怎樣的性格？」

最後董事會決議，我們下架了所有宣揚白人至上主義的物品，以及絕大部分納粹相關物品，只允許少數具有特定歷史重要性的文物真跡上架，例如真的照片。

漸漸地，對於美國人能自由談論或擁有、但我們並不希望呈現在 eBay 平台上的物品，也能心安理得地下架。eBay 也全面禁賣「謀殺紀念物」，例如某個連環殺手用來冷藏分屍部位的冰箱。我們也禁賣三 K 黨的招牌白色長衫。梅格後來決定，未來網站上呈現什麼內容，都務必考慮內容所傳達的訊息、所產生的效應，會對企業品牌產生什麼連動影響。後來繼任執行長們也都同意照做（雖然 eBay 還是持續修改和更新準則）。

儘管如此，大多數人在嘗試拍賣或搜尋某件他們感興趣的商品之前，當然不會花時間閱讀冗長的規則清單。eBay 剛開始發展時，我們只要負責訂規則和指派員工定時用關鍵字搜尋，看看網站有無違規商品，以及回應社群成員呈報的違規行為就好了。後來我們開發了程式（eBayListings Violation Inspection System，是 eBay 商品違規檢查系統，內部暱稱為 eLVIS），能夠在站內搜尋依法須回收產品和危險物品，像是草地飛鏢和真的動物毛皮、從瀕臨絕種動物（例如獵豹和老虎）身上取得的產品、處方藥、武器、酒精飲品和炸藥。這套程式會在商品上架前或上架時標記，然後我們部門再逐一檢視個案。

儘管 Cloudflare 法務長那樣說，其實制訂一套能夠廣泛且公平適用的政策，並不是什麼新挑戰。儘管難度很高，但不應該拿這理由掩蓋真正的問題：你希望你的企業支持什麼？要處理威脅企業形象或品牌的事物並非易事，但也不該拿複雜度當理由，無限期延後處理這項挑戰。這樣做就代表你缺乏誠信，之後可能會引發品牌災難。

當你投入誠信的那一刻

我第二次在工作上遇到白人至上主義，是近幾年的事。我們在 Airbnb 會根據社群準則處理有關隱私、人身安全、公平、保全、真實性和可靠度等諸多使用者行為議題。比方說，隱私方面，我們明文禁止房東在房源的臥室和廁所使用攝影機，也堅持房東必須完整揭露房源還有哪些地方設有任何形式的攝影機。同時，我們也要求房客不要在未取得房東明示同意下，拍攝或分享房源私密區域或房東本人的照片。

我們制訂社群準則不是拿來當法律盾牌，我們是為了在平台上積極推廣特定價值觀和行為，而且要推廣到平台以外的其他地方。

我在 Airbnb 工作以來，最自豪的時刻發生在二〇一七年。當時白人至上主義者在維吉尼亞州夏洛蒂鎮辦遊行，主辦人告訴他們網友可以上 Airbnb 找遊行期間的住宿房源。我們在社群準則說過，所有使用者，包括房東和房客，都必須同意「不論對方種族、信仰、原生國家、民族、能力障礙、性別、性別認同、性傾向和年齡為何，都要接受。」從條文定義來看，這場遊行的目的，就是宣揚強烈偏見和種族歧視觀點。

我們執行長布萊恩．切斯基毫不遲疑做出決定，Airbnb 不會賺這筆錢，這和我們的價值觀完全相悖。我們查了有哪些網路上呼籲和宣布要參加這場遊行的人，並檢查他們有沒有在 Airbnb 訂房。接著我們取消這些訂單，並對這些人和房源的房東發出警示，說明宣揚對其他種族的仇恨言論已經違反 Airbnb 使用條款。後來遊行主辦人揚言要報復和杯葛 Airbnb。我無法在本書中透露這些事情是否真的發生，但 Airbnb 完全不在意被白人至上主義者杯葛。犧牲短期收益，並忠於自我價值觀，就是對利害關係人最好的長期利益。

目前軟體工具和分析方法逐漸演進，讓平台企業可以在問題發生前就偵測出來，並加以阻擋，但光有軟體還不能真正解決難題。你要具備價值觀和誠信，讓你面對逆境時還能堅持做對的事。平台上的社群成員，言行會塑造出你的品牌，就像你製造的襯衫上所繡的商標，和你經營速食連鎖餐廳的薯條品質。在網路發展早期，如果你說你支持憲法第一修正案、言論自由、開放，以及不加判斷地接受所有成員、品項、影片或圖片，是很時髦沒錯，但這些都是過去式了。

結論：這個世代的超能力

我已經談完六C原則了，也就是在職場上培育誠信的基本元素：「誰」、「做什麼」、「什麼時候」、「為什麼」、「怎麼做」和「多常做」。

但在Airbnb，我們認為誠信也是種超能力，以及執行長布萊恩．切斯基所說的，二十一世紀企業所具備的要素之一。我在本書最後一章要談的，是二十一世紀的企業會將目光放得比下一季財務結果更遠。如果不能平衡所有利害關係人需求，不能建立一個讓大家都活得更好的世界，這家企業就不可能成功。為了讓商業界、各式社群、立法者更深刻有感，本章我們開始探討，當誠信變成一種自發選擇，我們的世界又會如何開展。

二十多年來的工作經驗，讓我深切認同一件事，用誠信對待他人所得到的回報，會遠遠超乎當初投入的時間和資源。不過在事前研究本書題材時，為了確定我自己的認知合乎現實，我找了很多機構及企業的領導人談話，舉凡傳統全球性企業、創投業、學界、政治界、媒體、科技、零售、新創、家族企業等皆有。此外，我也和很多機構層級的人談過這主題。他們提出的見解，你在前幾章已讀過一部分，而他們提供的幫助與支持，也讓我得以形塑這本書的思想。

先前提到，Airbnb執行長布萊恩．切斯基談過他親身經歷的一場「考驗時刻」，就是我們某位房東的公寓被平台使用者搗毀那件事。另一個我想在書中分享的誠信考驗，則是NBA總裁亞當．席佛的真實遭遇。二〇一四年四月某個週五，八卦媒體TMZ發表一段造成轟動的影片，內容看了會讓人嚇到下巴掉下來：某位與洛杉磯快艇隊老闆唐諾．史特林（Donald Sterling）約會的女性，交給TMZ一份錄音，內容是她因為在社群上發表自己和專業運動員合照，遭史特林責罵。史特林被錄下的談話中，有句是這樣：「妳想昭告天下自己和黑人是同一掛的，這樣我很困擾。」[1]

縱身複雜性的勇氣

這下快艇隊和NBA遇到重大誠信警報了。從基本人性觀點來看，史特林的種族主義評論惡劣得讓人無法置信。從生意角度來看，球隊老闆出言冒犯兩種主要利害關係人：球員和球迷。這只能用白痴二字形容。

身為熱情球迷，我知道人性最美好和最醜惡的一面，都會在專業賽事競技場上出現。後來居上的勝利、選手克服自身傷勢或逆境、絕佳團隊表現，有太多激勵人心的典範時刻。但也有些完全背離誠信的驚人案例，例如運動員使用強化表現的禁藥，或出言侮辱對手，或將在賽場上進攻與自己體格相當對手的那股狠勁，加諸於他們的配偶或伴侶。

史特林錄音案發生時，NBA還沒走出先前另一樁醜聞的陰影：一位退休裁判承認，曾經對數十場由他本人擔任裁判的比賽開賭盤，而且NBA相關人員甚至宣稱，當他開球賽賭盤時，只要他押注某隊會獲勝，在比賽中他判敵隊犯規的次數就會多於他押注的那隊。亞當・席佛當時才剛上任幾個月，就要負起全責處理史特林這個難搞的億萬富翁。

此外，他還要考慮到錯綜複雜的利害關係人：球員、球迷、贊助商、其他NBA球隊老闆、媒體、公民權運動者、快艇隊員工，以及快艇總教練達克・瑞佛斯（Doc Rivers）（本身就是一位非裔美人），所有群體都受到各式各樣的衝擊，每個群體反應也不同。當時席佛能做的，就是在TMZ公開錄音後二十四小時內親自聽完錄音；他說，當時自己非常驚愕沮喪。他對團隊提的第一個問題是：**我們真的確定這是史特林本人嗎？**

這事件在社群媒體引發大量負面輿論，但席佛堅持要先調查事實再做決策，而不是光聽謠言就下判斷。當時快艇隊正在打季後賽，外界對未來的NBA生態也充滿疑問：球員會不會杯葛下一場比賽表達抗議？總教練道格・瑞佛斯會不會辭職？

席佛等待團隊提出錄音檔的進一步分析時，開始回想過去勇於爭取平權的NBA前輩們。其中數一數二傳奇的，就是波士頓塞爾提克隊的比爾・羅素（Bill Russell），他在美國種族主義仍興盛的年代擔任球隊中鋒。有次塞爾提克到肯塔基州做客場之旅，一家餐廳拒絕服務隊上黑人球員，羅素便帶領多名球員一起拒絕出場已經排定的賽事。一九六〇年代初期，他無懼三K黨威脅，在密西西比州開辦跨族群籃球營，當馬丁・路德・金恩（Martin Luther King）在華府發表著名的〈我有一個夢〉（*I Have a Dream*）演說時，羅素還專程到現場，坐在第一排聆聽。

慢慢地，NBA開始將平等納為核心價值。經過一番思考，席佛體認到史特林的評論徹底抵觸NBA尊重所有運動員的種族、信仰、原生國家，以及其他和籃球技巧無關的根本特質，並一律視為平等的承諾。

到了隔週二早上，席佛已經確定錄音檔中說話的人是史特林無誤。他宣布NBA將開罰史特林兩百五十萬美元，並終生禁止史特林參與NBA事務。而且席佛會和其他NBA球隊老闆討論後續處理方式，迫使史特林出售快艇隊。這是NBA史上對球隊老闆開出的最高罰金金額。私底下有些人質疑，為何NBA有權僅憑某人（事發當時仍是史特林女友）私下錄音就干預球隊事務，畢竟那人明顯出於復仇意圖。不過多數人並沒有這疑慮。勒布朗・詹姆士（LeBron James）在推特上寫道：「感謝席佛總裁保護我們美麗又強大的聯盟！偉大的領導人！」達拉斯獨行俠隊老闆馬克・庫班（Mark Cuban）也說道：「我百分之百同意席佛總裁對唐諾・史特林做出的決定和行動。」[2]利害關係人一個個出聲讚許席佛嚴守立場的做法。最後快艇總教練達克・瑞佛斯沒有辭職，快艇隊員沒有杯葛季後賽，原本外界開始策畫的抗議活動也取消了。

接下來幾個月，好鬥的史特林當然沒有讓紛爭平和落幕，在當年秋天，微軟前任執行長史蒂夫・包爾默（Steve Ballmer）買下快艇隊。事後唐諾・史特林上CNN接受訪問，宣稱他是被當時女友「設下圈套」才會說出錄音檔中那番話，而且還在節目中發表更冒犯的不當言論。現在史特林已經不再涉足籃球了。我認識亞當・席佛時，他的NBA總裁生涯已經邁入第五個年頭。

誠信承諾帶來強大正能量

企業所提的承諾如果沒有搭配懲戒後果，承諾只是空洞表象。儘管懲戒醜惡行為的過程令人備感壓力，但遵循倫理的領導人不應就此退縮。NBA基於價值觀的決策，發送出非常重要的強烈信號，傳達所及不只籃球界，更擴及全國。當備受敬重的人氣球員勒布朗・詹姆斯大力稱讚席佛的領導力，更是讓全世界知道，勇敢面對種族主義的重要性。勇氣也會消弭不同利害關係人族群的分歧。騷亂之際，NBA的誠信言行，讓各界利害關係人都肯定NBA的強健領導，全體抱持信心繼續前進。快艇隊球員、教練、球隊員工能再次以身為快艇一分子自豪，而且能將自己和某人的種族主義言論切割。贊助商和球迷也一如既往支持快艇。

當領導人願意面對許多艱難局面，做出決策，他承諾的誠信就會在機構內創造強大的正能量，席佛就是個好例子。他也提倡NBA要雇用更多女性員工，而且不限於NBA辦公室，球隊也須要更多女性，包括教練一職。當北卡羅萊納州通過具爭議性的跨性別廁所限制法規，NBA決定取消原本在該州夏洛蒂鎮舉辦的全明星賽，因為法規完全抵觸NBA所承諾的平等價值。席佛在該案決策中，擔當舉足輕重的角色。「即使其他人不同意你，如果你是根據企業價值做出決策，我想他們還是會尊重你。平等就是我們聯盟的DNA。」席佛說道。

席佛也和我分享一些以前他犯過的錯誤。二〇一九年，競爭激烈的自由市場開市前傳出謠言，據說有球隊已經偷偷找球員私下協商，但席佛並未認真看待這傳聞。後來一連串檯面下消息和球隊與球員的公開宣告，在在顯示出至少六個球隊在開市前偷跑，而《運動畫刊》（*Sports Illustrated*）專文報導，讓NBA再次陷入考驗。今天我們談話時，他說道：「我應該早點發現，原來規則擺著不執行會有這種下場。」後來舉行球團老闆會議時，席佛要求大家把焦點放在這些問題：我們還想要保留這條規則嗎？要的話，執行力道要多強？要檢查當事人電郵信箱嗎？要檢查通話紀錄嗎？「我認為公開討論整件事複雜度是好的，讓大家一起面對這些難題，以及面對決策本身的困難度。我沒有比別人聰明，這些情況也沒有簡單解法。但我能做到的，是讓整件事真實透明。」席佛認為自己和其他領導人的工作，就是願意「縱身躍入複雜性」。

在Airbnb，全心認同誠信讓我們更有活力，也啟發我們找出符合這項價值觀營運的企業。Airbnb之所以鼓勵我向外對企業、機構和領導人提倡刻意誠信，原因之一就是，我們相信提升誠信這個價值觀，可以啟動美德循環，鼓舞其他機構對普世議題做出正面貢獻。例如氣候變遷、推廣多元化和平，支持健康海洋、消除社會中的暴力，以及支持可負擔房產、健保、行動不便者便利措施等，幫助難以實踐這些基本權的人。甚至，改變我們在公民論述中互相對待的方式。

當企業用合乎倫理的態度參與社群，不論是在網路上還是在「真實世界」，都能產生強大力量。我曾經和布萊恩．切斯基聊過為何他對企業成功的看法這麼長遠，以及為何能用這麼寬廣的角度看待利害關係人。他提到了一點，就是他的成長背景和很多科技業執行長不同。

布萊恩的父母都是社工，他自己則畢業自羅德島設計學院，最初職業是工業設計師。「藝術家不要權力，他們要的是影響力。權力可以迫使他人做某些事，而影響力則是激發他人做某些事。我從來都不想握有大權，不然我也不會想要做一個租充氣床墊給大家過夜的網站。」不過更具體地說，「羅德島設計學院一直提倡倫理設計，也就是鼓勵大家做出對環境友善的產品。如果你做的東西本質上對社會無益，它的好處不夠清晰可見，就不是好設計。這個觀念的重點是，我們要為自己設計出的東西負責；我還在羅德島設計學院的時候，這想法就已經深植我體內了。」後來布萊恩和喬．蓋比亞（Joe Gebbia）（也是羅德島設計學院校友）以及納森．布雷卡奇克（Nathan Blecharczyk）共同創立Airbnb，他說他們三人的觀點自然而然地有別於科技專家或金融業出身的領導人。「我們會用比較寬廣的角度看自己做的事，想要成為讓世界變好的一股力量。」布萊恩說道。

當強健的領導人認定自己具有那種能力，他們就能夠在企業內的影響範疇展現那股力量，接著美好的事就會發生。美國企業研究院（American Enterprise Institute）成員喬納．郭德堡（Jonah Goldberg）最近寫了一篇文章，談籠罩全美的政治兩極化現象，他認為左派和右派提出的解方都錯了。他文中寫道，將我們四分五裂的議題，大部分都涉及中央化政府，以及兩黨利用媒體將意見觀點「國有化」，暗指「另一陣營」的表現不像真正的美國人。他認為，「我們須要的是社群，而國家社群這個想法完全是迷思。真正的對話是在面對面、個人面對個人的情況下產生的，社群也一樣。」[3]

強健的社群，要靠一群共同生活和工作的人建立並持續維繫，其中的職場動態很重要，只是有時會被忽略。企業與政府不同，企業是由一位領導人、一個董事會、一份使命，以及朝共同目標邁進的全體員工結合而成的。通常企業是公民場合，會期待彼此要遵守禮儀，而企業傳達的訊息和政策，也不會驟然向某種意識型態靠攏。大企業擁有金錢力量，並以全球為導向，全世界各地都有員工和辦公室，因此企業所做的決策必須超越國界。當企業員工感覺受到重視、受信任，並受到企業更高目標的感召，他們會想得比薪酬和紅利更長遠，產生自豪感，認為自己從事的是一件重要且良善的事，因而盡力做到最好。

在Airbnb，我們的任務是創造一個讓每個人走到哪都能找到歸屬感的環境。這份使命影響我們做的每一件事，但我們也知道光靠自己沒辦法達成。Airbnb的事業本質，意味須要思考人們生活和呼吸的所在。我們房東所居住的地方。我們房客為了追求有趣體驗而旅行來到的地方。儘管污染、氣候變遷、歧視、隱私等議題對全體人類都造成威脅，這些問題卻分別在數以百萬計的地方，用獨一無二的型態發生，每種情況都須要各自的利害關係人縱身躍入複雜性中，合力找出解法。我們因此相信，所有企業都是地球前途的利害關係人，也是解決當前種種問題的利害關係人。當我們都承諾做到誠信，我們就可以一起讓世界變得更好。

思想上的重要轉變

《紐約時報》專欄作家大衛．布魯克斯（David Brooks）指出，「健康的社會中，大家會試著在經濟、社會、道德和家庭等不同重要事務間找出平衡。然而過去四十多年來，經濟議題盤據最重要的位子，完全抹殺其他事務存在。就政策而言，我們獨厚經濟發展，最後甚至再也看不見其他議題。」布魯克斯說，投資人太習慣「為了讓短期股價上漲，要求每家企業無情地刪減員工成本，無情地摧毀自己的發源地。」他還說，「我們都遮住自己的道德鏡片了。」[4]

但不是每家企業都遮住了倫理鏡片。我目前還是看到一些企業會用布魯克斯說的方式，重新平衡事務先後順序。我前任東家Chegg就有一群熱情員工，用行動支持他們所在社區的「第二豐收食物銀行」（Second Harvest Food Bank），Chegg本身也已投入二十五萬美元幫助打擊飢餓。Chegg投入這個訴求有非常重要，我會說這是非常新穎的理由，而且直接攸關企業使命與目標。「我們目標是培育出，願意盡力服務學生的員工。嗯，我們國家可是有三六％的學生在挨餓呢。」執行長丹．羅森維格對我解釋道。原來他們發現，自家後院的聖荷西州立大學有高達五〇％的學生表示，他們會為了省錢不吃正餐。想想看，如果有更多企業不再把顧客單純看成收益來源，而是用更整體的角度看待，我們可以解決多少問題。顧客需要什麼？我們又可以怎樣幫助他們達成目標呢？

提倡「重新平衡企業重大事務的優先順序」的人越來越多，甚至有些投資人也這麼想。二〇一八年，摩根大通銀行執行長傑米．戴蒙（Jamie Dimon）以及波克夏公司的華倫．巴菲特（Warren Buffet）在《華爾街日報》聯名發表一篇社論，其中提到「金融市場變得太注重短期。季度每股盈餘預測成為這股趨勢的主要驅動因素，導致重心偏離長期投資。企業經常減省科技、招募人才和研發費用，以符合季度盈利預測，但後者很可能受企業無法控制的外在因子影響，如物價波動、股市漲跌，甚至天氣。」他們最後說道，這種執著「剝奪創新和新機會的經濟發展。」❺換句話說，「短期主義」不只對企業是壞事，對我們所有人都是壞事。

我們也提過，數一數二支持資本主義和商業發展的組織，例如商業圓桌會議，對上述議題的立場已有所轉變。如果我們希望這場運動能繼續發展，首先要做的，是啟動本書所描述的對話：根據更崇高的價值觀刻意設計出具體政策，而且政策本身要能反映各方人員投入的心力。企業內所有人也都該互相要求誠信。犯了錯就勇於認錯且承擔責任，這種櫻桃樹時刻，應該重新樹立為全國榜樣，以免我們的心靈被扭曲事實的言行與謊言吸乾。

做一個有誠信的領導人，就要持續不間斷地評估現有流程及策略，看看產生了哪些影響，必要時加以改變。舉例來說，我們之前提過的誠信陷阱之一，就是獎金制度如何扭曲企業的「倫理決策過程」。當員工是根據他們的流通量得到評價和薪酬，而不是他們的品質，工作品質就會下滑。只要股東總回報夠高，有些領導人可能就會忽視抄捷徑的行為，但這些行為可能會演變成詐欺、賄賂，以及不誠實的風氣。當員工薪酬方案和獎金都是依照企業的狹義財務及股價而定，即使是離領導層很遙遠的基層員工，都可能貪圖眼前利益而忽略某些利害關係人的安危。

在 eBay，當我們意識到現有的意見回饋制度還不夠維持平台秩序，執行長梅格・惠特曼就做了一些改變，確保全公司上下都開始重視這件事。計算薪酬時，買家滿意度的占比增加了，因此對於未能提供高品質購物體驗的賣家，eBay 員工態度也開始有了改變。重點是，你沒辦法第一次就做到完美，因此只要一發現當下做法還不符合你的價值觀和標準，就要重新評估現況、找出因應做法、解決問題，然後繼續前進。

Airbnb和其他追求進步的企業，都在思考類似「無限週期」的概念，這個詞出自作家賽門．西奈克（Simon Sinek），意指儘管現代企業必須努力達到成長目標，企業真正的目標，應該是在業界無限期處於領先位置。為了達成這個目標，企業必須持續理解所有利害關係人的利益並找出平衡，同時也要不斷評估自身對外界的長期影響，或者會產生哪些更廣泛的效應。「一維思考、悲觀、固執守舊的人沒辦法在新世界蓬勃發展。大家在找的領導者是目標導向的。員工會期待他們的領導人帶頭示範企業價值。」布萊恩．切斯基這樣相信。「二十世紀領導人的模樣，和二十一世紀領導人是不一樣的。前者是白人、男性、異性戀。但今天領導人可以是任何背景，任何模樣，沒有一定的樣貌。重點在他們的行為舉止。而且他們看待營運的時間週期必須更長。」

馬提．立頓（Marty Lipton）是知名的華特．立頓．羅森．卡茲法律事務所（Wachtell, Lipton, Rosen & Katz）的合夥人，二〇一九年他寫了一篇白皮書給該所客戶，其中特別提到，他認為當今董事會應該有哪些責任。❻ 立頓受到近來若干司法案件啟發，列出超過二十四項現代董事會應負的責任，我驚訝發現，他提到的很多責任，從第一項開始就牽涉到倫理，以及如何開誠布公地回應利害關係人關注的議題。他說，首先董事會被期許「要了解目前投資人更加關心『目的』、『文化』，以及更加廣闊地將員工、顧客、社群、經濟和社會，整體包含在利害關係人利益內。投資人也期許董事會和企業管理層合作，制訂出能實踐企業價值觀的指標。」

十年前可從來沒聽過，有商務法律事務所會將這些事務列入優先議題。

當你回應與價值觀相關的議題，一定會有些人說：「那好，今天是白人至上主義，那明天又是什麼？只要發生什麼大事，就會出現議題，也一定會有人持反對意見。我們房客出於什麼動機造訪某地，這對我們的事業有那麼重要嗎？」在 Airbnb，我們答案是「重要」。如果我們顧客或夥伴發表的觀點違背 Airbnb 使命和價值觀，而且還將觀點與 Airbnb 品牌掛鉤，那我們就必須採取行動。如果我們期許員工遵循這些價值觀而訂的規則，企業卻又從背叛這些價值觀的交易中獲利，那我們就太偽善了。

另外，我們還要認清一點，就是企業對員工越是強調倫理和價值觀，員工就越會用同樣標準要求公司的種種商業措施。接下來引發的問題範圍大得難以預測。如果企業偷偷污染天空或海洋，或是對其他企業使用自家平台做違背倫理的事視而不見，這樣的企業本質上還合乎倫理嗎？

聽起來好像有點可怕。你可能會覺得我們是企業，又不是什麼倡議組織。每個員工都可能有自己獨特的政治立場和支持議題，並且希望公司支持。我們為什麼要冒著自傷風險，鼓勵員工將倫理放在第一位？這樣可能賦予員工質疑我們行為和動機的權力，要求我們回應每個他們想像得到的議題。這不就是召喚出妖精，然後沒辦法召回瓶內的狀況嗎？

問題是那瓶子早就破了。網路讓事物透明度提高，社群平台越來越有力量，員工個人也越來越有力量，再加上全球化造成的影響，這一切加總起來都已改變世界的樣貌。現在違背倫理的行為或措施被揭發的風險，比以前高太多了。全球性顧問公司安永（EY Global）前任執行長馬克．韋伯格（Mark Weinberger）就觀察到，「如今執行長發言背後所代表的人比以前多了，我們也更常被要求對公眾負責，在分裂的政治氛圍中，我們員工、客戶和顧客越來越期許我們，希望在發生與企業價值觀相悖的爭議時，能看到我們公開表達想法。過去幾年我們也都看到了，當企業在某種議題被認為立場錯誤時會遇到多少壓力。機構品牌完全會因此受影響，而且品牌現在越發是重要的貨幣。」[7]

不只這樣，現在不論大小企業的利害關係人都有發聲管道，也能自行和其他人連結。思考一下，下列場景有多容易發生：

- 某家美髮店員工在當地社群網站匿名發文，說他們店裡使用法律禁用的有毒產品。顧客讀到文章，什麼也沒說，默默改去其他美髮沙龍消費。政府健康委員會也啟動調查。
- 某間輪胎店在輪胎促銷廣告下面，用很小的字體提醒消費者，促銷低價只限於舊輪胎翻新，不包括買新輪胎。顧客到店裡買新輪胎時，才發現他們要付比促銷價格高兩倍的錢，於是便在 Yelp 上大量抱怨，說那家店用廣告「釣人上鉤」。
- 有學生去開發中國家旅行，意外發現某間連鎖有機食物商店，為了保持低價而剝削海外勞工，因此他們用手機錄下證據，並上傳到 Youtube。影片在網路上爆紅，消費者發起抵制。又例如，某銀行顧客覺得他們被那家銀行系統性詐欺了，就在推特上抱怨，並請其他感同身受的網友聯絡他們。他們迅雷不及掩耳地提起團體訴訟，速度快到你連「我可以跟你介紹一些我們的存款方案嗎？」這句話都還來不及問。
- 某間工廠的周邊住戶發現，這家工廠罔顧當地環保法規，因此他們發信給群眾，宣布發起抗議遊行。數百人來到現場參加，民意代表也呼籲工廠停止生產，直到相關措施完全合法為止。

身為企業領導人的你，要不就全心支持誠信，不然就等到全世界都逼你支持誠信那一天。你不一定有辦法每個問題都回應，但你最好找方法傾聽這些擔憂，並準備好對攸關企業使命的問題採取行動。你要持續校準行動與目的，讓他們保持一致，並注意不要讓任何一組利害關係人霸占優先位置太久，因為通往無限的旅途上，你會需要所有利害關係人的支持。最後，利潤當然很重要，但一家眼光長遠的企業會知道，與員工和其他人締結彼此信任的堅定夥伴關係，才是通往長期成功的唯一道路。

找到平衡

在本書許多章節中，我對特定法律和倫理議題的處理方式都有很具體的闡述。但在這章節，老實說，我沒有任何模板或標準流程，能幫你做出不會惹怒任何利害關係人的決策，或是讓你的決策不會為任何一方帶來不便。你的決策不可能次次都讓所有利害關係人開心，而且你這一路上的決策必然有傷害某些利害關係人的時候，像eBay當初禁止販售教學版教科書一樣。這就是領導人會面臨的挑戰。你能做的，就是盡量思考過程中觸及的議題，未來試著承認這些議題也很重要。如果你讓處理方式真實透明，日後大家就可能找出共識。

思考六C原則時，不要單純看成一套給員工遵守的規則，或對蔑視規範者施加懲罰的指引。這套流程之所以從確認企業使命和基本價值觀開始，就是要讓你了解，接下來你做的這一切都是為了移除障礙、釋放企業潛能、挖掘出員工的最佳技能和能量，好讓你打造契合目的和價值觀的事業。

我想談談刻意誠信的表親，「刻意包容」（Intentional Inclusion），做為本章結尾。當二者相結合，會激發出更大的能量。

包容究竟長什麼樣子？

團隊和企業整體很容易落入同質性陷阱。一開始可能不明顯，也許只是某位招募經理強調要招進「願意融入文化的人」。人性皆如此，我們就是會比較喜歡和我們相像的人。我們可能不自覺用看商品目錄的態度逛領英，最後連結到的都是和我們相像的人。我們和對方可能是同一間學校的校友，或是都在某家企業待過。其實我們很容易不自覺戴著同質性鏡片逛領英網絡，一晃就是十五分鐘。想一想，你的人際網絡成員和你本人有幾分像？

打造凝聚力強的緊密團隊，這想法是很有吸引力沒錯，但時間久了問題也會慢慢浮現。如果是用歧視來凝聚團隊，就構成違法。如果是用黨同伐異和私心偏袒來凝聚團隊，也會出現麻煩。

假設主管和直屬部屬是好朋友，當彼此配偶或小孩發生紛爭，私人的不快可能就會蔓延到職場。如果兩人是同事也是朋友，都爭取同一個晉升機會，其中一個人得到以後，另一個人的嫉妒心可能會破壞士氣，影響團隊表現。或是剛升職的經理和直系部屬是大學好友，部屬知道新科主管一些祕密，主管為了避免祕密走光而自願欠下部屬人情。

不管什麼員因，總之新加入的組員就是和原本團隊不合。可能某位優秀的新進部屬正在戒酒，拒絕參加團隊每週五下班後的酒吧聚會，但團隊也不想放棄這項慣例。這時新人可能覺得被排擠了。或是一位能力很強的白俄羅斯程式設計師，說起英文有股腔調，因此被其他美國本地同事私下嘲笑。當這些「不一樣的人」變成「外圈」，便容易成為他人嘲笑或施虐的對象。如果「不一樣的人」剛好又是女性，「內圈」男性小團體可能會慫恿同伴對她們發表不當言論、占她們便宜，或阻礙她們被提拔。

職場多元化和包容這兩個概念不能互相代換。多元化意思是，經過深思且有特定目標的人才招募與職務安排。包容則是一股決心，讓多元化團隊順利運作，刻意又堅定的能量。

Airbnb 招募經理莉莉安・譚在美國數家知名科技業工作過，她告訴我很多企業表面上追求多元化，實際上卻不願付出相應心力達成目標。在 Airbnb，我們開出職缺時，都會要求人資提供多元的候選人名單。莉莉安提到，「我們現行做法讓人很難有開例外的空間。」另外，企業有時也會忽略讓多元人才順利發展的內部機制。她說，就算招進優秀多元的人才，企業不一定同時有適當的銜接機制，讓這些人才充分融入職位，盡力表現。但莉莉安也相信，Airbnb 從新訓期間就開始灌輸誠信的重要性，這項做法對新進人員是很重要的文化定調。「我們希望大家表現出完整自我，一個鼓勵信任和適時展現脆弱的文化可以讓大家表現到最好。以誠信為基礎的企業能支持這種文化運作。」

我在倫理講座上不只談規則，也會談企業曾經在哪些挑戰中犯下錯誤。「高層主管用這種方式談論包容，等於同意員工適時表現脆弱。」莉莉安這樣相信。例如有某位經理言行冒犯他人或讓人討厭，或是有主管包容下屬做出這種行徑，其他人可以明確指出上述作為不正確，有違我們的包容精神。Airbnb 鼓勵被冒犯的人大聲講出來，讓其他人聽見，而不是內化成被排斥的感受，再感到憤怒或鬱悶，或甚至考慮離職。

由於 Airbnb 的使命，是讓所有人不論到哪都有歸屬感，我們對歸屬感的思考大概會比其他企業來得深刻。我們平台做的，是讓來自世界各地，文化與習慣既獨特又複雜的人們，彼此產生物理連結。我們的房客可以從很多不同事物中獲得「歸屬感」，因為這個平台，以前他們因財力有限而無法造訪的地點，現在有能力前往了。房源裡服務賓客的動物熱情陪伴；或是房東根據房客對爵士樂或觀星的特定喜好，打造一套房客專屬的體驗。

或者只是很單純的，讓一個人受到人應該享有的對待。

Airbnb 的黑人房客入住某些房源時，曾吃了些苦頭，網路上也有不少討論。世界各地都出現種族主義，Airbnb 也不例外，這點很令人難過。儘管每位 Airbnb 使用者都必須同意接受其他人的種族、性傾向、性別等等，還是有些人沒有遵守規定。我們相信這是「不自覺偏見」（unconscious bias）造成的，有些房東不自覺想和「跟自己很像」的房客相處。但不管這是有心或無心的偏見，錯就是錯，這種讓人無法忍受的待遇也逐漸在媒體上曝光。

Airbnb 有些員工得知平台上發生歧視案件時，相當震驚。對 Airbnb 多數員工而言，住在對文化和生活型態接受度很高的舊金山，歧視只會出現在歷史書籍裡。但如果他們和企業內某些非裔美籍員工聊聊，就會發現原來歧視不曾消失，舊金山也不例外。有位非裔美籍員工告訴我，他在舊金山開車時，很多次因為非常輕微的違規事件、甚至毫無原因就被警察攔下。我在這座城市開車從來沒被攔下來過。很明顯，我的黑人同事體驗到的世界，和我所體驗的完全不同，身為高層主管，我認為 Airbnb 同仁有必要從這則故事得到啟示。當種族歧視案件發生，我希望這些聲音都有一席之地，以免讓完全沒有這種經歷的人主導討論。對於你不知道的事情，你真的就是不知道。

如果 Airbnb 忽視員工的感覺和尊嚴，沒有盡力運用人才多元化帶來的豐富經驗和觀點，我們對房東與房客的服務品質大概會日漸下滑。我們就不會如實看待顧客的多元性，也不會將企業人力資源的價值最大化。最後，Airbnb 再也無法吸引或留住最優秀的人才。

前面的事你都做到之後……

稍早我向你們介紹過斯林．馬迪帕里，他向我證明「刻意包容」的價值，讓我很受鼓舞。斯林在倫敦出生，他一開始從事基因學研究，後來成為商務律師。接著他發現自己其實喜歡從商，便進了牛津大學念MBA。後來他自學程式，並創立一家公司。

從斯林的履歷可以看出，儘管他天生罹患脊髓性肌肉萎縮症，他還是一個偏好採取行動、能量高昂的人，從小靠著電動輪椅到處行動。斯林成長過程中，斯林的家庭沒有資源和他一起外出旅行，因此他決定去牛津讀碩士之前，和另一位也靠輪椅行動的朋友，花四個月一起環遊世界。後來他們發現對輪椅行動者而言，用困難一詞形容旅行還太過低估實際程度。大致來說，適合這族群的住宿環境非常少，市面上也沒什麼資源可以幫助他們找到這種住宿。

於是斯林自己開了一家公司Accomable，一方面蒐集適合輪椅族群的旅遊資訊，另一方面鼓勵飯店等業者，提供更符合行動不便者需求的住宿環境。他寫了一些程式，讓飯店業能更具體描述住宿環境與特色，並輔以照片呈現，以便有特殊需求的旅客做出更充分的決定。想像一下，在這種世界摸索前進是什麼感覺：你搭了很久的飛機，在半夜抵達目的地，拿到住宿鑰匙，接著發現你和旅館房間之間隔了兩個非常大的階梯，而且沒有殘障坡道。你打電話給旅館人員求助，和對方說：「這間房間不是那種符合身心障礙法（American Disabilities Act，ADA）標準嗎？」然後你聽到對方回答：「嗯，你跨過去之後就符合了啊。」這可是斯林的親身體驗。

剛開始Airbnb對房源的輪椅行動便利度評估，只是一個單純的「是／否」問題而已。房東可能會勾「是」，但沒察覺「是」這答案牽涉的不只樓梯和殘障坡道。輪椅行動通常須要更寬的出入口，特別是浴室。需要他人協助或使用吊兜上下床的房客，床鋪周圍也要有更大的空間。

當布萊恩發現平台上某些房源描述和行動不便者實際體驗有一段落差，他開始驅策我們找方法弭平二者差異。二〇一七年，我們收購 Accomable，斯林和他的團隊成為我們一分子，一起致力縮小上述差距。如今斯林擔任產品經理，協助建立更具體行動便利度資訊的訂房系統產品給房東和房客。對我們來說，擁有斯林這樣的員工非常重要，他們能給出獨特洞見，幫助 Airbnb 更好了解特定顧客族群。斯林幫助了 Airbnb，為行動不便旅客創造出一個更美好的世界。

我讀二〇一九年蘋果執行長提姆．庫克（Tim Cook）在史丹佛大學畢業典禮發表的演說時，想到的就是我們回應行動不便旅客需求的刻意付出。庫克提到，太多科技企業先是發明創新科技，然後當那項科技引發社會問題或負面效果，他們就雙手一攤，表示原本也不知道會變成這樣。「還要別人來說這句話實在有點怪，但如果你蓋了一棟混亂工廠，你就不能逃避混亂所衍生的責任。負責任的意思，就是鼓起勇氣好好把事情全盤想通。」❽

以無限期營運為目標

所謂的想通，要先了解很重要的一點：當你的職場同質性很高，你就無法察覺非主流文化的員工會遭遇什麼問題，更無法察覺潛在顧客和其他商業夥伴可能會遇到的問題。然而，企業對這些事務必須有所了解，事業才能成功。珍妮．希爾（Janet Hill）是維吉尼亞州費爾法克市希爾家族顧問公司（Hill Family Advisors）主理人，出生於種族隔離時期的紐奧良，她說自己進衛斯理學院讀書，和希拉蕊．柯林頓（Hilary Clinton）當同班同學之前，她從來沒親眼見過一個白人。希爾畢業後一開始擔任數學研究員，後來成為企業社會責任和人力資源規畫專家，並在許多大企業擔任董事，包括迪恩食品（Dean Foods）、前進保險（Progressive Insurance）和凱雷集團（Carlyle Group），也是杜克大學校董之一。希爾大力提倡美國企業人才多元化，我們兩人也討論到多元化與刻意包容對企業的重要性。她提到，「我們有三億三千五百萬人之多。黑人、拉美裔、亞裔和混血族群占了全國人口一半。你不觸及這些族群的話，怎麼可能在任何產業打造出成功的企業呢？多元化可以促進企業內部的良善行為。如果我限縮自己的人才庫，就是在限縮事業成功的機會，『對外人很壞』的那種壞行為就越容易發生。」

當領導人養成習慣，進房間會先掃視一圈，看看成員有誰，設想一下他們可能遇到哪些問題，內部文化就會開始改變。斯林就面帶微笑地告訴我，有次他們規畫部門聚會，負責人宣布可能會去戶外單車踏青。當下斯林心想：**嗯，這活動感覺不太適合我**。但主辦人說完隨即轉向斯林，說他在灣區找到一個和輪椅族群合作的單車團體，他們有專門設計的單車，能讓輪椅使用者充分參與一般單車活動。這就是刻意包容。當每個人都感覺自己被納入團體，有充分空間培育自身才能，團體內所有人都會是贏家。

我們談過網路資訊透明帶來的挑戰。但要記得，好消息也同樣傳得又快又遠。舉例來說，鞋類品牌Toms每銷售出一雙鞋，就會捐一雙鞋給開發中國家，這個「以一換一」的概念，讓很多Toms顧客樂意為該品牌熱情宣傳。迪克體育用品雖然因為禁賣突擊步槍而流失一些顧客，但該企業甘冒商業風險下架核心產品，這份勇氣也吸引來不少新顧客。很多新客人還會在社群媒體上發文，鼓勵大家有需要就去迪克採購，那裡不論是足球鞋釘或瑜珈墊都買得到。

二〇一九年世界盃女子足球賽期間，爆發美國男子和女子國家隊同工不同酬問題，當時好幾場訴訟已開打，不同機構也紛紛表明立場。但高蛋白營養棒品牌LUNA沒有花太多時間等待風向，主動資助七十多萬美元給美國女子足球隊，弭平男女足球隊之間的薪酬差異。根據資助金額，每位女足球員可拿到約三萬一千美元。❾儘管金額沒有高到樂透等級，但球員都紛紛表示這番支持對她們意義重大，不只是支持追求財務上平等，更是支持道德上平等，而且還是私人企業發起的。LUNA親自示範給其他企業看，有時候你就是要站出來，「開始做就對了」。

點燃感染力

還記得小時候有次我和母親凱蒂．切斯納（Kitty Chestnut）一起去超市，買完東西後走回停車場，這時她忽然停下來，看著剛才收銀員找給她的零錢。「我們回去一趟，店員找錯錢了。」她說道。於是我們走回去，等她和店員重新搭上話。我還記得自己在旁邊等得很不耐煩。但我也記得店員得知找錯錢時的驚訝和感謝之情，對我們說了好幾次謝謝。這位店員不是少找錢給我媽，而是找了太多錢，她是專程回去歸還多的零錢。我媽可以拿出至少一打的「好」理由不退還多的零錢，我也聽其他人這樣回應過：「那家超市已經賺很多了」、「那家超市定價都太高了」、「我們平常在那家超市消費也夠多了」、「我確定他們一定有少找錢給我過」、「他們自己搞錯，我沒空專程回去處理」。但那天母親說的一番話，給我上了一堂重要的誠信課。「這不是我們的。」她這樣說。往後她在種種情況中一再示範同樣道理，我也因此銘記在心。這就是我認為執行長該有的領導力。我也這樣教導我的孩子，好幾次我們買完東西後又專程回到店裡，將多餘的錢退還給超市，或請店員將漏算的物品重新結帳。遇到這種事孩子們會翻翻白眼，小小抱怨一下，但我把這種事看成學習機會，而不是生活不便。至今我還是很喜歡看到店員發現時的震驚表情。

現在看新聞總令人喪氣。每天似乎都會發生新的誠信醜聞：作弊取得入學資格、性攻擊、企業財務醜聞、企業隱瞞醜聞、假新聞。儘管看到的都是很糟的一面，但我認為，這也代表我們走到倫理的交叉路口，接下來要走哪條路，決定了人們如何回應。低誠信的路是「大家都有拿到好處，我也要拿。」高誠信的路則是「我受夠這一切了，我得自己想個方法，為這些事做點什麼才行。」

不誠實是有感染力的，但誠信也是如此。職場是改變的最佳起始點，因為這裡有緊密人際連結，讓誠信言行能順行傳播。當大家都有共同使命和視野，執行長也充分了解自己職位的責任，這股力量就能擴散得更強更遠。

不過以上所言不會自動發生。拿出刻意而為的火柴，才能擦出火花。我希望這本書能做為對話的起始點，讓你和職場上其他人討論，如何將誠信塑造成內部主流價值。我們每個人都握有獨一無二的契機，能成為啟發良善風氣的重要力量。只要我們懷抱誠信，刻意而為。

後記：危機時刻見誠信

二〇二〇年一月，正當我為本書做最後校訂時，中國逐漸籠罩在新冠肺炎的烏雲之中。當時我發了電郵給 Airbnb 北京辦公室的同事，問他們身體如何。我還記得那時自己想著，「他們那邊」一定覺得很怕吧。當時美國還沒有傳染病爆發的跡象。後來我心思就放到其他事情上。這本書的樣書印好了，也已寄給推薦人等和專案相關人士閱讀，預計五月正式出版。

二〇二〇年三月十一日，我在車上聽廣播時得知，由於 NBA 球員魯迪・戈波特（Rudy Gobert）確診新冠肺炎，亞當・席佛已決定本季 NBA 停賽。亞當又一次要在短時間內做出重大誠信決策，但這次他也做對了。他的決定對公衛官員、政治領袖及其他觀望感染率上升的人來說是一劑強心針，就算他們的因應行動會對經濟、學校和日常生活造成重大打擊，還是應該立刻執行。

在這場變局中，某位知道我快要出書的朋友問我：「你覺得現在商業界忙著顧性命的時候，還會有人在意誠信這件事嗎？」我不假思索答道：「我認為大家思考誠信的迫切度前所未有。」那一刻，我知道自己有必要寫出這篇終章。

風雨知人心。對企業來說，危機就是一場誠信試煉。當你以誠信領導，利害關係人會對你心生景仰和感謝，以及隨之而來的種種益處。如果你的領導欠缺誠信，就算企業順利挺過危機，縱然危機已遠，副作用還是陰魂不散。

我很幸運得以和幾位誠信及品格俱佳的領導人一起走過危機。一九九九年 eBay 系統過載，經常當機，最後災難終於來了，系統連續當機二十一小時。執行長梅格・惠特曼當時闢了一間戰情室，高層主管和工程師在裡頭搶修系統好幾天，期間頂多在行軍床上小睡片刻，直到工程部門將系統搶救回來，重新穩定運作為止。

系統修好之後，我們寫了一封信給 eBay 顧客。梅格承認 eBay 辜負了他們期待，並承諾會提供高於當初雙方約定條款所述的補償，而 eBay 當機期間影響到的交易，也會退還交易手續費給用戶。即使是結束日期訂在當機時期多日之後的拍賣，也會得到退款。梅格還對顧客承諾，eBay 會投入資源打造一個更強健的系統，以防當機事件重演。換句話說，儘管前述措施會大幅縮減營收，她的優先目標還是找回顧客信任。有些人擔心華爾街會對我們祭出懲罰，但現況卻完全相反：買家和賣家仍然擁護 eBay，投資人也對我們的平台保持信心。最後 eBay 脫離瀕死體驗，成功活了下來。

僅僅兩年後，二〇〇一年九月十一日，eBay 企業品格再次因為一場危機飽受試煉。九一一事件剛開始引發的誠信難題很好解決：紐約市雙子星塔被飛機撞毀不過數小時，就有人在 eBay 上拍賣災難現場的碎石瓦礫。由於我們的信任與安全部門之前已訂好禁止「賣家藉災難獲利」的政策，因此發現後立刻將商品下架。

同一天，我們接到當時紐約州長喬治・派塔基（George Pataki）來電，他說一些名流人士打算拍賣個人物品，籌款資助九一一事件受害者的家庭，希望我們能幫忙。eBay 全體都支持這個想法，於是我們七十二小時後就推出「為美國拍賣」（Auction for America）線上活動，最後一共拍賣出二十三萬件物品，成功募得一千萬美元給倖存者及遺眷。而且 eBay 一毛手續費都沒收。後來美國本地遭遇其他危機時，也用類似態度應對。二〇〇五年卡崔娜颶風來襲時，我們系統經理發現紐奧良地區的買家和賣家因為逃離家園，不再登入 eBay 活動。我們的回應方式，是在這些使用者的 PayPal 帳戶各存入一千美元。

我在這些經歷中看見的，是當領導人心懷誠信，並勇於對廣大利害關係人負責，他們不但能安然渡過危機，還會更加茁壯。

建立一個彼此信任的環境，讓大家無論遇到什麼狀況，本能都是想把事情做對，這種誠信文化真的可以幫你化險為夷。員工會傾向信任領導人，供應商會樂意與你一起度過短期挑戰。顧客儘管有些不便，還是會相信你並非惡意。但如果企業淪於短期思維，習於隱瞞，以及射殺傳信人，他們犯下的過錯就會不斷累積，最後爆發混亂，以失敗收場。

危機之後，要變得更強大

新冠肺炎爆發後沒多久，我和很多不同團體都談到誠信這件事。我們每個人都直接或間接受到疫情打擊，大家也很快就開始討論，哪些企業和高層主管的因應做法好或壞，或甚至算不算適當。別誤會我的意思，每家企業都有各自的艱難考驗。即使是每件事都做對了、也投入相當時間心力建立以價值觀和尊重為本、體制強健、正面、健康文化的企業，此時也不得不做出痛苦抉擇，例如裁員、強制休假、減薪、裁編部門等等措施，讓工作認真又沒做錯什麼的員工生計遭受打擊。因此，我開始建立一個可以引導企業做艱難決策的框架。

開始解說框架之前，先談談目前我大致觀察到反映誠信的行為，以及空洞、自私自利的言行。

你大概和我一樣，會聽到一些企業先向你保證他們「等你光臨」，或是「我們同舟共濟」，接著開始對你推銷產品：買台新車，我們可以讓你晚幾個月再付頭期款喔！我有位朋友真的收到遊艇銷售商「我們等你光臨」的廣告信。嘖！還真符合你在傳染病大流行期間的需求！

也有企業做了很有意義、有建設性的行動，給人持久的正面印象。比方說，有些汽車保險商因為疫情期間事故發生率下降，便退還一％的保費給顧客。對於遭裁員或收入減少的顧客而言，這筆退費是意外驚喜。也有網路企業解除流量限制，並停收某些費用，讓隔離家裡的人能多看點電影，子女也能多點娛樂。

也有些企業直接對醫療危機伸出援手。茂盛能源（Bloom Energy）有個團隊自願翻新久未使用的呼吸器，進而拯救人命。布克兄弟（Brooks Brothers）、精品集團LVMH、運動服裝品牌Fanatics，以及艾迪鮑爾（Eddie Bauer）等等許多服飾業，也將產線改成生產口罩和防護衣供醫護人員使用。❶出版商學樂集團（Scholastics）宣布會資助免費午餐給因學校關閉而受影響的學童，而且也和演員合作，在Instagram和臉書上朗讀書籍給待在屋內的孩童聽，以及鼓勵大家捐款給各地方的食物慈善機構。❷

把你自己看成更大社群中有建設性的一員，評估能對這個遇到困境的社群做出哪些貢獻，以及該怎麼做，就成了我以下框架的首要元素。

第一步：謹慎縝密地評估利害關係人

不管是什麼危機，剛爆發時都須要三百六十度評估，看這事件會對你的利害關係人產生怎樣的衝擊。危機的本質自然會迫使你做這件事。像新冠肺炎這種情況，員工彼此會密切接觸的企業，立刻遇到重大安全問題。工廠生產線人員的擔憂與困境，也與廣告公司大不同，後者是為旅遊業服務，聘用了許多外包的寫手和設計師。

《洛杉磯時報》刊登過一則非常棒的報導，有位執行長在新冠肺炎期間，將照顧員工當成第一要務，是令人讚賞的回應。[3] 翡翠包裝（Emerald Packaging）是加州聯合市一間生產塑膠袋的家族企業。執行長凱文．凱利（Kevin Kelly）某天開車上班途中，聽到美國食品藥品監督管理局（FDA）官員談到，在職場實行社交距離與衛生措施的重要性。同一天，NBA也做出停賽的重大決定，這時大部分企業都還沒動起來。

凱利進公司後就召開全體會議，而且是用電話進行，宣布要實施一系列保護大家安全的措施。他給所有員工額外兩週的病假額度，並告誡員工不舒服的話就在家休息。會議上有員工問凱文，如果他／她是某個職務的唯一人員，或唯一有能力操作某種機台的人，他／她該怎麼辦。凱文再次回答，不論員工缺席會對事業造成多大影響，身體不舒服就要待在家，並確認大家真的聽懂他的意思。大家聽到都笑了，也真的有聽進去。我喜歡凱文應對這件事的方式。他將員工這個利害關係群體的安危，看得比其他長期因素還重要，而且沒有將談話外包給人資執行，或讓訊息淹沒在電郵信箱裡。他知道這些話必須由最高層主管親臨現場，有感情地傳達給員工，才能產生可信度。

他的領導團隊也禁止公司會議規模超過五人，並錯開員工的休息和午餐時段，以及堅持大家保持社交距離往來。他也要求員工把裝有酒精的瓶子放在工廠四處，鼓勵大家持續消毒工作區域、門把、欄杆等員工可能會摸到表面的物品。由於翡翠包裝被視為生活必須用品事業（該企業生產商品包括裝生菜和其他新鮮蔬菜的塑膠袋），他們甚至主動調查自己所處的社區有沒有哪位鄰居需要幫忙。最後凱利決定每週一天叫兩百七十份墨西哥捲餅當員工午餐，幫助當地一家餐館維持生意。

凱文·凱利身為執行長，大可把重心放在在公司業務和市占率，讓公司其他管理階層去費心工廠決策。然而他那天開車去上班的途中，了解到保護員工的「健康與安全」是「道德義務」，因此成為他的「第一要務」。幾週下來，儘管他也擔憂自己家人的健康，他還是每天都去上班。如果領導人自己做不到，就沒資格要求團隊執行。

另一方面，許多超市及藥局員工的遭遇則讓我憂心。二〇二〇年四月中，美國食品與商業工人國際聯合會（United Food and Commercial Workers International Union）發布一則新聞稿，說已有三十位超市員工罹患新冠肺炎去世，還有數千名成員回報出現了呼吸不適症狀。[4] 聯合會抱怨有些商家沒有保護好員工，限制店內同一時間的顧客人數。很多零售業都鼓勵「客戶至上」的想法，大家也真的需要買日用品和領藥，但某些案例中可以看到，有些大型零售商沒有及時用保護客人健康的同樣標準保護員工，因此引發內部反彈。

我也相信，如果領導人要求員工在可能有危險的環境中工作，就不該自己躲在辦公室裡呼吸清淨空氣。多花點時間巡巡收銀區或貨架，可以讓領導人知道下一步預防措施該怎麼做，員工也會因為你願意上前線視察而感謝及尊敬你。此外，你的所作所為也讓大家知道，你自己不做的事情，也不會要求員工去做。

當然，員工只是其中一種企業要考量的利害關係人族群。其他還有：

股東。投資人想知道，你有沒有保存現金？你是不是應該延後某些投資，等情況穩定點再說？如果現況沒有改善，你打算優先刪減哪些專案？你須要縮編嗎？處理這些問題本身並不違反倫理，但這些問題的重要性不應該高過其他可能導致人身安全或忽視商業策略的問題。

商業夥伴、供應商和房東。你的事業是不是要靠某位夥伴提供關鍵成分或材料才能成功？你知道商業夥伴正面臨什麼問題嗎？你須要提供什麼幫助，好讓他們的事業能繼續成為你的事業助力？他們有辦法幫你嗎？如果你現金不夠，要找他們談談，誠實說明你遇到什麼挑戰，初步了解他們的支付條件能有多少彈性，如果夥伴關係良好，對方事業成功對自己也有好處。

顧客。你有沒有主動接觸顧客，確保自己了解他們需求？他們是不是也手頭很緊？你是否該考慮主動寬限付款期限，以免他們到時無法履約？有沒有什麼產品是他們不方便購買或買不到、但你可以幫忙採購的？有什麼特殊需求出現嗎？新冠肺炎流行期間，很多店家排定專供老人家採購的特殊時段，因為他們身體較虛弱，如此做法可以減少接觸病毒的機會。

你的社群。你的鄰居都還好嗎？他們有哪些困難你可以幫上忙？你的廠房可不可以出借給當地志工團體開會，或放置救援物資？你可以捐食物或其他物品給受苦或遇到困難的社群成員嗎？即使是小小的幫忙都可以帶來大改變。例如，舊金山灣區的「生命轉動」家庭收容所（Live Moves）於疫情期間沒有足夠食物可提供給收容家庭，超過二十家當地企業便捐出，因為實施在家工作政策導致無人取用的辦公室零食給該機構。

之前有談到，當今聰明的企業都逐漸將重心轉為利害關係人導向，不再像以前獨尊股東。這種商業現況，加上社群媒體讓資訊漸趨透明，企業不得不更認真地看待員工和顧客的意見。危機時期，如果你的企業被公眾認為行事投機，或趁機剝削他人，輿論批評很快就會演變成消費者杯葛，或導致你的供應商也出問題。然而，如果你在此刻主動伸出援手，往後對你的企業名聲會很有益處。

比方為我寫本章的此刻，亞馬遜正忙著上誠信前線滅火。一方面，該企業廣大的物流網絡，讓數以百萬計的人順利買到食物和生活必需品，得以安全在家隔離。亞馬遜將重要物資運送至全世界，並送到消費者手上，對世界有很正面的貢獻。但另一方面，有些亞馬遜倉庫工人抗議公司不夠重視他們的人身安全，並引發數場罷工及對管理階級的批判。亞馬遜內部甚至流出一份備忘錄，提到該企業總經理抨擊某位發起抗議的工人是「完全不聰明，訴求也不清不楚」，而且他們還在研擬策略，打算引導輿論矛頭轉向工人個人行為，而非企業本身。此消息一出讓亞馬遜雪上加霜。[5]

亞馬遜的處境一點也不令人同情。不論該企業藉由運送物品對人類做多少貢獻，外界也認定亞馬遜是一頭事業巨額擴張的企業怪獸。正因如此，亞馬遜更有必要持續評估他們對利害關係人的待遇如何。

第二步：用同理心誠實溝通

危機時刻，最好的領導人不管溝通傳達什麼訊息，他們的態度都是直接、真實、富同理心。他們會承認恐懼和不確定性的存在，讓員工感覺好一點，知道老闆和他們一樣都很擔憂。他們也會誠實告訴大家眼前有什麼挑戰。一邊耍嘴皮說「我們會共度難關」，一邊心知肚明你必須裁掉公司三分之一的人，這種做法很不尊重員工，而且會引發反彈。

員工認知和注意到的，總是比領導人以為的還多。他們看過領導人意氣風發時散發出的肢體語言，光是這種線索就足夠讓他們察覺事情不對勁，他們聽到的可能只是一部分。如果你告訴員工，他們的健康和人身安全是你最優先考量的事，然後又叫他們共體時艱，不要對政府官員或健康專家的警告做太大反應，就算身體不舒服還是要來上班，你就不要意外他們會開始質疑你說的每句話。如果你溝通的訊息前後不一、閃閃躲躲，或像機器人一樣死板，就像律師要求你務必照本宣科唸出他寫的每個字，絕對不可偏離劇本，你可能會無意中加深大家恐懼。

危機時刻究竟該說什麼呢？想像看看你的員工會擔心哪些事，並排出這些擔憂的先後順序。像二〇〇八年大衰退那種金融危機，多數員工最大的恐懼就是被裁員。在新冠肺炎危機中，員工的擔憂主要是接觸到其他員工或顧客身上的病原，以及在學校大多關閉的情況下，如何兼顧工作和照顧子女的義務。聰明的主管會特別提到，公司此刻須要多點彈性，而不是堅守僵硬的規範。二〇二〇年四月初，學校因為疫情關閉，微軟便宣布提供額外的十二週育嬰假給需要照顧小孩的員工，這消息讓我留下深刻印象。多數企業的資源無法提供這麼慷慨的福利給員工，但如果領導人刻意調整會議時程、工作時間表和任務交期，讓工時更多彈性，員工不會沒發現，而且會增加員工對企業的忠誠。

如果遇到的是其他自然災難或危機，最迫切的議題可能又不一樣了。如果發生水災，你的事業沒受到什麼影響，但很多員工因此無家可歸，你又可以怎麼做呢？

又或者，你生產的食品遭受污染，此刻的重心就不是生產和物流，而是追蹤產品去向以及回收產品，這時該怎麼做呢？或者，如果你的電網受到廣泛干擾，該怎麼做？再次提醒，會重大威脅你的事業及長期發展的情境多不可數，而不管發生的是什麼議題，員工都會期待「長」字輩高層主動發布資訊，給他們一個實際的現況評估，以及可能的話，確保公司會著手解決他們的擔憂。

如果你認為之後很可能要裁員，或大幅改變現有策略或短期內營運方式，這時你尤其不能假裝樂觀。你當然不可能對員工說明所有的事，全部都說也是不智做法，而且你的事業目前可能依賴某些資源，你要先解決眼前問題才知道後續該怎麼做。比方說，如果你在找額外資金，或申請某種幫你留住員工的特殊專案，你可能有段時間真的會不知道下一步怎麼走。這時你可以說你正在調查所有可以延續營運的方案，情況更明朗時會再告訴大家。

第三步：保持靈敏，留意周遭新機會

當商業氣候改變，你提供的資源忽然不再符合客戶需求，你就要拿出創意。找利害關係人談談，聽他們的意見，並對新機會和新的生意型態保持開放心態。

新冠肺炎期間，很多企業被迫關閉零售門市或原本供應鏈受影響，這時許多容易上手的線上銷售平台，為這些企業帶來新商機。很多餐廳也用比平日發展更快的速度，展開外帶或外送商業模式。在新冠肺炎脈絡下，儘管旅遊網站和交換住宿的服務需求大幅降低，餐飲外送服務 Grubhub 和優食（Uber Eats）的業績卻呈現爆炸性成長。Airbnb 也推出了「線上體驗」事業。我也聽過其他非必需品的產業，例如客製 T 恤業者，將原本線上行銷的產品換成紙類等必需品。我的健身教練也改用視訊軟體 Zoom 線上指導我和其他顧客。

改變方向須要勇氣和很多努力。但危機來臨時，「找出需求，滿足需求」這句格言不會錯。這些轉變可能會開創新的事業線，並創造出有長期益處的關係。

第四步：做艱難決定時心懷誠信

當企業遇到任何會大幅影響收益的危機，可能須要裁減非必要專案和投資，以保存足夠現金，甚至某些情況下必須裁員。裁員本身不一定違背倫理。很可惜，Airbnb 就面臨必須裁員的情況。有些執行長認為此時如果不裁掉一定比例的員工，公司財務就會嚴重不良，這想法也許有道理。砍縮員工人數，留下來的人就有機會勉強頂住公司營運，直到情況回穩。

我知道有些高層主管一遇到危機，就立刻將費用砍到見骨。我甚至親耳聽他們說過，這是「干擾最少，也最不殘忍」的做法。這種看法認為，儘管對被裁員工來說很難過，領導人卻可以藉此讓留下來的員工放心，公司有足夠業績和儲備現金，在接下來這段時間能夠繼續雇用他們。我甚至聽過，這種做法可以讓留下來的人「去除恐懼」，而且在危機剛開始時，趕在其他企業裁員之前先動手裁員，員工順利跳槽去新工作的機會也更大。

不過，我個人傾向認為，一夜之間劇烈縮減成本並不是最佳做法。但不管是快速判斷或審慎考量，任何縮減成本的措施都必須從最高層做起。領導人平常可能要像作家賽門·西奈克說的，「最後一個吃飯」，危機發生時領導人必須頭一個做出犧牲。執行長如果不先縮減領導團隊的薪酬，公司裁員或縮減福利的做法就不具可信度，因為領導團隊的薪酬公認是數一數二豐厚的，他們會比一般員工更有機會度過金融風暴。因此當亞當·席佛和布萊恩·切斯基，兩位在本次危機中受到重大打擊的企業領導人，從最高層開始縮減成本，也就是自己和領導團隊的薪酬，這做法就不讓人訝異了。

對其他企業而言，也許有不必訴諸裁員的穩健做法。有些企業可以先要求員工用完有薪年假和申請完病假津貼，讓公司保留足夠現金，大家一起等情況改善，就不用被裁員。

另一個方案是放無薪假。企業可以向員工提議，他們在可見的未來無法拿到薪資，但健保和其他福利都會持續提供，股票選擇權則延展到某個日期，到時再重新評估情況。這會讓員工知道，即使公司必須保留現金，還是希望大家可以留在崗位，並預期大家未來都會回公司工作，因此盡量讓這段時間好過一點。當然了，放無薪假等於給員工跳槽機會，但也開了一扇雙方都會感激的門。你也可以對放無薪假的員工持續表達關懷。亞特蘭大市某家比薩連鎖店，在疫情期間被迫讓員工放無薪假，但他們也決定在無薪假期間定期外送免費比薩給員工，此舉除了提供食物，也是和團隊成員保持聯絡。

宣布任何縮減成本的措施時，尤其是裁員，我建議要詳細說明「為什麼」公司要下此決定。比方說，新冠肺炎期間，萬豪酒店集團（Marriott）宣布放數萬名員工無薪假，執行長阿諾・索倫森（Arne Sorensen）對員工說明，往年全球萬豪酒店這時的住房率都有七〇%，但現在只有二五%，甚至中國的萬豪酒店住房率只剩五%到六%。他說萬豪集團受新冠肺炎打擊的程度遠高於九一一事件。當然，大家也知道全球旅遊業近乎停擺，但如果你拿出具體數據，好好向員工說明公司所面臨的挑戰面向與規模，可以讓你的行動更有說服力。如果你不給具體數字，員工可能會認為你不關心他們死活，或開始揣測哪個高層內部鬥爭勝出或落敗，或重複這種論調：「他們一直都想砍掉這個單位，只是剛好有藉口而已。」另外，索倫森也宣布他今年不會再領薪水，其他領導團隊的薪酬也會減半。[6]

再來，如果企業財務許可的話，在危機時裁員應該一併提供過渡期協助給被裁的員工，儘管這樣做會衍生一筆費用，包括資遣費方案和延長健保期間等等。當你不得不放掉你所敬重、珍惜的員工，這是一件值得做的好事，對留下來的員工也有心理益處，他們會覺得公司有人性，會在合理範圍內盡可能慷慨。Airbnb 和其他旅遊業同行一樣，今年都受到很大的財務衝擊。不論是基於個人情感或專業，對 Airbnb 領導人來說要放掉一群員工都很痛苦。

新冠肺炎危機不只嚴重影響員工生計，對房東與房客社群也是沉重打擊。以往多數情況下，Airbnb 都允許房東自行規定預約事宜。如果 Airbnb 在封關期間要求房東退還住宿費給房客，對於已經將出租房源當成重要收入、對預約異動設有嚴格規定的房東，此舉很可能會讓他們陷入經濟困境。但另一方面，數以百萬計原本計畫要旅行的房客，此時除了買食物等日用品和緊急狀況都不能出門，如果要求他們在無法合法出門旅遊的情況下照舊支付預約費用，也會是很大問題。

最後，Airbnb 允許很多房客取消房源預約。同時，為了忠於重視利害關係人的經營哲學，Airbnb 另外付兩億五千萬美元，給受 Airbnb 退費決定影響的房東做為補償。另外，當 Airbnb 員工自願對房東伸出援手的一刻，讓我也深受啟發。原本每位 Airbnb 員工每季都可以免費旅遊一次，旅費由 Airbnb 支付。後來員工們想到可以自行捐出這份額度，於是在管理層並未特別鼓勵的情況下，超過兩千名員工自發性捐出超過一百萬美元給需要幫助的房東。

疫情終將過去，生活會回歸某種「常態」。到時不論你的角色為何，家庭成員、父母、朋友、員工、主管或執行長，大家都會記得你當初在危機時的言行，以及他們當下有什麼感受。某方面來說，此刻是最好的誠信試煉，也是誠信前所未有珍貴的一刻。

致謝

當你依照自己的守則而活，那就是無懈可擊的誠信。
無懈可擊的誠信有自己的對稱形狀、自己優美、優秀和閃閃動人的聲響。
一個誠信無懈可擊的人走進房間時，
大家都會感覺到。他們會覺得，我也想要那樣。
——知名歌手卡洛斯．山塔那（Carlos Santana），二〇一九年九月

我剛開始寫這本書時，是為了幫助商業人士，用刻意合乎倫理的方式，解決具體難題和情境，寫作重點本來放在這個過程所需知道的基本要素。我也想進一步主張，刻意誠信可以讓世界變得更好。但隨著篇幅進展，發現自己藉著寫這本書，有幸與許多優勢、生命歷程、倫理和道德框架各異的人士精彩對話。到了快完稿時，過去二十幾年來所建立，用來幫助企業規畫倫理路徑的許多定義和框架都受到挑戰，但也得到擴展。我發現大家連結彼此所依藉的誠信概念，其實有許多不同的呈現方式，有些完全基於實用目的，有些是為了遵循法律，也有近乎神祕的靈性原因，就像著名音樂家卡洛斯．山塔那某天早上告訴我的那段話。

就像山塔那說的，當你遇到一個正走在倫理之道的人，你會感受到一股完全無法否認的好能量。你可能甚至會被強烈啟發，想做個更好的人。

我感謝的人要從人生摯愛吉莉安開始，沒有她就沒有這本書。從她一開始說「你該寫本書的」，幫我聯繫上本書編輯提姆，也再次聯繫上本書的協力寫作者喬安，寫作全程吉莉安以經紀人和夥伴的身分驅策我，每天都占滿我的心，這本書充滿了吉莉安的智慧、光明和愛。我極度幸運，每天都有妳在身邊。提姆・巴特雷（Tim Bartlett）和聖馬汀（St. Martin's）出版團隊是非常棒的夥伴。謝謝你給的指引，以及不只相信這本書，更相信這本書站定的立場。非常感謝我的協力寫作者喬安・O' C・漢彌爾頓（Joan O' C. Hamilton），從二〇一〇年我們首次對話開始，她就希望我寫一本書，並從二〇一八年起開始幫忙本書。她做的遠遠不只寫下我的想法，她是真正的協作夥伴，將她的個人故事和強烈誠信感注入這項專案，我不可能找到比她更好的寫作同事了。

這本書是一場生命旅程的回憶錄，途中我受到幾位世界級的領導人、同事和朋友的教導，一開始是我的伴郎傑利・艾力克森（Jerry Erickson），和摯友威伯・維多斯（Wilbur Vitos）、納許・修特（Nash Schott）、喬伊思・凡斯（Joyce Vance）、凱文・艾瑟瑞居（Kevin Etheridge）和吉米・狄納多（Jimmy DiNardo）。再來是聯邦檢察官時期，感謝爭議速決程序的聯邦法官，形塑當時還是年輕律師的我——布萊恩法官（Judge Bryan）、凱徹力斯法官（Judge Cacheris）、希爾頓法官（Judge Hilton）、布林克瑪法官（Judge Brinkema）、艾利斯法官（Judge Ellis）、哈德遜法官（Judge Hudson）、歐格雷迪法官（Judge O' Grady）、瑟威爾法官（Judge Sewell），以及當然了，威廉斯法官（Judge Williams）。感謝維吉尼亞州東區美國司法部律師辦公室大家庭，特別是海倫・法黑（Helen Fahey）、理查・克倫（Richard Cullen）、查克・羅森堡（Chuck Rosenberg）、湯姆・康諾利（Tom Connolly）、彼得・懷特（Peter White）、詹姆斯・寇米（James Comey）、羅斯科・豪爾德（Roscoe Howard）、吉姆・川普（Jim Trump）、藍迪・貝洛斯（Randy Bellows）、約翰・納西卡斯（John Nassikas）、提姆・西亞（Tim Shea）、約翰・若利（John Rowley）、尼爾・漢姆斯壯（Neil Hammerstrom）、傑・艾普森（Jay Apperson）、安德魯・麥布萊德（Andrew McBride）、高登・克隆堡（Gordon Kromberg）、約翰・戴維斯（John Davis）、蘿西・漢尼（Rosie Haney）、楊・普維斯（Jan Purvis）、雷利・雷瑟（Larry Leiser）、瑞奇准將（General Rich）、賈斯汀・威廉斯（Justin Williams）、馬克・賀考爾（Mark Hulkower），以及福爾摩斯河對面的同事，約翰・馬汀（John Martin）、約翰・迪翁（John Dion）以及羅伯特・穆勒（Robert Mueller）。

我在eBay時期，有幸得到人生中最棒的幾位領導人教導——麥克・傑克布森（Mike Jacobson）和梅納德・韋伯（Maynard Webb），他們無私地用盡所有人生智慧教導我法律、商業和誠信，我深深感謝你們兩位。給梅格・惠特曼，謝謝你給一位聯邦檢察官機會到矽谷試看看的機會，支持並相信我。給馬提・亞伯特（Marty Abbott），你絕對不會讓我出錯差。給布萊恩・斯韋特（Brian Swette）、約翰・唐納荷（John Donahoe）、喬許・寇伯曼（Josh Kopelman）、溫蒂・瓊斯（Wendy Jones）、麥可・狄林（Michael Dearing）、比爾・科伯（Bill Cobb）、傑米・伊恩農（Jamie Iannone）、拉吉夫・杜塔（Rajiv Dutta）、鮑伯・斯旺（Bob Swan）、克莉絲汀・葉妥（Kristin Yetto）、傑夫・豪森伯德（Jeff Housebold）、梅姬・迪諾（Maggie Dinno）、林恩・芮狄（Lynn Reedy）、安德烈・哈達（Andre Haddad）、羅利・諾林頓（Lorrie Norrington）、蓋瑞・布利格斯（Gary Briggs）、馬克・魯巴許（Mark Rubash）、傑・李（Jay Lee）、喬・蘇利文（Joe Sullivan）、史蒂夫・衛斯利（Steve Westly）、羅娜・伯倫斯坦（Lorna Borenstein）、艾力克斯・卡席姆（Alex Kazim）、奇普・奈特（Kip

Knight），和其他許多 eBay 領導人，謝謝你們生活中教導何謂領導力。給不可思議的 eBay 法務團隊，包括布雷・漢德勒（Brad Handler）和傑・莫納罕（Jay Monahan）、傑歐夫・布里格漢（Geoff Brigham）、肯特・沃克（Kent Walker）、麥克・李希特（Mike Richter）、藍斯・藍蕭特（Lance Lanciault）、艾莉森・威樂比（Allyson Willoughby）、陶德・柯罕（Todd Cohen）、艾莉森・穆爾（Allison Mull）、傑・克雷蒙（Jay Clemens）、京・高（Kyung Koh）、約翰・穆勒（John Muller）、史考特・希普曼（Scott Shipman）、傑克・克里斯汀（Jack Christin）和艾力克斯・班（Alex Benn）。以及 eBay 信任與安全部門大家庭全體同仁，你們付出了很多，建立起一個受人信任的市場。傑夫・泰勒（Jeff Taylor）、露露・勞爾森（Lulu Laursen）、艾瑞克・薩瓦提拉（Eric Salvatierra）、麥特・哈普林（Matt Halprin）、凱洛琳・派特森（Carolyn Patterson）、迪奈許・拉提（Dinesh Lathi）、肯・卡胡（Ken Calhoon）、維克朗・蘇布拉馬尼安（Vikram Subramaniam）、東・李（Tong Li）、辛・葛（Xin Ge）、薩米爾・喬波拉（Sameer Chopra）、瑪麗亞娜・克朗普（Mariana Klumpp）、麥克・艾南（Mike Eynon）、蘿拉・馬特（Laura Mather）、馬汀・尼加德利克（Martin Niejadlik）、薛・張（Hseuh Tsang）、葛雷絲・莫納（Grace Molnar）、安加德・哈尼夫（Amjad Hanif）、琳達・塔歌（Linda Talgo）、布萊恩・伯克（Brian Burke）、約翰・麥當諾（John McDonald）、科林・魯爾（Colin Rule）、蘭迪・秦（Randy Ching）、提姆・國弘（Tim Kunihiro）、蘇菲・波倫堡（Sophie Bromberg）、金家兄弟傑夫和傑瑞米（the King brothers Jeff and Jeremy）、雷利・富利堡（Larry Friedberg）、戴夫・史蒂爾（Dave Steer）、艾倫・席佛（Ellen Silver）、莎拉・麥當諾（Sarah McDonald）、切特・瑞克茲（Chet Ricketts）、凱・

柯提斯（Kai Curtis）、尚恩・查芬（Sean Chaffin）、凱西・福瑞（Kathy Free）、蓋瑞・富莫（Gary Fullmer）、布萊恩・理查（Bryan Richards）、約翰・肯非爾（John Canfield）、凱文・恩布里（Kevin Embree）、eLVIS 商品違規檢查系統、麗莎・米金（Lisa Minkin）、保羅・歐德漢（Paul Oldham）、亞曼達・以爾哈（Amanda Earhart）、阿米達・香素卡（Amidha Shyamsukha）、提姆・裴恩（Tim Paine）、莫妮卡・帕魯索（Monica Paluso）、札克・皮諾（Zach Pino）、蘇珊・達頓（Susan Dutton），以及不可思議的全體猶他州德雷珀團隊，和約翰・寇達內（John Kothanek）、阿拉斯泰爾・麥吉朋（Alastair MacGibbon）、麥特・漢利（Mat Henley）、安迪・布朗（Andy Brown）、奧立佛・威爾葛拉（Oliver Weyergraf）、麥可・朴（Michael Pak）、蓋瑞斯・格里菲（Garreth Griffith）、克里斯提安・裴瑞拉（Christian Perella）、安琪拉・切斯納（Angela Chesnut）、史東尼・柏克（Stony Burke）、戴夫・卡森（Dave Carlson）、傑夫・派倫（Jeff Parent）、凱文・神元（Kevin Kamimoto），以及眾多在網路平台建立信任與安全的開創先鋒，你們都是這旅程的一部分。

Chegg，我們的團隊真棒啊。非常感謝我的導師及好友丹・羅森維格，以及西瑟・哈特洛・波特、查克・蓋格、納森・舒茲（Nathan Schultz）、安迪・布朗（Andy Brown）、依斯特・蘭姆（Esther Lem）、珍妮・布蘭德謬爾（Jenny Brandemeuhl）、羅伯特・帕克（Robert Park）、米契・史波倫（Mitch Spolen）、伊莉莎白・哈茲（Elizabeth Harz）、安・杜安（Anne Dwane）、蒂娜・麥納提（Tina McNulty）、麥克・歐席爾（Mike Osier）、希瑟・塔卓夫・莫里斯（Heather Tatroff Morris）、約翰・費爾摩（John Fillmore），以及我的好友戴夫・博德斯（Dave Borders）！你們同心協力創造出偉大的事物。學生優先！

還有Airbnb團隊，一切都從最上頭做起，誠信也是從布萊恩、奈特和喬開始。謝謝你們打造出不同凡響的企業，並賦予如此有啟發性的使命，讓我們大家都引以為榮。謝謝貝琳達・強森（Belinda Johnson）、貝絲・艾瑟洛（Beth Axerold）、葛雷格・葛瑞里（Greg Greeley）、強納森・米登霍（Jonathan Mildenhall）、克里斯・勒罕（Chris Lehane）、喬伯特（Joebot）、艾力克斯・席萊佛（Alex Schleifer）、戴夫・史戴芬森（Dave Stephenson）、弗雷・雷德（Fred Reid）、瑪格麗特・理查森（Margaret Richardson）、艾斯林・海瑟（Aisling Hassell）、梅麗莎・湯瑪斯-杭特（Melissa Thomas-Hunt），以及全體領導團隊，謝謝你們帶領這趟刻意誠信之旅。給全世界最優秀的法務人才集合，由芮妮・洛森（Renee Lawson）、加斯・伯索（Garth Bossow）、費歐娜・多曼蒂（Fiona Dormandy）、拉菲克・巴瓦（Rafik Bawa）、夏達・卡洛（Sharda Caro）、戴瑞爾・陳（Darrell Chan）、錦鴻・蕭（Kum Hong Siew）、魯本・托克洛（Ruben Toquero）、克萊兒・烏克維奇（Claire Ucovich）和夏娜・托瑞（Shanna Torrey）所領導的全球超過一百五十名律師，你們是Airbnb的夥伴，一起散播歸屬感，也一起抱持用誠信和微笑執業的信念，和你們所有人團隊合作，給了我不可思議的生命經驗，在此致上我最深的感謝。特別感謝凱特・蕭（Kate Shaw）、彼得・烏利亞斯（Peter Urias）、莎拉・羅伯森（Sarah Robson）、莎曼莎・貝克（Samantha Becker）、喬丹・布雷克松（Jordan Blackthorne）、茱莉・維納（Julie Wenah）、珍・萊斯（Jen Rice）以及所有倫理顧問，謝謝你們教導我多元性、包容和倫理。特別感謝州檢察長聯盟（AG Alliance）的凱特・懷特（Kate White）、麥圭伍茲法律事務所（McGuire Woods）的潔姬・史東（Jackie Stone）以及傑歐夫・艾森堡（Geoff Eisenberg），謝謝他們多年來的支持、智慧和友誼。

感謝為這本書慷慨撥出時間和提供想法的所有人。雷德・霍夫曼、本・霍羅維茲、喬許・波頓（Josh Bolten）、斯林・馬迪帕里、莉莉安・譚、超級律師潔姬・柯克（Jackie Kalk）、艾瑞克・霍德總長（General Eric Holder）、普利亞・辛（Priya Singh），以及史丹佛照護的大衛・安特衛索（David Entwistle）、大衛・維斯汀（David Westin）、湯瑪斯・傅利曼（Thomas Friedman）、丹・艾瑞耶利、耶爾・梅拉梅德（Yael Melamede）、吉姆・萊恩董事長（Jim Ryan）、金・史考特（Kim Scott）、傑夫・喬丹（Jeff Jordan）、保羅・薩拉伯利、珍妮・希爾、柴・菲爾德布魯（Chai Feldblum）、雪倫・梅斯林（Sharon Masling）、吉姆・摩根（Jim Morgan）、唐諾・海德（Donald Heider）、吉姆・辛尼格、亞當・席佛總裁，以及卡洛斯・山塔那。

最重要的是感謝我的家人。充滿愛意地謝謝我的孩子，碧安卡和克里夫，他們用各自的方式幫助我，讓我釐清如何這一生中最難的工作，也就是為人父親，來讓自己成長及傳達誠信價值。他們是所有父母能想像得到最美好的子女。我極為幸運，有他們做為我的生命核心。賈斯汀・馬努斯（Justin Manus）、曼蒂（Mandy）、布雷克（Blake）、尼克（Nick）、布洛克（Brock）及瑪莉安娜・薩斯曼（Mariana Salzman）、馬克（Mark）、瑪拉・杜波伊（Mara Dubois）、伊莉莎白・馬努斯（Elizabeth Manus）、喬姆（Jom）和麗莎・布羅克（Lisa Bloch）、亞歷希斯（Alexis）、喬丹（Jordan）、卡洛琳（Caroline）和貝比烏斯（Babyus），謝謝你們讓我完全融入你們這麼棒的家族。充滿愛意地感謝我的舅舅克里夫・瓦德爾，幫助我讀完大學和法學院，以及更重要的，這一路上做為我的人生導師、父職角色以及朋友。沒有你的話，這一切都不會發生。謝謝我的爸爸，我希望你的「小夥伴」（pal）讓你引以為榮。謝謝我的祖母，在我生命中穩穩不斷給我純淨的愛與支持。以及，當然了，我人生第一位老師以及誠信榜樣，我的媽媽凱蒂・切斯納。這本書是獻給妳以及妳給我的所有愛：媽媽，真希望妳還在，你會去當地書店，買下這本書的初版，回家坐在妳最愛的搖椅上閱讀。

最後，給所有曾經受刻意誠信啟發，並想要將這觀念帶進你所在職場的人，我把卡洛斯．山塔那當初和我道別時說的最後一句話送給你：「**去洗衣店，拿回你的斗篷，穿上翱翔吧。**」

資料來源與註釋

1 2019 Edelman Trust Barometer, January 2019. https://www.edelman.com/trust-barometer [accessed November 6, 2019]

2 Richard Edelman, "Trust at Work," Edelman, January 21, 2019, https://www.edelman.com /insights/trust-at-work [accessed October 19, 2019].

3 Jessica Long, "The Bottom Line on Trust," Accenture, October 30, 2018, https://www.accenture .com/us-en/insights/strategy/trust-in-business [accessed October 19, 2019].

4 Ryan Suppe, "Salesforce Employees Ask CEO to Reconsider Contract with Border Protection Agency," *USA Today*, June 26, 2018, https://www.usatoday.com/story/tech/2018/06/26 /salesforce-employees-petition-ceo-reconsider-government-contract/734907002/[accessed October 19, 2019].

5 Kate Trafecante and Nathaniel Meyersohn, "Wayfair Workers Plan Walkout in Protest of Company's Bed Sales to Migrant Camps," CNN Business, June 26, 2019, https://www.cnn.com/2019 /06/25/business/wayfair-walkout-detention-camps-trnd/index.html [accessed October 19, 2019].

6 Daisuke Wakabayashi, Erin Griffith, Amie Tsang, and Kate Conger, "Google Walkout: Employees Stage Protest over Handling of Sexual Harassment," *New York Times,* November 1, 2018, https://www.nytimes.com/2018/11/01/technology/google-walkout-sexual-harassment.html [accessed October 19, 2019]

7 "On the Other side of Prime Day, Amazon Workers Brace for 'Two Months of Hell'—NBC News," Kazal.hu, July 16, 2019, https://kazal.hu/2019/07/16/on-the-other-side-of-prime-day -amazon-workers-brace-for-two-months-of-hell-nbc-news/[accessed October 19, 2019].

8 Akane Otani, "Patagonia Triggers a Market Panic over New Rules on Its Power Vests," *Wall Street Journal*, November 4, 2019, https://www.wsj.com/articles/patagonia-triggers-a-market -panic-over-new-rules-on-its-power-vests-11554736920 [accessed October 19, 2019].

9 "Business Roundtable Redefines the Purpose of a Corporation to Promote 'An Economy That Serves All Americans,'"Business Roundtable, August 19, 2019, https://www.businessroundtable.org/business-roundtable-redefines-the-purpose-of-a-corporation-to-promote-an-economy -that-serves-all-americans [accessed October 19, 2019].

第一章：間諜，草地飛鏢，種族主義大有問題

1 "An Assessment of the Aldrich H. Ames Espionage Case and Its Implications for U.S. Intelligence," Senate Select

Committee on Intelligence, November 1, 1994, https://fas.org/irp/congress /1994_rpt/ssci_ames.htm [accessed October 19, 2019].

2 草地飛鏢是個說明某些賣家嗅到商機時有多不屈不撓的好例子，也可看出遭禁商品在某些買家眼中反而有更高價值。我還在 eBay 時，當賣家得知我們禁止販售草地飛鏢，他們就想出新招數：改成上架「只賣草地飛鏢盒子！」，但賣給你盒子的同時附贈……猜猜看是啥？對，草地飛鏢。隨後我們也禁止這項做法，但最近我發現「只賣盒子」這種商品又出現了。

3 二〇一九年八月，《華爾街日報》登出一則調查報導〈亞馬遜放棄控制自家網站。結果：數以千計違禁、不安全和標記不實商品上架〉（*Amazon Has Ceded Control of Its Site The Result: Thousands of Banned, Unsafe or Mislabeled Products.*）就像其他要打擊自家平台上不實資訊的科技業同行，事實證明亞馬遜無法或不願有效監控他們網站上的第三方賣家。該報發現亞馬遜網站上有超過四千件商品「已被聯邦政府機關宣告為不安全、標記造假，或已被聯邦管制機關禁止流通。」要在這麼大的平台上監控上述問題，我承認自己還滿同情亞馬遜的，但當務之急是用行動支持顧客人身安全，而不只是表現出你有意圖而已。https://www.wsj.com/articles/amazon -has-ceded-control-of-its-site-the-result-thousands-of-banned-unsafe-or-mislabeled-products -11566564990 [accessed November 9, 2019]

4 布萊恩．切斯基談話來源：*Time*, September 8, 2016, "Airbnb CEO: 'Bias and Discrimination Have No Place' Here," https://time.com/4484113/airbnb-ceo-brian-chesky-anti-discrimination -racism/ [accessed November 9, 2019].

第三章：長字輩的C

1 EJ, "Violated: A Traveler's Lost Faith, a Difficult Lesson Learned," Around the World and Back Again, June 29, 2011, http://ejroundtheworld.blogspot.com/2011/06/violated-travelers-lost -faith-difficult.html [accessed October 19, 2019].

2 LynekaLittle,"SanFranciscoBurglaryInspiresChangesatAirbnb,"ABCNews, August 2, 2011, https://abcnews.go.com/Business/airbnb-user-horrified-home-burglarized-vandalized-trashed/story?id=14183840[accessed October 19, 2019].

3 Leigh Gallagher, "The Education ofAirbnb's Brian Chesky," *Fortune*, June 26, 2015, https:// fortune.com/longform/brian-chesky-airbnb/ [accessed November 10, 2019].

4 Kevin Short, "11 Reasons to Love Costco That Have Nothing to Do with Shopping," *Huffington Post*, December 6, 2017, https://www.huffpost.com/entry/reasons-love-costco_n_4275774 [accessed October 19, 2019].

5 KaraSwisher,"WhoWillTeachSiliconValleytoBeEthical?,"*New York Times*,October21,2018, https://www.nytimes.com/2018/10/21/opinion/who-will-teach-silicon-valley-to-be-ethical .html [accessed October 19, 2019].

6 DannyHakim,AaronM.Kessler,andJackEwing,"AsVolkswagenPushedtoBeNo.1,Ambitions Fueled a Scandal," *New York Times*, September 27, 2015, https://www.nytimes.com/2015/09/27 /business/as-vw-pushed-to-be-no-1-ambitions-fueled-a-

scandal.html [accessed October 19, 2019].

7 Jasper Jolly, "Former Head of Volkswagen Could Face 10 Years in Prison," *The Guardian*, April 15, 2019, https://www.theguardian.com/business/2019/apr/15/former-head-of-volkswagen -could-face-10-years-in-prison [accessed October 19, 2019].

8 Lydia Dishman, "How Volkswagen's Company Culture Could Have Led Employees to Cheat," *Fast Company*, December 15, 2015, https://www.fastcompany.com/3054692/how-volkswagens -company-culture-could-have-led-employees-to-cheat [accessed October 19, 2019].

9 James C. Morgan with Joan O'C. Hamilton, *Applied Wisdom: Bad News Is Good News and Other Insights That Can Help Anyone Be a Better Manager* (Los Altos, CA: Chandler Jordan Publishing, 2016).

10 MattStevens,"Starbucks C.E.O. Apologizes After the Arrest of Two Black Men," *New York Times*, April 15, 2018, https://www.nytimes.com/2018/04/15/us/starbucks-philadelphia-black-men -arrest.html [accessed October 19, 2019].

11 Kim Bellware, "Uber Settles Investigation into Creepy 'God View' Tracking Program," *Huff ington Post*, January 6, 2016, https://www.huffpost.com/entry/uber-settlement-god-view_n _568da2a6e4b0c8beacf5a46a [accessed October 19, 2019].

12 Amy Conway-Hatcher and Sheila Hooda, "The Rearview Mirror and the Road Ahead on #Me- Too: Action Items for Corporate Boards," Law.com, January 10, 2019, https://www.law.com /corpcounsel/2019/01/10/the-rearview-mirror-and-the-road-ahead-on-metoo-action-items -for-corporate-boards/ [accessed October 19, 2019].

13 Sarah McBride, "WeWork IPO Turns Contentious at SoftBank's Vision Fund," *Los Angeles Times*, September 6, 2019, https://www.latimes.com/business/story/2019-09-06/wework-ipo-turns -contentious-softbank-vision-fund [accessed October 19, 2019].

14 StephenBertoni,"WeWork's$20BillionOfficeParty:TheCrazyBetThatCouldChangeHowthe World Does Business," Forbes, October 24, 2017, https://www.forbes.com/sites/stevenbertoni /2017/10/02/the-way-we-work/#71dd3cef1b18 [accessed October 19, 2019].

15 Daisuke Wakabayashi and Katie Benner, "How Google Protected Andy Rubin, the 'Father of Android,' " *New York Times*, October 25, 2018, https://www.nytimes.com/2018/10/25 /technology/google-sexual-harassment-andy-rubin.html [accessed October 19, 2019].

16 Jennifer Blakely, "My Time at Google and After," *Medium*, August 28, 2019, https://medium.com /@jennifer.blakely/my-time-at-google-and-after-b0af688ec3ab [accessed October 19, 2019].

17 Connie Loizos, "Google Lets Drummond Do the Talking," *TechCrunch*, August 29, 2019, https://techcrunch.com/2019/08/29/google-lets-david-drummond-do-the-talking/ [accessed November 10, 2019].

18 Phillip Bantz, "Ex-Google Employee's Account of Sexual Misconduct, Mistreatment Is Familiar Tale of 'High Talent' Privilege," Law.com, August 29, 2019, https://www.law.com/corpcounsel /2019/08/29/ex-google-employees-account-of-sexual-misconduct-mistreatment-is-familiar -tale-of-high-talent-privilege/ [accessed October 19, 2019].

19 Shona Ghosh, "Google's Latest Explosive #MeToo Claims Are Yet Another Sign of a Destructively Permissive Culture Built Up over Years," Business Insider, August 29, 2019, https://www .businessinsider.com/google-rocked-by-david-drummond-claims-2019-8 [accessed October 19, 2019].

20 Connie Loizos, "Alphabet's Controversial Chief Legal Officer David Drummond Is Leaving, Saying He Has Decided to Retire," *TechCrunch*, January 10, 2020, https://techcrunch.com/2020 /01/10/alphabets-controversial-chief-legal-officer-david-drummond-is-leaving-saying-he-has -decided-to-retire/ [accessed January 14, 2020].

21 Reuters, "Alphabet Legal Head Drummond Exits, Giving Its New CEO Chance to Shake Up Team," *New York Times*, January 10, 2020, https://www.nytimes.com/reuters/2020/01/10 /business/10reuters-alphabet-executive.html [accessed January 14, 2020].

第四章：我們是誰？

1 Reed Abelson, "Enron's Collapse: The Directors; Eyebrows Raised in Hindsight About Outside Ties of Some on the Board," *New York Times*, November 30, 2001; Nicholas Stein, "The World's Most Admired Companies: How Do You Make the Most Admired List? Innovate, Innovate, Innovate," Fortune, October 2, 2000, https://archive.fortune.com/magazines/fortune/fortune _archive/2000/10/02/288448/index.htm [accessed November 10, 2019].

2 Zeke Ashton, "Cree's Conference Call Blues," The Motley Fool, updated November 18, 2016, https://www.fool.com/investing/general/2003/10/24/crees-conference-call-blues.aspx [accessed October 19, 2019].

3 這份清單源自一份非常優秀的問卷分析文章〈企業倫理與沙賓法案〉（*Corporate Ethics and Sarbanes-Oxley*），二〇〇三年發表在《華爾街律師》（*Wall Street Lawyer*）https://corporate.findlaw.com/law-library /corporate-ethics-and-sarbanes-oxley.html [accessed October 19, 2019].

4 Milton Friedman, "The Social Responsibility of Business Is to Increase Its Profits," *New York Times Magazine*, September 13, 1970, http://umich.edu/~thecore/doc/Friedman.pdf [accessed November 12, 2019].

5 Larry Fink, "Purpose & Profit," https://www.blackrock.com/corporate/investor-relations/larry -fink-ceo-letter [accessed November 12, 2019].

6 Doug McMillan, "A Message from Our Chief Executive Officer," Walmart, https://cert-me .walmart.com/content/walmartethics/en_us.html [accessed July 15, 2019].

7 “Patagonia’s Mission Statement,” Patagonia, https://www.patagonia.com/company-info.html [accessed October 19, 2019].

8 我的母親很愛〈親愛的艾比〉（*Dear Abby*）專欄，她會在早餐時大聲朗讀艾比的回信給我們聽。我最愛的其中一封回信，是寫給一位因為有不同種族、不同性傾向而且「長得很怪」的人會進出自己家對街的某間房子，而氣憤不已的讀者。該讀者寫道：「艾比，這些怪人正在毀損我們的財產價值！我們要怎麼做才能讓這個往日受人敬重的社區恢復品質？」艾比回道：「親愛的 UP：你可以搬家。」想要了解艾比其他讓人津津樂道的回信，見以下。https://theweek.com/articles /468550/13-dear-abbys-best-zingers [accessed November 22, 2019].

9 “Integrity: The Essential Ingredient,” The Coca-Cola Company, https://www.coca-colacompany .com/content/dam/journey/us/en/private/fileassets/pdf/2018/Coca-Cola-COC-External.pdf [accessed October 19, 2019].

10 “Code of Business Conduct and Ethics,” Amazon, https://ir.aboutamazon.com/corporate -governance/documents-charters/code-business-conduct-and-ethics/ [accessed October 19, 2019].

11 “CorporateEthics,”HewlettPackardEnterprise,https://www.hpe.com/us/en/about/governance /ethics.html [accessed August 7, 2019].

12 Nick Bilton, “Inside Elizabeth Holmes’s Chilling Final Months at Theranos,” *Vanity Fair*, Febru- ary 21, 2019, https://www.vanityfair.com/news/2019/02/inside-elizabeth-holmess-final-months -at-theranos [accessed October 19, 2019].

13 Henry Blodget, “Mark Zuckerberg on Innovation,” *Business Insider*, October 1, 2009, https:// www.businessinsider.com/mark-zuckerberg-innovation-2009-10 [accessed November 22, 2019]. 另外，祖克伯本人（Zuckerberg）後來也將他的座右銘改成「快速行動，穩紮穩打」（Move fast with stable infrastructure）https://www.businessinsider.com/mark-zuckerberg-on-facebooks-new-motto-2014-5 [accessed November 22, 2019].

14 Rajeev Syal and Sybilla Brodzinsky, “Body Shop Ethics Under Fire After Colombian Peasant Evictions,” The Guardian, September 12, 2009, https://www.theguardian.com/world/2009/sep /13/body-shop-colombia-evictions [accessed November 16, 2019].

第五章：哪些事物會讓你的使命走偏？

1 Vault Careers, “Finding Love at Work Is More Acceptable Than Ever,” Vault, February 11, 2015, http://www.vault.com/blog/workplace-issues/2015-office-romance-survey-results/ [accessed October 19, 2019].

2 Maureen Farrell, “Two Snap Executives Pushed Out After Probe into Inappropriate Relation- ship,” updated January 18, 2019, https://www.wsj.com/articles/two-snap-executives-pushed-out -after-probe-into-inappropriate-relationship-11547850401 [accessed October 19, 2019].

3 David Margolick, "Inside Stanford Business School's Spiraling Sex Scandal," *Vanity Fair*, Octo- ber 17, 2015, https://www.vanityfair.com/news/2015/10/stanford-business-school-sex-scandal [accessed October 19, 2019].

4 Alexandra Berzon, Chris Kirkham, Elizabeth Bernstein, and Kate O'Keeffe, "Casino Managers Enabled Steve Wynn's Alleged Misconduct for Decades, Workers Say," updated March 27, 2018, https://www.wsj.com/articles/casino-managers-enabled-wynns-alleged-misconduct-for -decades-workers-say-1522172877 [accessed October 19, 2019].

5 Tiffany Hsu and Mohammed Hadi, "Wynn Leaders Helped Hide Sexual Misconduct Allegations Against Company's Founder, Report Says," *New York Times*, April 2, 2019, https://www .nytimes.com/2019/04/02/business/wynn-resorts-sexual-misconduct-steve-wynn.html [accessed October 19, 2019].

6 U.S.DepartmentofJusticepressrelease:TheranosFounderandFormerChiefOperatingOfficer Charged in Alleged Wire Fraud Schemes, June 15, 2018, https://www.justice.gov/usao-ndca/pr /theranos-founder-and-former-chief-operating-officer-charged-alleged-wire-fraud-schemes [accessed November 12, 2019].

7 JenniferMedina,KatieBenner,andKateTaylor,"Actresses,BusinessLeadersandOtherWealthy Parents Charged in U.S. College Entry Fraud," New York Times, March 12, 2019, https://www .nytimes.com/2019/03/12/us/college-admissions-cheating-scandal.html?module=inline [accessed November 12, 2019].

8 Wired Staff, "A True EBay Crime Story," *Wired*, May 8, 2006, https://www.wired.com/2006/05/a -true-ebay-crime-story/ [accessed October 19, 2019].

9 Kevin Sack, "Patient Data Landed Online After a Series of Missteps," *New York Times*, October 6, 2011, https://www.nytimes.com/2011/10/06/us/stanford-hospital-patient-data-breach-is -detailed.html [accessed October 19, 2019].

10 Ibid.

11 Jack Morse, "'F*ck ethics. Money is everything': Facebook Employees React to Scandal on Gossip App," Mashable, January 30, 2019, https://mashable.com/article/facebook-employees-react-teen -spying-app-blind/ [accessed October 19, 2019]. 另外，還是要提一下以示公平：無法確認發布這則貼文的人是否為臉書現任員工。

第六章：融合混搭，四處轟炸，重複再三

1 https://www.thedishonestyproject.com/film/ [accessed November 12, 2019].

2 當 Airbnb 開始收到有色族群房客回報，說他們被房東拒絕入住房源，我立刻諮詢艾瑞克該如何解決這個情況。在我任職 Airbnb 期間，艾瑞克的法律事務所曾提供 Airbnb 數次法律建議。

3 Jacobellisv. Ohio, https://www.law.cornell.edu/supremecourt/text/378/184 [accessed November 12, 2019].

第七章：歡迎來申訴

1 Ann Skeet, "A Conversation with Theranos Whistleblower Tyler Shultz," Markkula Center for Applied Ethics at Santa Clara University, May 22, 2019, https://www.scu.edu/ethics/focus-areas /leadership-ethics/resources/a-conversation-with-theranos-whistleblower-tyler-shultz/ [accessed October 19, 2019].

2 Reid Hoffman, "The Human Rights of Women Entrepreneurs,"LinkedIn,June23,2017,https:// www.linkedin.com/pulse/human-rights-women-entrepreneurs-reid-hoffman/ [accessed October 19, 2019].

3 "Suboxone Maker Pays $1.4 Billion to Settle Fraud Investigation," *FDA News*, July 22, 2019, https://www.fdanews.com/articles/192064-suboxone-maker-pays-14-billion-to-settle-fraud -investigation [accessed October 19, 2019].

4 Sue Reisinger, "Justice Department, 6 Whistleblowers Win $1.4B Settlement with Opioid Maker," Law.com, July 11, 2019, https://www.law.com/corpcounsel/2019/07/11/justice-department-6 -whistleblowers-win-1-4b-settlement-with-opioid-maker/ [accessed October 19, 2019].

5 Matt Richtel and Alexei Barrionuevo, "Finger in Chili Is Called Hoax; Las Vegas Woman Is Charged," *New York Times*, April 23, 2005, https://www.nytimes.com/2005/04/23/us/finger-in -chili-is-called-hoax-las-vegas-woman-is-charged.html [accessed October 19, 2019].

第八章：該來的早晚會來

1 Rebecca Grant, "McDonald's Workers Walk Out over Sexual Harassment," *The Nation*, September 18, 2018, https://www.thenation.com/article/mcdonalds-workers-walk-out-over-sexual -harassment/ [accessed October 19, 2019]; see also Sarah Jones, "McDonald's Workers Say Time's Up on Sexual Harassment," New York Magazine, May 21, 2019, http://nymag.com/intelligencer/2019 /05/mcdonalds-workers-say-times-up-on-sexual-harassment.html [accessed October 19, 2019].

2 Elahe Izadi and Travis M. Andrews, "Former CBS Chairman Les Moonves Fired for Cause, Will Not Receive Severance in Wake of Sexual Misconduct Allegations," *Washington Post*, December 17, 2018, https://www.washingtonpost.com/arts-entertainment/2018/12/17/former -cbs-chairman-les-moonves-fired-cause-will-not-receive-severance-wake-sexual-misconduct -allegations/?utm_term=.23e0896b50bb [accessed October 19, 2019].

3 Reid Hoffman,"The Human Rights of Women Entrepreneurs," LinkedIn, June 23,2017, https:// www.linkedin.com/pulse/human-rights-women-entrepreneurs-reid-hoffman/ [accessed October 19, 2019].

第九章：金絲雀還活著嗎？

1 Kat Eschner, "The Story of the Real Canary in the Coal Mine," Smithsonian, December 30, 2016, https://www.smithsonianmag.com/smart-news/story-real-canary-coal-mine-180961570/ [accessed October 19, 2019].

2 Susan Fowler,"Reflecting on One Very, Very Strange Year at Uber," Susan Fowler blog, February 19, 2017, https://www.susanjfowler.com/blog/2017/2/19/reflecting-on-one-very-strange-year -at-uber [accessed October 19, 2019].

3 Maya Kosoff, "Mass Firings at Uber as Sexual Harassment Scandal Grows," *Vanity Fair*, June 6, 2017, https://www.vanityfair.com/news/2017/06/uber-fires-20-employees-harassment -investigation [accessed October 19, 2019].

4 Eric Holder, "Uber Report: Eric Holder's Recommendations for Change," New York Times, June 13, 2017, https://www.nytimes.com/2017/06/13/technology/uber-report-eric-holders -recommendations-for-change.html [accessed October 19, 2019].

5 "FAQs," Blind, updated March 2019, https://www.teamblind.com/faqs [accessed October 19, 2019].

6 "Ethics Complaints," Blind, September 13, 2017, https://www.teamblind.com/article/Ethics -complaints-eQUWfpH4 [accessed October 19, 2019].

第十章：老兄，你的問題不是「不懂把妹」而已

1 Globe Newswire, "Research Finds Businesses May Soon Feel Financial Impacts of #MeToo in Staffing and Revenue," FTI Consulting, October 15, 2018, https://www.fticonsulting.com /about/newsroom/press-releases/research-finds-businesses-may-soon-feel-financial-impacts -of-metoo-in-staffing-and-revenue [accessed October 19, 2019].

2 Alexandra Berzon, Chris Kirkham, Elizabeth Bernstein, and Kate O'Keeffe, "Casino Man- agers Enabled Steve Wynn's Alleged Misconduct for Decades, Workers Say," *Wall Street Journal*, updated March 27, 2018, https://www.wsj.com/articles/casino-managers-enabled -wynns-alleged-misconduct-for-decades-workers-say-1522172877 [accessed October 19, 2019].

3 Deanna Paul, "Harvey Weinstein's Third Indictment Could Open the Door for Actress Annabella Sciorra to Take Stand," *Washington Post*, August 26, 2019, https://www.washingtonpost .com/arts-entertainment/2019/08/26/harvey-weinsteins-third-indictment-could-open-door -another-accuser-take-stand/ [accessed October 19, 2019].

4 U.S. Equal Employment Opportunity Commission, "Enforcement Guidance," https://www .eeoc.gov/eeoc/publications/upload/currentissues.pdf [accessed November 12, 2019; emphasis added].

5 羅森堡在臉書上的原始貼文被移除了，但文章在遭到移除前已經流傳各地，娛樂新聞網媒 Deadline 也刊出原文：Mike Fleming Jr., "'Beautiful Girls' Scribe Scott Rosenberg on a Complicated Legacy with Harvey Weinstein," Deadline,

October 16, 2017, https://deadline.com/2017/10/scott -rosenberg-harvey-weinstein-miramax-beautiful-girls-guilt-over-sexual-assault-allegations -1202189525/ [accessed October 19, 2019].

第十一章：你的客戶定義你是誰

1 Mike Snider and Edward C. Baig, "Facebook Fined $5 Billion by FTC, Must Update and Adopt New Privacy, Security Measures," *USA Today*, July 24, 2019, https://www.usatoday.com/story /tech/news/2019/07/24/facebook-pay-record-5-billion-fine-u-s-privacy-violations/1812499001/ [accessed October 19, 2019].

2 專家認為大規模殺人案的兇手行兇動機是藉此惡名昭彰，甚至希望死後也享有惡名，因此我在本書採用現在逐漸常見的做法：刻意不提兇手名字。

3 Kevin Roose, "'Shut the Site Down,' Says the Creator of 8chan, a Megaphone for Gunmen," *New York Times*, August 4, 2019, https://www.nytimes.com/2019/08/04/technology/8chan-shooting -manifesto.html [accessed November 13, 2019].

4 Drew Harwell, "Three mass shootings this year began with a hateful screed on 8chan. Its founder calls it a terrorist refuge in plain sight," *Washington Post*, August 4, 2019, https://www .washingtonpost.com/technology/2019/08/04/three-mass-shootings-this-year-began-with-hateful-screed-chan-its-founder-calls-it-terrorist-refuge-plain-sight/ [accessed October 19, 2019].

5 Kevin Roose, "Why Banning 8chan Was so Hard for Cloudflare: 'No One Should Have That Power,' " *New York Times*, August 5, 2019, https://www.nytimes.com/2019/08/05/technology /8chan-cloudflare-el-paso.html [accessed October 19, 2019].

6 Matthew Prince, "Terminating Service for 8Chan," The Cloudflare Blog, August 4, 2019, https://blog.cloudflare.com/terminating-service-for-8chan/ [accessed October 19, 2019].

7 Monica Nickelsburg, "Amazon Seeks to Root Out Any Ties to 8chan, as Tech Firms Grapple with Implications of Extremist Sites," *GeekWire*, August 8, 2019, https://www.geekwire.com/2019 /amazon-seeks-root-ties-8chan-tech-firms-grapple-implications-extremist-sites/ [accessed November 12, 2019].

8 Mike Isaac, Super Pumped: *The Battle for Uber* (New York: W. W. Norton, 2019), 174.

9 Ibid.（同上）

10 Community Standards, Facebook, https://www.facebook.com/communitystandards /introduction [accessed November 12, 2019].

11 Simon van Zuylen-Wood, "'Men Are Scum': Inside Facebook's War on Hate Speech," *Vanity Fair*, February 26, 2019,

https://www.vanityfair.com/news/2019/02/men-are-scum-inside -facebook-war-on-hate-speech [accessed October 19, 2019].

12 Elizabeth Dwoskin, "YouTube's Arbitrary Standards: Stars Keep Making Money Even After Breaking the Rules," *Washington Post*, August 9, 2019, https://www.washingtonpost.com /technology/2019/08/09/youtubes-arbitrary-standards-stars-keep-making-money-even-after -breaking-rules/?noredirect=on [accessed October 19, 2019].

13 14thAnnualBoardofBoards,CECPExecutiveSummary,https://cecp.co/wp-content/uploads /2019/03/2019_BoB_Exec_Summary-Final-WEB.pdf [accessed November 13, 2019].

14 Ibid.（同上）

15 Meg Whitman, with Joan O'C. Hamilton, *The Power of Many: Values for Success in Business and in Life* (New York: Crown Publishing, 2010).

結論：我們這世代的超能力

1 Cindy Boren, "Clippers Owner Donald Sterling Allegedly Tells Girlfriend Not to Bring Black People to Games, Disses Magic Johnson, Report Says," April 26, 2014, https://www .washingtonpost.com/news/early-lead/wp/2014/04/26/clippers-owner-donald-sterling-tells -girlfriend-not-to-bring-black-people-to-games-disses-magic-johnson/ [accessed November 22, 2019].

2 Yahoo Sports Staff, "The NBA World Reacts to Donald Sterling's Lifetime NBA Banishment," Yahoo! Sports, April 29, 2014, https://sports.yahoo.com/-the-nba-world-reacts-to-donald-sterling -s-lifetime-nba-banishment-191344427.html?y20=1 [accessed October 19, 2019].

3 Jonah Goldberg, "Op-Ed: America Is Sick, and Both Liberals and Conservatives Are Wrong About the Remedy," *Los Angeles Times*, August 6, 2019, https://www.latimes.com/opinion/story /2019-08-06/liberal-conservative-nationalism-socialism-communities [accessed October 19, 2019].

4 David Brooks, "The Remoralization of the Market," *New York Times*, January 10, 2019, https://www.nytimes.com/2019/01/10/opinion/market-morality.html [accessed October 19, 2019].

5 Jamie Dimon and Warren E. Buffett, "Short-Termism Is Harming the Economy," *Wall Street Journal*, June 6, 2018, https://www.wsj.com/articles/short-termism-is-harming-the-economy -1528336801 [accessed October 19, 2019].

6 Martin Lipton, "Wachtell Lipton Shines a Spotlight on Boards," July 9, 2019, reprinted in "The CLS Blue SkyBlog," http://clsbluesky.law.columbia.edu/2019/07/09/wachtell-lipton-shines-a -spotlight-on-boards/[accessed November 16, 2019].

7 Mark Weinberger, "How the Role of Global CEO Is Changing," EY.com,January18,2019,https:// www.ey.com/en_gl/wef/how-the-role-of-global-ceo-is-changing [accessed October 19, 2019].

8 Tim Cook, 2019 Commencement Address, https://news.stanford.edu/2019/06/16/remarks-tim -cook-2019-stanford-commencement/ [accessed November 16, 2019].

9 AP, "LUNA Bar Pledges to Make Up Roster Pay Gap for US Women," *USA Today*, April 2, 2019, https://www.usatoday.com/story/sports/soccer/2019/04/02/luna-bar-pledges-to-make-up -roster-pay-gap-for-us-women/39289701/ [accessed October 19, 2019].

後記：危機時刻見誠信

1 Lindsay Weinberg and Falen Hardge, "More Fashion Retailers Make Medical Masks and Scrubs for Coronavirus Doctors," *Hollywood Reporter*, March 25, 2020, https://www.hollywoodre- porter.com/news/coronavirus-fashion-brands-make-medical-masks-scrubs-hospitals-1286609.

2 "Jennifer Garner & Amy Adams Launch #SAVEWITHSTORIES to Help Kids Learn, Get Nutritious Meals During Coronavirus School Closures," press release, Scholastic, March 16, 2020, http://mediaroom.scholastic.com/press-release/jennifer-garner-amy-adams-launch-savewithstories-help-kids-learn-get-nutritious-meals-.

3 Russ Mitchell, "How to Protect Workers from the Coronavirus: This CEO Has Good Advice," Los Angeles Times, March 26, 2020, https://www.latimes.com/business/story/2020-03-26/ coronavirus-manufacturer-safety.

4 Dalvin Brown,"COVID-19 Claims Lives of 30 Grocery Store Workers, Thousands More May Have It, Union Says," *USA Today*, April 14, 2020, https://www.usatoday.com/story/money/2020/04/14/ coronavirus-claims-lives-30-grocery-store-workers-union-says/2987754001/.

5 Annie Palmer, "Amazon Lawyer Calls Fired Strike Organizer 'Not Smart or Articulate' in Meeting with Top Execs," CNBC, April 2, 2020, https://www.cnbc.com/2020/04/02/amazon-lawyer -calls-fired-warehouse-worker-not-smart-or-articulate.html.

6 Nick Ellis, "How Marriott Plans to Manage a 45% Drop in Hotel Occupancy Rates," The Points Guy, March 20, 2020, https://thepointsguy.com/news/how-marriott-will-manage-huge-drop -in-occupancy/.

Airbnb 改變商業模式的關鍵誠信課
Intentional Integrity: How Smart Companies Can Lead an Ethical Revolution

作者	羅伯・切斯納（Robert Chesnut）
譯者	蔡惠伃
商周集團榮譽發行人	金惟純
商周集團執行長	郭奕伶
視覺顧問	陳栩椿
商業周刊出版部	
總編輯	余幸娟
責任編輯	潘玫均、涂逸凡
封面設計	萬勝安
內頁排版	点泛視覺設計工作室
出版發行	城邦文化事業股份有限公司 商業周刊
地址	104 台北市中山區民生東路二段 141 號 4 樓
傳真服務	（02）2503-6989
劃撥帳號	50003033
戶名	英屬蓋曼群島商家庭傳媒股份有限公司城邦分公司
網站	www.businessweekly.com.tw
香港發行所	城邦（香港）出版集團有限公司 香港灣仔駱克道 193 號東超商業中心 1 樓 電話：(852)25086231　傳真：(852)25789337 E-mail：hkcite@biznetvigator.com
製版印刷	鴻柏印刷事業股份有限公司
總經銷	聯合發行股份有限公司　電話：(02) 2917-8022
初版 1 刷	2021 年 2 月
定價	450 元
ISBN	978-986-5519-28-5

國家圖書館出版品預行編目 (CIP) 資料

Airbnb 改變商業模式的關鍵誠信課 / 羅伯 . 切斯納 (Robert Chesnut) 著 ; 蔡惠仔譯 . -- 初版 . -- 臺北市 : 城邦文化事業股份有限公司商業周刊 , 民 110.02

面 ; 公分

譯 自 : Intentional integrity : how smart companies can lead an ethical revolution.

ISBN 978-986-5519-28-5(平裝)

1. 企業管理 2. 組織文化 3. 領導者

494.1 110000072

金商道

The positive thinker sees the invisible, feels the intangible, and achieves the impossible.

惟正向思考者，能察於未見，感於無形，達於人所不能。 —— 佚名